BIM应用系列教程

安装工程BIM计量与计价

樊 磊　朱溢镕　主编

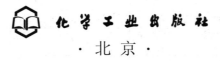

内容简介

本书共分安装造价入门、造价业务基础和安装工程 BIM 计量与计价三大部分，其中单元三至单元十为 BIM 计量与计价实战，内容涵盖给排水工程、消防工程、采暖工程、动力及照明工程、防雷接地工程、火灾自动报警系统、智能化弱电工程和通风与空调工程等专业的基础知识、施工图识读、工程量计算、BIM 算量建模和清单组价等。

本书可作为高等院校工程管理、造价管理、房地产经营管理、审计、公共事业管理、资产评估等专业的教材，同时也可作为建设单位、施工单位、设计及监理单位工程造价人员学习的参考资料。

图书在版编目（CIP）数据

安装工程 BIM 计量与计价/樊磊，朱溢镕主编. —北京：化学工业出版社，2023.9（2024.11重印）
BIM 应用系列教程
ISBN 978-7-122-43776-1

Ⅰ. ①安… Ⅱ. ①樊… ②朱… Ⅲ. ①建筑安装－工程造价－计算机辅助设计－应用软件－教材　Ⅳ.
①TU723.3-39

中国国家版本馆 CIP 数据核字（2023）第 125015 号

责任编辑：吕佳丽　　　　　　　　装帧设计：王晓宇
责任校对：刘曦阳

出版发行：化学工业出版社（北京市东城区青年湖南街 13 号　邮政编码 100011）
印　　装：高教社（天津）印务有限公司
787mm×1092mm　1/16　印张 16　字数 392 千字　2024 年 11 月北京第 1 版第 2 次印刷

购书咨询：010-64518888　　　　　　售后服务：010-64518899
网　　址：http://www.cip.com.cn
凡购买本书，如有缺损质量问题，本社销售中心负责调换。

定　　价：49.80 元　　　　　　　　　　　　　　　　　　版权所有　违者必究

前言

"安装工程计量与计价"是工程造价、工程管理等专业培养安装工程预算方向综合型技能人才的核心专业课程。本书结合造价行业发布的最新规则和相关政策文件，将 BIM 技术在造价领域的应用综合到该课程的学习之中。

课程结合建筑机电安装专业预算岗位技能的要求，以专用宿舍楼项目为教学案例，以实际工作过程为导向，以巩固业务基础、提高图纸识读能力、夯实手工算量技巧、强化 BIM 算量和计价软件操作等业务技能为主线，设置单元学习情景，以任务为驱动，实施项目化教学、信息化教学、翻转课堂及线上线下结合的混合式教学等多种教学模式。

课程内容涵盖建筑机电安装专业给排水、采暖、电气、防雷接地、消防、智能化弱电工程、通风与空调工程等专业，以《河南省通用安装工程预算定额》(2016 版)、现行 GB 50500、GB 50856 规范等为清单编制及计价文件编制的依据。教材编写使用 GQI2021 安装算量、GCCP6.0 云计价、思维导图、工程量计算稿及 CAD 快速看图等软件，课程提供教学所需的图纸、规范、模型、算量过程文件及计价文件等，配套丰富的软件实操视频、实训任务指导书及配套课件，满足校内教学、学习者自学和职业岗位技能培训等多种学习需求。

本书由河南应用技术职业学院樊磊、广联达科技股份有限公司朱溢镕担任主编，河南应用技术职业学院鞠杰、张瑾担任副主编。樊磊编写了单元一、单元二、单元三至单元七有关手工算量、BIM 算量及 GCCP 计价实操的内容，建设课程配套资源，并对全书进行了校对和审核。鞠杰编写了单元八、单元九、单元十，并对全书配套资源进行了整理和审核。张瑾编写了单元三至单元七有关基础知识、图纸识读及工程量计算规则等内容。广联达科技股份有限公司朱溢镕对本书进行了认真审阅，提出了许多宝贵的意见。参与编写的人员还有河南一砖一瓦工程管理有限公司王如月、郑州牧业经济学院兰晶。

由于编制水平有限、编写时间仓促，书中难免有不当之处，欢迎读者批评指正。

编 者
2023 年 7 月

目录

单元一 安装造价入门 ········· 1

1.1 造价从业资格及岗位技能要求 ········· 2
1.1.1 造价人员从业资格 ········· 2
1.1.2 造价岗位技能要求 ········· 2
1.1.3 "1+X"职业技能等级——工程造价数字化应用 ········· 3

1.2 安装工程 BIM 造价软件 ········· 4
1.2.1 CAD 快速看图软件 ········· 4
1.2.2 工程量计算稿软件 ········· 6
1.2.3 GQI 安装算量软件 ········· 6
1.2.4 GCCP6.0 云计价平台 ········· 7

单元二 造价业务基础 ········· 10

2.1 基本建设项目与工程造价 ········· 11
2.1.1 基本建设项目 ········· 11
2.1.2 工程造价 ········· 14

2.2 建筑安装工程费用组成及计价程序 ········· 17
2.2.1 建筑安装工程费用项目组成 ········· 17
2.2.2 建筑安装工程费用组成及计价程序 ········· 18

2.3 工程量清单计价规范 ········· 24
2.3.1 计价方式 ········· 25
2.3.2 招标工程量清单 ········· 25
2.3.3 招标控制价 ········· 26
2.3.4 投标价 ········· 26
2.3.5 工程计价表格 ········· 26

2.4 通用安装工程工程量计算规范 ········· 27
2.4.1 工程计量 ········· 28
2.4.2 工程量清单编制 ········· 28

2.5 建筑工程预算定额 ········· 30

2.6 综合单价组成及费用调整 ········· 33
2.6.1 定额相关费用动态调整规定 ········· 34
2.6.2 价格指数调整文件 ········· 35
2.6.3 综合单价计算和调整 ········· 35

单元三 给排水工程 BIM 计量与计价 ········· 39

3.1 给排水工程基础知识 ········· 40
3.1.1 建筑室内给水系统 ········· 40
3.1.2 建筑室内排水系统 ········· 40
3.1.3 给排水工程施工质量验收的有关规定 ········· 42

3.2 给排水工程施工图识读 ········· 43
3.2.1 专用宿舍楼给排水工程图纸组成 ········· 43
3.2.2 给排水设计总说明 ········· 44
3.2.3 给排水系统图 ········· 46
3.2.4 给排水平面图 ········· 49
3.2.5 给排水大样图 ········· 51

3.3 工程量计算规则及手工算量 ········· 54

3.3.1	图纸分析 …………………… 54	3.4.5	管道附件识别 …………………… 72
3.3.2	卫生器具工程量计算 ………… 54	3.4.6	套管识别 …………………… 72
3.3.3	管道附件工程量计算 ………… 56	3.4.7	汇总计算工程量、输出清单 …… 78
3.3.4	管道工程量计算 ……………… 57	3.5	给排水工程计价及 GCCP 云计价
3.4	给排水工程 BIM 算量实操 61		实操 …………………… 83
3.4.1	新建工程 …………………… 61	3.5.1	编制分部分项工程量清单 …… 84
3.4.2	给排水管道建模 ……………… 65	3.5.2	综合单价计算 ………………… 86
3.4.3	卫生器具识别 ………………… 69	3.5.3	广联达云计价平台 GCCP6.0
3.4.4	卫生器具给排水支管绘制 …… 69		实操 …………………… 88

单元四　消防工程 BIM 计量与计价　　　　　　　　　　　　　　　　　　　　96

4.1	消防给水系统基础知识 ………… 97	4.3.2	喷淋水系统工程量计算 ……… 107
4.1.1	室内消火栓给水系统 ………… 97	4.4	消防工程 BIM 算量实操 110
4.1.2	自动喷水灭火系统 …………… 98	4.4.1	创建工程 …………………… 111
4.2	消防工程施工图识读 ………… 100	4.4.2	消火栓给水系统建模 ………… 112
4.2.1	消防给水系统施工图组成和	4.4.3	自动喷淋给水系统建模 ……… 118
	识图方法 …………………… 100	4.5	消防工程计价及 GCCP 软件实操 …… 122
4.2.2	专用宿舍楼消防工程施工图识读 …… 101	4.5.1	编制分部分项工程量清单 …… 122
4.3	工程量计算规则及手工算量 …… 103	4.5.2	广联达云计价平台 GCCP6.0
4.3.1	消防水系统工程量计算 ……… 104		实操 …………………… 124

单元五　采暖工程 BIM 计量与计价　　　　　　　　　　　　　　　　　　　　129

5.1	采暖工程基础知识 …………… 130	5.3.2	地暖地面做法及分集水器工程量
5.1.1	采暖系统的组成和分类 ……… 130		计算 …………………… 137
5.1.2	采暖系统的主要设备和部件 …… 130	5.4	采暖工程清单编制 …………… 141
5.1.3	室内采暖系统安装的有关规定 …… 131	5.4.1	采暖工程量计算列项 ………… 141
5.2	采暖工程施工图识读 ………… 131	5.4.2	清单编制相关规定 …………… 141
5.2.1	采暖系统图纸表达 …………… 132	5.5	采暖工程 BIM 计量与计价 …… 144
5.2.2	专用宿舍楼采暖工程图纸识读 …… 133	5.5.1	图纸、算量分析 ……………… 144
5.3	工程量计算规则及手工算量 …… 134	5.5.2	GQI 算量软件操作 …………… 144
5.3.1	采暖管道工程量计算 ………… 135	5.5.3	GCCP 计价软件操作 ………… 150

单元六　动力及照明工程 BIM 计量与计价　　　　　　　　　　　　　　　　　152

6.1	动力及照明工程基础知识 ……… 153	6.2	动力及照明工程施工图识读 …… 156
6.1.1	电力系统和用电负荷等级 …… 153	6.2.1	电气照明工程组成与图纸表达 …… 156
6.1.2	动力及照明工程的组成 ……… 154	6.2.2	专用宿舍楼电气照明图纸识读 …… 157
6.1.3	配管配线及施工技术要求 …… 154	6.3	工程量计算规则及手工算量 …… 159

6.3.1	电气设备安装工程手册说明 ……	160	6.4.1 动力及照明工程量计算列项 ……	166
6.3.2	配电、输电电缆敷设工程 ……	160	6.4.2 清单编制相关规定 ……	166
6.3.3	配管工程 ……	163	6.5 动力及照明工程 BIM 计量与计价 ……	170
6.3.4	配线工程 ……	164	6.5.1 图纸、算量分析 ……	171
6.3.5	照明器具安装工程 ……	165	6.5.2 GQI 算量软件操作 ……	171
6.4	动力及照明工程清单编制 ……	166	6.5.3 GCCP 计价软件操作 ……	173

单元七 防雷接地工程 BIM 计量与计价 —————— 176

7.1 防雷接地工程基础知识 …… 177
   7.1.1 建筑物的防雷分类 …… 177
   7.1.2 防雷系统安装方法及要求 …… 177
   7.1.3 接地系统安装方法及要求 …… 179
7.2 防雷接地工程施工图识读 …… 180
   7.2.1 防雷接地工程施工图的组成与识图方法 …… 180
   7.2.2 专用宿舍楼防雷接地系统图纸识读 …… 181
7.3 工程量计算规则及手工算量 …… 182
7.3.1 防雷与接地装置安装工程有关说明 …… 183
7.3.2 防雷与接地装置安装工程计算规则 …… 183
7.4 防雷接地工程清单编制 …… 184
   7.4.1 防雷接地工程量计算列项 …… 185
   7.4.2 清单编制相关规定 …… 185
7.5 防雷接地工程 BIM 计量与计价 …… 187
   7.5.1 图纸、算量分析 …… 187
   7.5.2 GQI 算量软件操作 …… 187
   7.5.3 GCCP 计价软件操作 …… 191

单元八 火灾自动报警系统 BIM 计量与计价 —————— 193

8.1 火灾自动报警系统基础知识 …… 194
   8.1.1 火灾自动报警系统组成 …… 194
   8.1.2 火灾自动报警系统设备 …… 194
   8.1.3 消防联动系统及关键器件 …… 196
8.2 火灾报警系统施工图识读 …… 197
   8.2.1 火灾自动报警系统施工图的组成与识图方法 …… 197
   8.2.2 专用宿舍楼火灾自动报警系统图纸识读 …… 197
8.3 工程量计算规则及手工算量 …… 199
8.3.1 火灾自动报警系统 …… 200
8.3.2 消防系统调试 …… 200
8.4 火灾自动报警系统清单编制 …… 201
   8.4.1 火灾自动报警系统工程量计算列项 …… 201
   8.4.2 清单编制相关规定 …… 202
8.5 火灾自动报警系统 BIM 计量与计价 …… 203
   8.5.1 图纸、算量分析 …… 204
   8.5.2 GQI 算量软件操作 …… 204
   8.5.3 GCCP 计价软件操作 …… 206

单元九 智能化弱电工程 BIM 计量与计价 —————— 208

9.1 智能化弱电工程基础知识 …… 209
   9.1.1 网络工程 …… 209
   9.1.2 有线电视系统 …… 210
   9.1.3 音频和视频通信系统 …… 211
   9.1.4 综合布线系统 …… 212
9.2 智能化弱电工程施工图识读 …… 213
   9.2.1 设计及施工说明 …… 213
   9.2.2 专用宿舍楼弱电系统图识读 …… 213
   9.2.3 专用宿舍楼弱电平面图识读 …… 213
9.3 工程量计算规则及手工算量 …… 215

9.3.1	有线电视、卫星接收系统工程	215	9.4.2	清单编制相关规定 …… 217
9.3.2	音频、视频系统工程 ……	215	9.4.3	相关问题及说明 …… 219
9.3.3	安全防范系统工程 ……	216	**9.5**	**智能化弱电工程 BIM 计量与计价** …… 220
9.3.4	智能建筑设备防雷接地 ……	216	9.5.1	图纸、算量分析 …… 220
9.4	**智能化弱电工程清单编制** ……	217	9.5.2	GQI 算量软件操作 …… 221
9.4.1	智能化弱电工程量计算列项 ……	217	9.5.3	GCCP 计价软件操作 …… 223

单元十　通风与空调工程 BIM 计量与计价 ────────── 226

10.1	**通风与空调工程基础知识** …… 227		10.3.2	通风空调设备及部件制作安装 …… 234
10.1.1	通风工程 …… 227		10.3.3	通风管道制作、安装 …… 234
10.1.2	空调工程 …… 228		10.3.4	风管道部件制作、安装 …… 235
10.2	**通风与空调工程施工图识读** …… 230		**10.4**	**通风与空调工程清单编制** …… 236
10.2.1	通风与空调工程施工图的组成与识图方法 …… 230		10.4.1	通风与空调工程量计算列项 …… 237
			10.4.2	清单编制相关规定 …… 237
10.2.2	专用宿舍楼通风空调工程图纸识读 …… 231		**10.5**	**通风与空调工程 BIM 计量与计价** … 239
10.3	**工程量计算规则及手工算量** …… 232		10.5.1	图纸、算量分析 …… 240
10.3.1	"通风空调工程"册说明 …… 233		10.5.2	GQI 算量软件操作 …… 240
			10.5.3	GCCP 计价软件操作 …… 241

参考文献 ──────────────────────────────── 245

单元一
安装造价入门

本单元结合安装造价从业人员岗位工作和职业技能要求，使学生熟悉政策文件对造价工程师具体工作要求的相关规定，了解 BIM 技术在造价领域的应用，学习并掌握 GQI 安装算量软件和 GCCP 计价软件的基本命令和操作流程，运用软件解决具体问题。

 学习准备

- ◆ 搜集整理造价行业相关法律、政策文件、岗位职业标准等。
- ◆ 搜集整理安装造价网络学习资源。
- ◆ 安装 GQI2021、GCCP6.0 等教学软件。

 学习目标

- ◆ 了解造价从业资格相关政策、工程造价数字化应用职业技能等级标准等文件。
- ◆ 熟悉课程结构和教学内容，掌握教学软件的下载、安装和使用。
- ◆ 掌握 GQI2021、GCCP6.0 软件的基本操作，运用软件解决具体问题。
- ◆ 培养独立思考、归纳总结的能力。

 学习要点

单元内容	学习重点	相关知识点
造价从业资格相关规定	1. 从业资格及岗位工作内容 2. 数字造价职业技能	岗位工作内容、技能要求的理解
GQI2021 软件介绍及基本操作	1. GQI 功能及界面 2. GQI 操作流程及建模取量	参数化建模、工程量汇总
GCCP6.0 软件介绍及基本操作	1. GCCP 功能及界面 2. GCCP 清单组价基本操作	造价文件编制流程、清单和定额查询与确定

1.1 造价从业资格及岗位技能要求

从事造价工作需要具备哪些业务知识和专业技能，需具备什么执业资格？

学习《造价工程师职业资格制度规定》《造价工程师职业资格考试实施办法》等文件，了解造价工程师执业范围、岗位职责、业务技能要求；
学习造价相关政策、法律法规，了解政策法规变化对造价行业影响的重要性。

1.1.1 造价人员从业资格

国家对造价工程师实行准入类职业资格制度，纳入国家职业资格目录。2016年，国务院发布了《关于取消一批职业资格许可和认可事项的决定》（国发〔2016〕5号文），明确取消"全国建设工程造价员资格"。2018年7月20日，住房和城乡建设部、交通运输部、水利部、人力资源和社会保障部印发《造价工程师职业资格制度规定》《造价工程师职业资格考试办法》的通知。对造价工程师执业范围及分级工作进行了如下规定：

（1）一级造价工程师的执业范围包括建设项目全过程的工程造价管理与咨询等，具体工作内容有：

① 项目建议书、可行性研究投资估算与审核，项目评价造价分析；
② 建设工程设计概算、施工预算编制和审核；
③ 建设工程招标投标文件工程量和造价的编制与审核；
④ 建设工程合同价款、结算价款、竣工决算价款的编制与管理；
⑤ 建设工程审计、仲裁、诉讼、保险中的造价鉴定，工程造价纠纷调解；
⑥ 建设工程计价依据、造价指标的编制与管理；
⑦ 与工程造价管理有关的其他事项。

（2）二级造价工程师主要协助一级造价工程师开展相关工作，可独立开展以下具体工作：

① 建设工程工料分析、计划、组织与成本管理，施工图预算、设计概算编制；
② 建设工程量清单、最高投标限价、投标报价编制；
③ 建设工程合同价款、结算价款和竣工决算价款的编制。

造价工程师应在本人工程造价咨询成果文件上签章，并承担相应责任。工程造价咨询成果文件应由一级造价工程师审核并加盖执业印章。

1.1.2 造价岗位技能要求

安装造价从业人员应熟悉造价政策，掌握专业基本理论，能够看懂专业图纸，结合设计、施工及验收规范，依据工程量计算规则完整、正确计算工程量，依据清单编制规则编制分部分项工程量清单及其他清单项目；根据计价规范、地区有关造价调整规定及材料市场价、政府发布信息价编制招投标造价文件。

随着BIM技术发展和落地应用，造价从业人员需掌握算量及计价软件的使用，快速准确地建模取量，并基于信息的数字化模型在施工过程中进行应用，而BIM5D将是造价成果在项目管理上应用的延续。

造价岗位从业人员主要的岗位职责和具体的工作内容如下所示：

（1）负责公司内部班组预结算工作，外部与甲方、供货商的预算、结算；

（2）对项目部有关工程变更、来往文件等与预结算有关的资料编制，给予预结算造价方面的指导；

（3）负责所承担项目班组预结算工作的全过程管理，并汇报公司预结算工程师核对结算内容与数据；

（4）负责完成与班组对数结算工作，并负责收集承担项目有关的预结算资料；

（5）编制投标项目的给排水、电气、暖通等专业的报价文件；

（6）对已中标项目，做出成本分析，提供给项目部做成本管理目标；

（7）对已中标项目，做出主要材料用量分析，提供给项目部做材料采购计划参考；

（8）对完工项目的成本管理目标偏离和主要材料用量偏离情况进行审核；

（9）负责编制审核项目施工图预算、工程量清单及控制价；

（10）参与工程施工材料设备考察询价及招标，对原材料采购审核把关；

（11）参与项目投资分析，进行日常成本测算，提供设计变更签证成本建议。

（12）其他造价相关工作等。

1.1.3 "1+X"职业技能等级——工程造价数字化应用

工程造价数字化应用，是指结合互联网、大数据、智能化、云计算、物联网等现代技术，以工程造价业务流程与管理行为智能化为基础，在造价领域创新发展，提升现代职业技能，综合形成以专业化、数字化、智能化为运行特征的现代工程造价管理模式和典型专业形态。

《工程造价数字化应用职业技能等级标准》（以下简称《标准》）规定了工程造价数字化应用职业技能对应的工作领域、工作任务及职业技能要求。《标准》将职业技能等级分为三个等级：初级、中级、高级。其中，初级能够准确识读建筑施工图、结构施工图等工程图样；能够依据房屋建筑与装饰工程等工程量计算规则和建筑行业标准、规范、图集，运用工程计量软件数字化建模，计算土建工程、钢筋工程等工程的工程量。中级指能够准确识读建筑施工图、结构施工图等工程图样；能够依据房屋建筑与装饰工程工程量计算规则和建筑行业标准、规范、图集，运用工程计量软件数字化建模，计算土建、钢筋、装配式构件等工程量，编制清单工程量报表；能够计算措施项目费、规费、税金等项目，能够进行组价、人材机价差调整，编制工程造价文件。高级指能够对工程量指标和价格指标进行分析；能够对施工过程中的进度款进行管理；能够进行竣工结算，编制造价报告。

任务实施

制作 1.1 节思维导图，并自主学习相关知识。

1.2 安装工程 BIM 造价软件

"工欲善其事，必先利其器"，软件是协助我们准确、便捷、高效完成工作的工具，我们统计工程量和编制计价文件会用到哪些软件？这些软件又能够做什么呢？

CAD 图形查看和编辑常常使用 AutoCAD 或基于 CAD 的二次开发软件。由于字体库和 CAD 文件保存版本高低不同的原因，使用 AutoCAD 软件会出现查看不到完整图形信息的情况，使用 CAD 快速看图软件就能够很好地解决这一问题；工程量计算稿、科瑞计算薄、E 算量等软件作为手工算量的工具，极大地方便了工程量统计和分类汇总工作；广联达安装算量 GQI 是应用广泛的 BIM 算量工具，能够参数化建模，数据可追溯，便捷出量，且具有数据供多平台使用等特点，编制概算、预结算和预结算审核可以使用 GCCP6.0 软件来实现。

1.2.1 CAD 快速看图软件

双击图标 ![CAD]，打开 CAD 文件，如图 1.2.1 所示。工具栏图标为蓝色的是普通功能，金色的为会员功能。

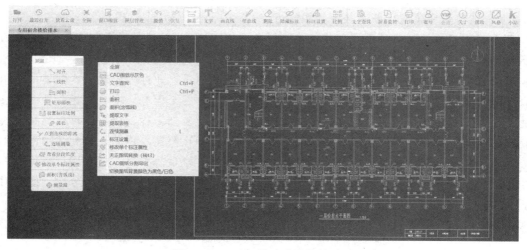

图 1.2.1 CAD 快速看图软件界面

(1)快看云盘。打开快看云盘，可以创建项目、上传图纸，可以在不同电脑、手机之间同步图纸并标注，也可以给项目成员同步图纸和标注，方便协同工作。

(2)图层管理。打开图层管理，可以关闭或开启全部图层，也可以关闭或显示选定的图层。

(3)设置标注比例。选择图纸上已知长度的线段来设定测量比例（图1.2.2），在图纸下方的状态栏会显示当前测量比例。对大样图测量长度计算工程量时，可使用该命令查看或设置图纸比例。

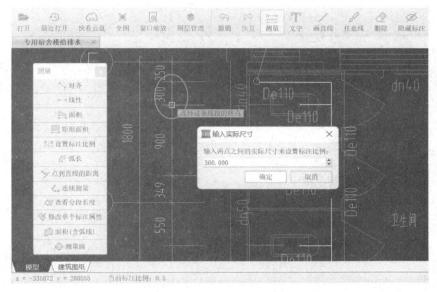

图1.2.2　设置标注比例

(4)连续测量和查看分段长度。鼠标左键选取直线或者弧线来连续测量其长度，鼠标右键结束测量，遇到直线点击直线的端点，遇到弧线点击弧线本身。选择连续测量线段，可查看分段长度，见图1.2.3。

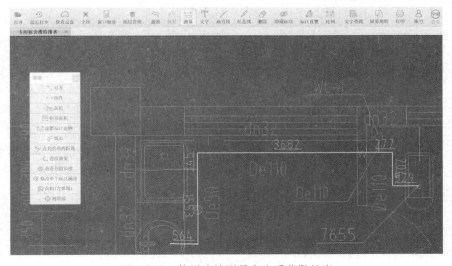

图1.2.3　使用连续测量来查看分段长度

（5）标注设置。可以设置标注的颜色、文字高度，修改后的设置对新添加的标注生效。

1.2.2 工程量计算稿软件

工程量计算稿软件主要用于辅助工程量的计算，模拟手工计算底稿，输入或修改表达式，能够及时显示或调整结果并且分类汇总数量，易于核对和找出差错。凡是需要计算工程量和汇总这两个功能的各个专业都可以使用。按 F3 键增加中括号，F4 键增加小括号。计算汇总（按 F2 键）时，在规格类别一栏中填写清楚信息，软件会自动计算并分类汇总，见图 1.2.4。

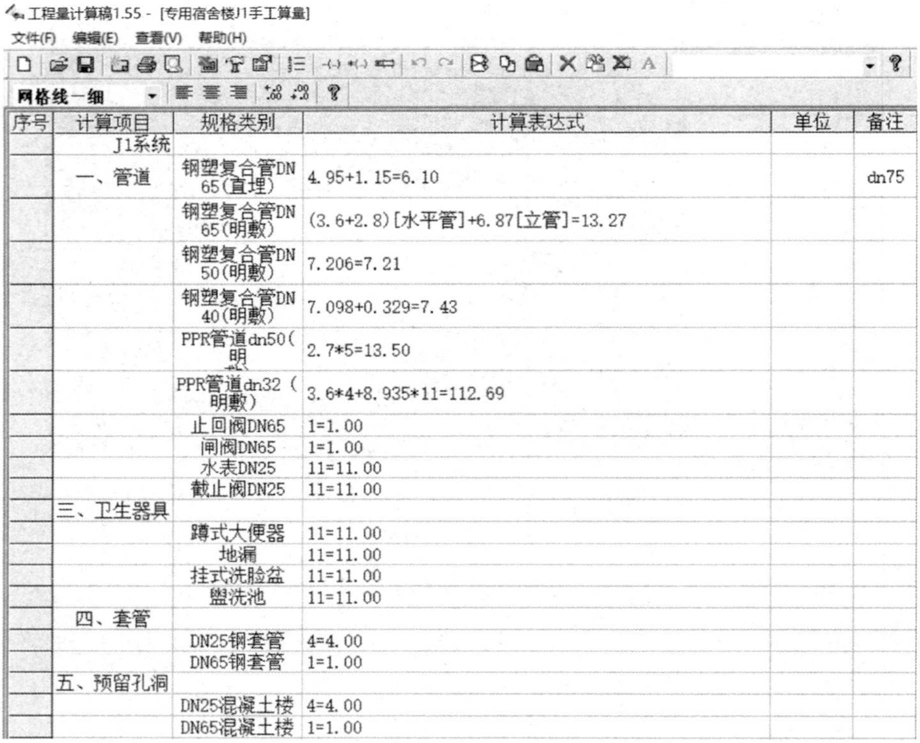

序号	计算项目	规格类别	计算表达式	单位	备注
	J1系统				
	一、管道	钢塑复合管DN65(直埋)	4.95+1.15=6.10		dn75
		钢塑复合管DN65(明敷)	(3.6+2.8)[水平管]+6.87[立管]=13.27		
		钢塑复合管DN50(明敷)	7.206=7.21		
		钢塑复合管DN40(明敷)	7.098+0.329=7.43		
		PPR管道dn50(明	2.7*5=13.50		
		PPR管道dn32(明敷)	3.6*4+8.935*11=112.69		
		止回阀DN65	1=1.00		
		闸阀DN65	1=1.00		
		水表DN25	11=11.00		
		截止阀DN25	11=11.00		
	三、卫生器具				
		蹲式大便器	11=11.00		
		地漏	11=11.00		
		挂式洗脸盆	11=11.00		
		盥洗池	11=11.00		
	四、套管				
		DN25钢套管	4=4.00		
		DN65钢套管	1=1.00		
	五、预留孔洞				
		DN25混凝土楼	4=4.00		
		DN65混凝土楼	1=1.00		

图 1.2.4　工程量计算稿软件

1.2.3 GQI 安装算量软件

GQI 安装算量软件可实现三维建模、可视化呈现机电安装全专业模型，数据可追溯，智能提量，内置计算规则，灵活工程量统计，与计价软件实现无缝对接。GQI2021 有快速出量的简约模式和 BIM 算量模式的经典模式（图 1.2.5）。GQI2021 中的界面功能是以选项卡来区分不同的功能区域，以功能包来区分不同性质的功能，功能排布符合用户的业务流程，用户按照选项卡、功能包的分类能很方便地查找对应功能。

GQI2021 软件操作的基本流程为：新建工程→导入图纸→设备提量→管线提量→漏项漏量检查→汇总计算→报表输出。

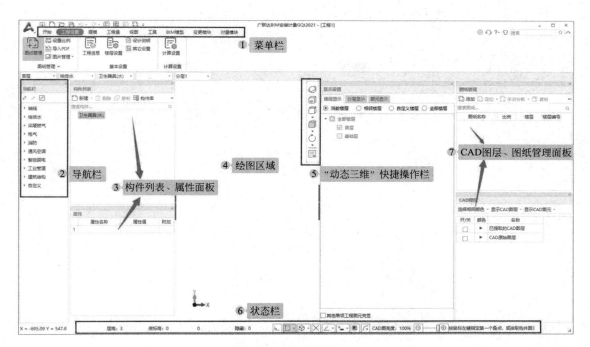

图 1.2.5 经典模式界面

1.2.4 GCCP6.0 云计价平台

云计价平台是一个集成多种应用功能的平台，可进行文件管理，打通支持用户沟通渠道。云计价平台包含个人模式和协作模式，并对业务进行整合，支持概算、预算、结算、审核业务，建立统一入口，各阶段的数据自由流转。图 1.2.6 为其新建项目界面。

图 1.2.6 新建项目

使用 GCCP 计价软件主要完成清单编制、组价和费用调整等造价工作，计价编制界面如图 1.2.7 所示。

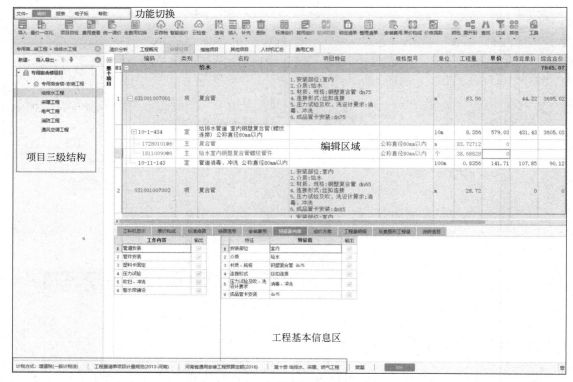

图 1.2.7　GCCP6.0 软件界面及清单组价

任务实施

针对本单元学习的要点，完成专用宿舍楼 J1 系统工程量手算、GQI 建模算量、清单编制及费用计算的软件操作，并完成表 1.2.1 至表 1.2.3 中相关操作命令的填写。

表 1.2.1　GQI2021 操作命令

操作步骤	操作要点	涉及命令
1. 新建工程	建立工程文件并明确基本信息	
2. 导入图纸	以 CAD 图纸为基准进行工程量计算	
3. 构件处理	点式构件：通过智能识别或绘制办法创建三维数字模型	
	线式构件：通过智能识别或绘制办法创建三维数字模型	
4. 表格算量		
5. 汇总计算	整体汇总工程量，并根据需要进行结果呈现	
6. 报表输出	套取清单，输出分部分项工程工程量清单表	

表 1.2.2 招标工程量清单编制操作

操作步骤	操作要点	涉及命令
1. 新建招标项目	建立项目工程、单项工程、单位工程	
2. 编制分部分项工程量清单	清单编码输入（3种方法）	直接输入、查询、补充
	清单工程量输入（2种方法）	直接输入、工程量表达式
	清单项目特征描述（2种方法）	特征及内容、直接输入
	整理清单（2种方法）	分部整理、自定义分部
3. 编制措施项目清单、其他项目清单、材料设置		

表 1.2.3 投标报价编制操作

操作步骤	操作要点	涉及命令
1. 新建项目及取费设置		
2. 编制分部分项及措施项目		
3. 价格调整及项目检查		

单元二
造价业务基础

本单元针对造价业务涉及的概念、造价文件分类、工程费用组成、清单计价规范、工程量计算规范、地区预算定额及造价相关政策进行全面系统地讲解，结合云计价平台 GCCP6.0 软件加强和巩固对业务理论知识的理解，加强软件实操，培养电算化专业技能。

 学习准备

◆ 搜集、整理《建设工程量清单计价规范》《通用安装工程工程量计算规范》《河南省通用安装工程预算定额》及造价相关政策文件。
◆ 搜索并整理课程有关的造价学习资源。

 学习目标

◆ 掌握造价业务知识，熟悉造价相关政策和规范。
◆ 掌握清单综合单价计算、指数法调差。
◆ 熟练运用 GCCP 编制工程量清单。
◆ 熟练运用 GCCP 进行清单套价、费用调差。

 学习要点

单元内容	学习重点	相关知识点
建设工程费用组成	1. 理解各项费用概念、组成 2. 能够对建设项目及进行划分	建设项目划分、造价分类、基本建设程序、工程费用
计量与计价规范	1. 熟悉规范适用范围、作用、结构内容 2. 能够结合规范，理解造价有关资料	计价规范、计价表格、计量规范、GCCP 应用
编制清单、套取定额、指数调差	1. 能够依据规范，编制清单 2. 掌握套定额组价方法、费用调差	定额概念、分类、作用、指数调差、GCCP 应用

2.1 基本建设项目与工程造价

思考并解决下列问题：
什么是基本建设项目？建设工程项目如何划分？工程计价的最小单元是什么？
什么是基本建设程序？包括的阶段和主要内容是什么？
什么是工程造价？有哪些类型？

基本建设项目是编制和实施基本建设计划的基层单位，指在一个总体设计或初步设计的范围内，由一个或几个单项工程所组成、经济上实行统一核算、行政上实行统一管理的建设单位，一般以一个企业（或联合企业）、事业单位或独立工程作为一个建设项目。

建设程序是指建设项目从设想、选择、评估、决策、设计、施工、竣工验收、投入生产整个过程中应当遵守的内在规律和组织制度。

工程造价是指根据基本建设程序，对拟建项目进行预先确定基本建设项目所需资金的文件，由一系列不同用途、不同层次的各类价格所组成的建设项目造价体系。

2.1.1 基本建设项目

建设项目是指按一个总体设计进行建设的各个单项工程所构成的总体。

建设项目按用途可分为生产性项目和非生产性项目。在生产性项目中，一般是以一个企业（或联合企业）为建设项目；在非生产性项目中，一般是以一个事业单位，如一所学校，为建设项目，也有营业性质的，如以一座宾馆为建设项目。

（1）建设项目的划分

建设项目是一项复杂的系统工程，具有投资额巨大、建设周期长的特征。为适应工程管理和经济核算的需要，可以将建设项目由大到小、按分部分项划分为以下各个组成部分：

① 单项工程。单项工程又称工程项目，它是建设项目的组成部分，是指具有独立的设计文件，竣工后可以独立发挥生产能力或使用效益的工程。如一工厂的生产车间、仓库，学校的教学楼、图书馆等。单项工程是具有独立意义的一个完整工程，它由若干个单位工程组成。

② 单位工程。单位工程是单项工程的组成部分，是指具有独立的设计文件，能单独施工，但建成后不能独立发挥生产能力或使用效益的工程。如一个车间的土建工程、给排水工程、机械设备安装工程、电气设备安装工程、工业管道工程等都是生产车间这个单项工程的组成部分。又如写字楼工程中的土建、给排水、采暖、通风空调、消防、电气照明、智能化系统等分别是一个单位工程。编制施工图预算就是以单位工程为对象的。

③ 分部工程。分部工程是单位工程的组成部分，是按建筑工程的主要部位或工种工程及安装工程的种类划分的。例如，土建单位工程可分为土石方工程、砖石工程、钢筋混凝土工程、门窗工程、金属结构工程、屋面工程、楼地面工程及装饰工程，其中每一部分都成为一个分部工程。

④ 分项工程。分项工程是分部工程的组成部分，通常按照分部工程的划分思路，再将分部工程划分为若干个分项工程。例如，分部工程的土方与基础工程，可划分为基槽开挖、基础垫层、钢筋混凝土基础、基槽回填土、土方运输等分项工程。

（2）基本建设项目的分类

① 按建设性质划分：

a. 新建项目，是指从无到有，"平地起家"，新开始建设的项目。有的建设项目原有基础很小，经扩大建设规模后，其新增加的固定资产价值超过原有固定资产价值三倍以上的，也算新建项目。

b. 扩建项目，是指原有企业、事业单位为扩大原有产品生产能力（或效益），或增加新的产品生产能力，而新建主要车间或工程的项目。

c. 改建项目，是指原有企业，为提高生产效率，增加科技含量，采用新技术，改进产品质量，或改变新产品方向，对原有设备或工程进行改造的项目。有的企业为了平衡生产能力，增建一些附属、辅助车间或非生产性工程，也算改建项目。

d. 迁建项目，是指原有企业、事业单位，由于各种原因经上级批准搬迁到其他地方建设的项目。迁建项目中符合新建、扩建、改建条件的，应分别作为新建、扩建、改建项目。迁建项目不包括留在原址的部分。

e. 恢复项目，是指企业、事业单位因自然灾害、战争等原因，使原有固定资产全部或部分报废，以后又投资按原有规模重新恢复起来的项目。在恢复的同时进行扩建的，应作为扩建项目。

② 按建设规模大小划分：基本建设项目可分为大型项目、中型项目、小型项目；更新改造项目分为限额以上项目、限额以下项目。基本建设大中小型项目是按项目的建设总规模或总投资来确定的，习惯上将大型和中型项目合称为大中型项目。新建项目按项目的全部设计规模（能力）或所需投资（总概算）计算；扩建项目按扩建新增的设计能力或扩建所需投资（扩建总概算）计算，不包括扩建以前原有的生产能力。但是，新建项目的规模是指经批准的可行性研究报告中规定的建设规模，而不是指远景规划所设想的长远发展规模。明确分期设计、分期建设的，应按分期规模计算。

③ 按项目在国民经济中的作用划分：

a. 生产性项目，指直接用于物质生产或直接为物质生产服务的项目，主要包括工业项目（含矿业）、建筑业、地质资源勘探及农林水有关的生产项目、运输邮电项目、商业和物资供应项目等。

b. 非生产性项目，指直接用于满足人民物质和文化生活需要的项目，主要包括文教卫生、科学研究、社会福利、公用事业建设、行政机关和团体办公用房建设等项目。

④ 按建设过程划分：

a. 筹建项目，指尚未开工，正在进行选址、规划、设计等施工前各项准备工作的建设项目。

b. 施工项目，指报告期内实际施工的建设项目，包括报告期内新开工的项目、上期跨入报告期续建的项目、以前停建而在本期复工的项目、报告期施工并在报告期建成投产或停建的项目。

c. 投产项目，指报告期内按设计规定的内容，形成设计规定的生产能力（或效益）并投入使用的建设项目，包括部分投产项目和全部投产项目。

d. 收尾项目，指已经建成投产和已经组织验收，设计能力已全部建成，但还遗留少量尾工需继续进行扫尾的建设项目。

e. 停缓建项目，指根据现有人财物力和国民经济调整的要求，在计划期内停止或暂缓建设的项目。

(3) 基本建设项目的程序

基本建设项目的程序主要包括以下几个阶段：

① 项目建议书阶段。项目建议书是要求建设某一具体项目的建议文件，是建设程序中最初阶段的工作，是投资决策前对拟建项目的轮廓设想。

② 可行性研究阶段。项目建议书批准后，应紧接着进行可行性研究。可行性研究是对项目在技术上是否可行和经济上是否合理进行科学的分析和论证。在可行性研究的基础上，编制可行性研究报告，并报告审批。可行性研究报告被批准后，不得随意修改和变更。

③ 设计工作阶段。设计是对拟建工程的实施在技术上和经济上所进行的全面而详细的安排，是项目建设计划的具体化，是组织施工的依据。一般项目进行两阶段设计，即初步设计和施工图设计。技术上复杂而又缺乏设计经验的项目，在初步设计后进行技术设计。

④ 建设准备阶段。其主要内容包括：征地、拆迁和场地平整，完成施工用水、电、路等工程，组织设备、材料订货，准备必要的施工图纸，组织施工招标投标，择优选定施工单位，签订承包合同。

⑤ 编制年度建设投资计划阶段。建设项目要根据经过批准的总概算和工期，合理地安排分年度投资。年度计划投资的安排要与长远规划的要求相适应，保证按期建成。

⑥ 建设施工阶段。建设项目经批准新开工建设，项目便进入建设施工阶段，这是项目决策的实施、建成投产发挥效益的关键环节。新开工建设的时间，是指项目计划文件中规定的任何一项永久性工程第一次破土开槽开始施工的日期。建设工期从新开工时算起。

⑦ 生产准备阶段。生产准备的内容很多，不同类型的项目对生产准备的要求也各不相同，但从总的方面看，生产准备的主要内容有：招收和培训人员，生产组织准备，生产技术准备，生产物资准备。

⑧ 竣工验收阶段。竣工验收是工程建设过程的最后一环，是全面考核建设成本、检验设计和施工质量的重要步骤，也是项目由建设转入生产或使用的标志。通过竣工验收，一是可以检验设计和工程质量，保证项目按设计要求的技术经济指标正常生产；二是可以让有关部门和单位总结经验教训；三是可以使建设单位对经验收合格的项目及时移交固定资产，使其由建设系统转入生产系统或投入使用。

⑨ 后评价阶段。项目后评价就是在项目建成投产或投入使用后一定时间，对项目的运行进行全面评价，即对投资项目的实际成本——效益进行系统审计，将项目的预期效果与项目实施后的终期实际结果进行全面对比考核，对建设项目投资的财务、经济、社会和环境等方面的效益与影响进行全面科学的评价。

(4) 建设项目总投资

建设项目总投资是指为完成工程项目建设，在建设期（预计或实际）投入的全部费用总和，其构成见图 2.1.1。建设项目按用途可分为生产性建设项目和非生产性建设项目。

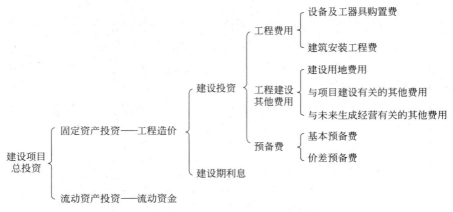

图 2.1.1 我国现行建设项目总投资构成

建设项目总投资是为完成工程项目建设并达到使用要求或生产条件，在建设期内预计或实际投入的全部费用总和。生产性建设项目总投资包括建设投资、建设期利息和流动资金三部分；非生产性建设项目总投资包括建设投资和建设期利息两部分，其中建设投资和建设期利息之和对应于固定资产投资，固定资产投资与建设项目的工程造价在量上相等。

工程造价基本构成包括用于购买工程项目所含各种设备的费用，用于建筑施工和安装施工所需支出的费用，用于委托工程勘察设计应支付的费用，用于购置土地所需的费用，也包括用于建设单位自身进行项目筹建和项目管理所花费的费用等。总之，工程造价是指在建设期预计或实际支出的建设费用。工程造价中的主要构成部分是建设投资，建设投资是为完成工程项目建设，在建设期内投入且形成现金流出的全部费用。根据《建设项目经济评价方法与参数（第三版）》的规定，建设投资包括工程费用、工程建设其他费用和预备费三部分。工程费用是指建设期内直接用于工程建造、设备购置及其安装的建设投资，可以分为建筑安装工程费和设备及工器具购置费；工程建设其他费用是指建设期发生的与土地使用权取得、整个工程项目建设以及未来生产经营有关的构成建设投资，但不包括在工程费用中的费用。预备费是在建设期内因各种不可预见因素的变化而预留的可能增加的费用，包括基本预备费和价差预备费。

2.1.2 工程造价

（1）概念

工程造价是指根据基本建设程序，对拟建项目进行预先确定基本建设项目所需资金的文件，由一系列不同用途、不同层次的各类价格所组成的建设项目造价体系。

广义的工程造价是指建设项目总投资；狭义的工程造价是指建设工程造价，包括投资概算、设计概算、施工图预算、施工预算、工程结算、竣工决算。

（2）工程造价的分类

工程造价，习惯上称作工程预算。工程预算是一个统称，按照其不同的编制阶段，它有不同的名称和作用，一般包括投资估算、设计概算、修正概算、施工图预算、施工预算、工程结算和工程决算等。

① 投资估算。投资估算是指在项目建议书和可行性研究阶段，通过编制估算文件测算

确定的工程造价。投资估算是建设项目进行决策、筹集资金和合理控制造价的主要依据。

② 设计概算。设计概算是指在初步设计阶段，根据设计意图，通过编制工程概算文件测算和确定的工程造价。与投资估算造价相比，概算造价的准确性有所提高，但受估算造价的控制。

③ 修正概算。修正概算是指在技术设计阶段，根据技术设计的要求，通过编制修正概算文件测算和确定的工程造价。修正概算是对初步设计阶段的概算造价的修正和调整，比概算造价准确，但受概算造价控制。通常情况下，设计概算和修正概算合称为扩大的设计概算。

④ 施工图预算。施工图预算是指在施工图设计阶段，根据施工图纸，通过编制预算文件确定的工程造价。它比概算造价或修正概算造价更为详尽和准确，但同样要受前一阶段工程造价的控制。施工图预算是施工单位和建设单位签订承包合同和办理工程结算的依据，也是施工单位编制计划、实行经济核算和考核经营成果的依据。在实行招标承包制的情况下，其还是建设单位确定标底和施工单位投标报价的依据。

⑤ 施工预算。施工预算是施工单位在施工图预算的控制下，依据施工图纸和施工定额以及施工组织设计编制的单位工程（或分部分项工程）施工所需的人工、材料和施工机械台班数量，是施工企业内部文件。施工预算确定的是工程计划成本。

⑥ 招标控制价。招标控制价是招标人根据国家或省级、行业建设主管部门颁发的有关计价依据和办法，按设计施工图纸计算的，对招标工程限定的最高工程造价，也可称其为拦标价、预算控制价或最高报价等。

⑦ 投标报价。投标报价是投标人对承建工程所要发生的各种费用（工程费用及设备机器具购置费、建安工程费）的计算。《建设工程工程量清单计价规范》规定，投标价是投标人投标时报出的工程造价。

⑧ 合同价。合同价是指在工程招投标阶段通过签订总承包合同、建筑安装工程承包合同、设备材料采购合同，以及技术和咨询服务合同所确定的价格。

合同价是属于市场价格的性质，它是由买卖双方根据市场行情共同商定确定的成交价格，但它并不等于工程实际价格。按不同的计价方法，建设工程合同类型有许多种。不同类型的合同价内涵也有所不同，常见的合同价形式有：固定合同价、可调合同价和成本加酬金合同价。

⑨ 工程结算。工程结算是指在工程竣工验收阶段，按合同调价范围和调价方法，对实际发生的工程量增减、设备和材料价差等进行调整后计算和确定的工程造价，反映的是工程项目实际造价。

⑩ 竣工决算。竣工决算是指工程竣工决算阶段，以实物数量和货币指标为计量单位，综合反映竣工项目从筹建开始到项目竣工交付使用为止的全部建设费用。竣工决算是由建设单位编制的反映建设项目实际造价和投资效果的文件。

(3) 工程量清单计价模式

工程量清单计价是指投标人完成由招标人提供的工程量清单所需的全部费用，包括分部分项工程费、措施项目费、其他项目费、规费和税金。工程量清单计价方式是在建设工程招投标中，招标人自行或委托具有资质的中介机构编制反映工程实体消耗和措施性消耗的工程量清单，并作为招标文件的一部分提供给投标人，由投标人依据工程量清单自主报价的计价方式。在工程招标中，采用工程量清单计价是国际上较为通行的做法。工程量清单的编制流程及应用见图 2.1.2 和图 2.1.3。

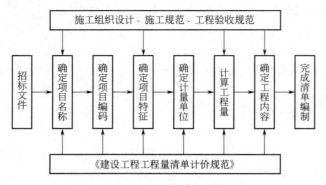

图 2.1.2　工程量清单的编制流程

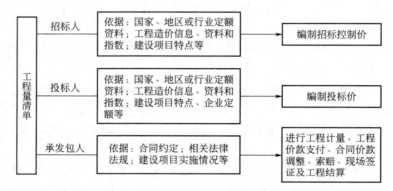

图 2.1.3　工程量清单计价的应用

任务实施

（1）填写表 2.1.1 相关内容。

表 2.1.1　各阶段的工程造价名称

建设周期的各个阶段	工程造价名称
项目建议书及可行性研究阶段	
初步设计	
技术设计	
施工图设计阶段	
招投标阶段	
施工阶段	
竣工验收阶段	

（2）使用 GCCP 完成图 2.1.4 所示的新建招标项目。

图 2.1.4　新建招标项目界面

2.2　建筑安装工程费用组成及计价程序

学习"建办标函〔2017〕621 号"文件；
思考河南省建设工程费用由哪些项目组成？对比"建标〔2013〕44 号"文件，有哪些变化的地方？

建筑安装工程费用项目组成是计算工程造价的依据，正确理解各项费用的计取和调整方法是科学编制造价文件的基础；
关注造价政策变化，培养和提升职业素养，建议采用分组汇报的形式，加强对理论知识的深度学习和深刻理解；
使用 GCCP 软件对费用组成和计价程序进行强化理解。

2.2.1　建筑安装工程费用项目组成

2013 年，住建部、财政部发布《关于印发〈建筑安装工程费用项目组成〉的通知》（建标〔2013〕44 号），原建设部、财政部《关于印发〈建筑安装工程费用项目组成〉的通知》（建标〔2003〕206 号）同时废止。

建筑安装工程费按照费用构成要素划分，由人工费、材料（包含工程设备，下同）费、施工机具使用费、企业管理费、利润、规费和税金组成，如图2.2.1所示。

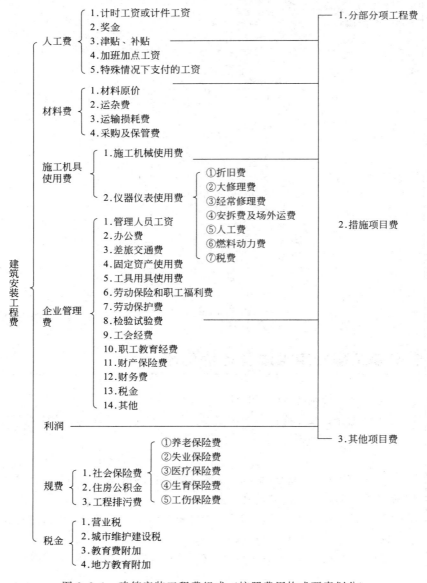

图2.2.1 建筑安装工程费组成（按照费用构成要素划分）

建筑安装工程费按照工程造价形成划分，由分部分项工程费、措施项目费、其他项目费、规费、税金组成，分部分项工程费、措施项目费、其他项目费包含人工费、材料费、施工机具使用费、企业管理费和利润，如图2.2.2所示。

2.2.2 建筑安装工程费用组成及计价程序

根据《关于印发〈建筑安装工程费用项目组成〉的通知》（建标〔2013〕44号）、《关于做好建筑业营改增建设工程计价依据调整准备工作的通知》（建办标〔2016〕4号）、《关于全面推开营业税改征增值税试点的通知》（财税〔2016〕36号），河南省结合实际，确定了

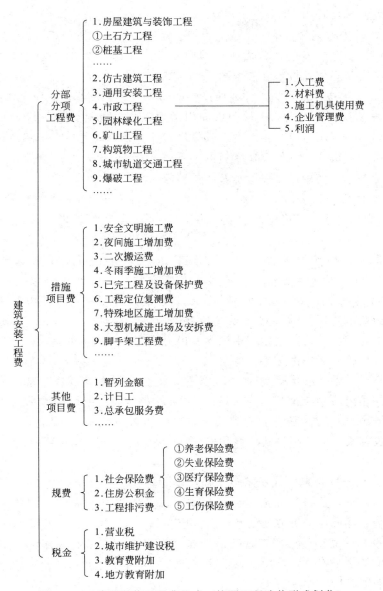

图 2.2.2 建筑安装工程费组成（按照工程造价形成划分）

河南省建设工程费用项目组成为：建设工程费用由分部分项工程费、措施项目费、其他项目费、规费、增值税组成，定额各项费用组成中均不含可抵扣进项税额。

（1）分部分项工程费：是指各专业工程的分部分项工程应予列支的各项费用。

专业工程是指按现行国家计量规范划分的房屋建筑与装饰工程、仿古建筑工程、通用安装工程、市政工程、园林绿化工程、矿山工程、构筑物工程、城市轨道交通工程、爆破工程等各类工程。分部分项工程是指按现行国家计量规范对各专业工程划分的项目，如房屋建筑与装饰工程划分的土石方工程、地基处理与桩基工程、砌筑工程、钢筋及钢筋混凝土工程等。

分部分项工程费包括以下内容。

① 人工费：是指按工资总额构成规定，支付给从事建筑安装工程施工的生产工人和附

属生产单位工人的各项费用。

② 材料费：是指施工过程中耗费的原材料、辅助材料、构配件、零件、半成品或成品、工程设备的费用。工程设备是指构成或计划构成永久工程一部分的机电设备、金属结构设备、仪器装置及其他类似的设备和装置。

③ 施工机具使用费：是指施工作业所发生的施工机械、仪器仪表使用费或其租赁费。

a. 施工机械使用费：以施工机械台班耗用量乘以施工机械台班单价表示。施工机械台班单价应由下列 7 项费用组成：折旧费、大修理费、经常修理费、安拆费及场外运费、人工费〔指机上司机（司炉）和其他操作人员的人工费〕、燃料动力费、税费（指施工机械按照国家规定应缴纳的车船使用税、保险费及年检费等）。

b. 仪器仪表使用费：是指工程施工所需使用的仪器仪表的摊销及维修费用。

④ 企业管理费：是指建筑安装企业组织施工生产和经营管理所需的费用。内容包括（15 项）：管理人员工资、办公费、差旅交通费、固定资产使用费、工具用具使用费、劳动保险和职工福利费、劳动保护费、检验试验费（指施工企业按照有关标准规定，对建筑以及材料、构件和建筑安装物进行一般鉴定、检查所发生的费用，包括自设试验室进行试验所耗用的材料等费用。不包括新结构、新材料的试验费，对构件做破坏性试验及其他特殊要求检验试验的费用和建设单位委托检测机构进行检测的费用，对此类检测发生的费用，由建设单位在工程建设其他费用中列支。但对施工企业提供的具有合格证明的材料进行检测不合格的，该检测费用由施工企业支付）、工会经费、职工教育经费、财产保险费（指施工管理用财产、车辆等的保险费用）、财务费、税金（指企业按规定缴纳的房产税、车船使用税、土地使用税、印花税等）、工程项目附加税费（指国家税法规定的应计入建筑安装工程造价内的城市维护建设税、教育费附加以及地方教育附加）、其他（包括技术转让费、技术开发费、投标费、业务招待费、绿化费、广告费、公证费、法律顾问费、审计费、咨询费、保险费等）。

⑤ 利润：是指施工企业完成所承包工程获得的盈利。

(2) 措施项目费：是指为完成建设工程施工，发生于该工程施工前和施工过程中的技术、生活、安全、环境保护等方面的费用。内容包括：

① 安全文明施工费：按照国家现行的建筑施工安全、施工现场环境与卫生标准和有关规定，购置和更新施工安全防护用具及设施、改善安全生产条件和作业环境及因施工现场扬尘污染防治标准提高所需要的费用。

a. 环境保护费：是指施工现场为达到环保部门要求所需要的各项费用。

b. 文明施工费：是指施工现场文明施工所需要的各项费用。

c. 安全施工费：是指施工现场安全施工所需要的各项费用。

d. 临时设施费：是指施工企业为进行建设工程施工所必须搭设的生活和生产用的临时建筑物、构筑物和其他临时设施费用，包括临时设施的搭设、维修、拆除、清理费或摊销费等。

e. 扬尘污染防治增加费：是根据河南省实际情况，施工现场扬尘污染防治标准提高所需增加的费用。

② 单价类措施费：是指计价定额中规定的，在施工过程中可以计量的措施项目。内容包括：

a. 脚手架费：是指施工需要的各种脚手架搭、拆、运输费用及脚手架购置费的摊销

（或租赁）费用。

  b. 垂直运输费。

  c. 超高增加费。

  d. 大型机械设备进出场及安拆费：是指计价定额中列项的大型机械设备进出场及安拆费。

  e. 施工排水及井点降水。

  f. 其他。

  ③ 其他措施费（费率类）：是指计价定额中规定的，在施工过程中不可计量的措施项目。包括以下内容。

  a. 夜间施工增加费：是指因夜间施工所发生的夜班补助费、夜间施工降效、夜间施工照明设备摊销及照明用电等费用。

  b. 二次搬运费：是指因施工场地条件限制而发生的材料、构配件、半成品等一次运输不能到达堆放地点，必须进行二次或多次搬运所发生的费用。

  c. 冬雨季施工增加费：是指在冬季施工需增加的临时设施、防滑、除雪，人工及施工机械效率降低等费用。

  以上三种费用占定额其他措施费比例见表 2.2.1。

表 2.2.1 三种其他措施费占定额其他措施费比例

序号	费用名称	占定额其他措施费比例
1	夜间施工增加费	25%
2	二次搬运费	50%
3	冬雨季施工增加费	25%

  (3) 其他项目费

  ① 暂列金额：是指建设单位在工程量清单中暂定并包括在工程合同价款中的一笔款项。其用于施工合同签订时尚未确定或者不可预见的所需材料、工程设备、服务的采购，施工中可能发生的工程变更、合同约定调整因素出现时的工程价款调整以及发生的索赔、现场签证确认等的费用。

  ② 计日工：是指在施工过程中，施工企业完成建设单位提出的施工图纸以外的零星项目或工作所需的费用。

  ③ 总承包服务费：是指总承包人为配合、协调建设单位进行的专业工程发包，对建设单位自行采购的材料、工程设备等进行保管以及施工现场管理、竣工资料汇总整理等服务所需的费用。

  ④ 其他项目。

  (4) 规费：是指按国家法律、法规规定，由省级政府和省级有关权力部门规定必须缴纳或计取的费用。包括：

  ① 社会保险费。

  a. 养老保险费：是指企业按照规定标准为职工缴纳的基本养老保险费。

  b. 失业保险费：是指企业按照规定标准为职工缴纳的失业保险费。

  c. 医疗保险费：是指企业按照规定标准为职工缴纳的基本医疗保险费。

  d. 生育保险费：是指企业按照规定标准为职工缴纳的生育保险费。

e. 工伤保险费：是指企业按照规定标准为职工缴纳的工伤保险费。

② 住房公积金：是指企业按规定标准为职工缴纳的住房公积金。

③ 工程排污费：是指按规定缴纳的施工现场工程排污费。

④ 其他应列而未列入的规费，按实际发生计取。

（5）增值税：其是根据国家有关规定，计入建筑安装工程造价内的。

工程造价计价程序表（一般计税方法），见表2.2.2。

表2.2.2 工程造价计价程序表

序号	费用名称
1	分部分项工程费
1.1	其中：综合工日
1.2	定额人工费
1.3	定额材料费
1.4	定额机械费
1.5	定额管理费
1.6	定额利润
1.7	调差
1.7.1	人工费差价
1.7.2	材料费差价
1.7.3	机械费差价
1.7.4	管理费差价
2	措施项目费
2.1	其中：综合工日
2.2	安全文明施工费
2.3	单价类措施费
2.3.1	定额人工费
2.3.2	定额材料费
2.3.3	定额机械费
2.3.4	定额管理费
2.3.5	定额利润
2.3.6	调差
2.3.6.1	人工费差价
2.3.6.2	材料费差价
2.3.6.3	机械费差价
2.3.6.4	管理费差价
2.4	其他措施费
3	其他项目费
3.1	暂列金额
3.2	专业工程暂估价
3.3	计日工

续表

序号	费用名称
3.4	总承包服务费
3.5	其他
4	规费
4.1	定额规费
4.2	工程排污费
4.3	其他
5	不含税工程造价
6	增值税
7	含税工程造价

任务实施

（1）补充完善表 2.2.2 内容。
（2）学习《河南省通用安装工程预算定额》总说明。

读一读

一、《河南省通用安装工程预算定额》（HA02-31-2016）（以下简称"本定额"）是依据《通用安装工程消耗量定额》（TY02-31-2015）（以下简称《消耗量定额》）《建设工程施工机械台班费用编制规则（2015）》《建设工程施工仪器仪表台班费用编制规则（2015）》，参照《建设工程工程量清单计价规范》（GB 50500—2013）（以下简称《计价规范》），住房和城乡建设部、财政部《关于印发〈建筑安装工程费用项目组成〉的通知》（建标〔2013〕44 号），住房和城乡建设部《关于做好建筑业营改增建设工程计价依据调整准备工作的通知》（建办标〔2016〕4 号），结合河南省建设领域工程计价改革需要编制的。

二、本定额适用于河南省行政区域内的工业与民用建筑通用安装工程的新建、扩建和改建工程。

三、本定额是编审投资估算指标、设计概算、施工图预算、招标控制价依据，是建设工程实行工程量清单招标的工程造价计价基础，是编制企业定额、考核工程成本、进行投标报价、选择经济合理的设计与施工方案的参考。

四、本定额工程造价计价程序表中规定的费用项目包括分部分项工程费、措施项目费、其他项目费、规费、增值税。本定额基价各项费用按照增值税原理编制，适用一般计税方法，各项费用均不含可抵扣增值税进项税额。

五、本定额基价由人工费、材料费、机械使用费、其他措施费、建设工程安全文明施工费、管理费、利润、规费组成，工程造价计价时可按需分析统计、核算。其他措施费不发生或部分发生可作调整。

六、本定额中定额子目编号含有"Ha"字母的定额子目，为河南省扩充标记。

七、本定额基价是定额编制基期暂定价，按市场最终定价原则，基价中涉及的有关费用按动态原则调整。

八、本定额基价中的人工费是根据《消耗量定额》与有关规定，经测算的基期人工费。基期人工费在本定额实施期，由工程造价管理机构结合建筑市场情况，定期发布相应的价格指数调整。

九、本定额基价中的材料费是根据《消耗量定额》与本定额基价的材料单价计算的基期材料费确定的。在工程造价的不同阶段（招标、投标、结算），材料价格可按约定调整。

本定额基价中的材料单价是结合市场、信息价综合取定的基期价。该材料价格为材料送达工地仓库（或现场堆放地点）的工地出库价格，包含运输损耗、运杂费和采购保管费。

十、本定额基价中的机械使用费是根据《消耗量定额》与相关规则计算的基期机械使用费，是按自有机械进行编制的。机械使用费可选下列一种方法调整：一是按本定额机械台班中的组成人工费、燃料动力费进行动态调整；二是按造价管理机构发布的租赁信息价直接与本定额基价中的台班单价调差。

十一、本定额基价中的管理费为基期费用，按照相关规定实行动态调整。

十二、本定额基价中的其他措施费（费率类）包含材料二次搬运费、夜间施工增加费、冬雨季施工增加费。

十三、本定额基价中的安全文明施工费、规费为不可竞争费，按足额计取。

十四、总承包服务费：

1. 实行总发包、承包的工程，可另外计取总承包服务费。

2. 业主单独发包的专业施工与主体施工交叉进行或虽未交叉进行，但业主要求主体承包单位履行总包责任（现场协调、竣工验收资料整理等）的工程，可另外计取总承包服务费。

3. 总承包服务费由业主承担。其费用可约定，或按单独发包专业工程含税工程造价的1.5%计价（不含工程设备）。服务内容包括：配合协调发包人进行的专业工程发包，对发包人自行采购的材料、工程设备等进行保管，以及施工现场管理、竣工验收资料整理等。

4. 另外，施工配合费是指专业分包单位要求总承包单位为其提供脚手架、垂直运输和水电设施等所发生的费用。发生时当事方可约定，或按专业分包工程含税工程造价的1.5%～3.5%计价（不含工程设备）。

十五、本定额基价未考虑市场风险因素。

十六、本定额基价中带有"（ ）"者，系不完整价格，在使用时应补充缺项价格。注明有"×××以内或以下"者，包括×××本身；"×××以外或以上"者，则不包括×××本身。

十七、本定额的解释和修改，由河南省建筑工程标准定额站负责。

2.3 工程量清单计价规范

思考并解决下列问题：

工程量清单计价规范的作用有哪些？适用范围是什么？

对于工程量清单、招标控制价、投标报价的编制，规范有哪些规定？

招标工程量清单、招标控制价、投标报价都由哪些表格组成？

现行《建设工程工程量清单计价规范》是实施清单计价方式、编制造价文件的依据。规范包括正文和附录两大部分，正文共 16 章，包括总则、术语、一般规定、工程量清单编制、招标控制价、投标报价、合同价款约定、工程计量、合同价款调整、合同价款期中支付、竣工结算与支付、合同解除的价款结算与支付、合同价款争议的解决、工程造价鉴定、工程计价资料与档案、工程计价表格。附录共 11 项。

为规范建设工程造价计价行为，统一建设工程计价文件的编制原则和计价方法，根据《中华人民共和国建筑法》《中华人民共和国民法典》《中华人民共和国招标投标法》等法律法规，制定《建设工程工程量清单计价规范》，规范适用于建设工程发承包及实施阶段的计价活动。

规范总则规定：招标工程量清单、招标控制价、投标报价、工程计量、合同价款调整、合同价款结算与支付以及工程造价鉴定等工程造价文件的编制与核对，应由具有专业资格的工程造价人员承担。承担工程造价文件的编制与核对的工程造价人员及其所在单位，应对工程造价文件的质量负责。

2.3.1 计价方式

（1）使用国有资金投资的建设工程发承包，必须采用工程量清单计价。

（2）非国有资金投资的建设工程，宜采用工程量清单计价。

（3）不采用工程量清单计价的建设工程，应执行本规范除工程量清单等专门性规定外的其他规定。

（4）工程量清单应采用综合单价计价。

（5）措施项目中的安全文明施工费必须按国家或省级、行业建设主管部门的规定计算，不得作为竞争性费用。

（6）规费和税金必须按国家或省级、行业建设主管部门的规定计算，不得作为竞争性费用。

2.3.2 招标工程量清单

（1）招标工程量清单应由具有编制能力的招标人或受其委托、具有相应资质的工程造价咨询人编制。

（2）招标工程量清单必须作为招标文件的组成部分，其准确性和完整性应由招标人负责。

（3）招标工程量清单是工程量清单计价的基础，应作为编制招标控制价、投标报价、计算或调整工量、索赔等的依据之一。

（4）招标工程量清单应以单位（项）工程为单位编制，应由分部分项工程项目清单、措施项目清单、其他项目清单、规费和税金项目清单组成。

（5）编制招标工程量清单应依据：本规范和相关工程的国家计量规范；国家或省级、行业建设主管部门颁发的计价定额和办法；建设工程设计文件及相关资料；与建设工程有关的标准、规范、技术资料；拟定的招标文件；施工现场情况、地勘水文资料、工程特点及常规施工方案；其他相关资料。

（6）分部分项工程项目清单必须载明项目编码、项目名称、项目特征、计量单位和工程量。

（7）分部分项工程项目清单必须根据相关工程现行国家计量规范规定的项目编码、项目名称、项目特征、计量单位和工程量计算规则进行编制。

（8）措施项目清单必须根据相关工程现行国家计量规范的规定编制，措施项目清单应根据拟建工程的实际情况列项。

（9）其他项目清单应按照暂列金额、暂估价（包括材料暂估单价、工程设备暂估单价、专业工程暂估价）、计日工、总承包服务费列项。暂列金额应根据工程特点按有关计价规定估算；暂估价中的材料、工程设备暂估单价应根据工程造价信息或参照市场价格估算，列出明细表；专业工程暂估价应分不同专业，按有关计价规定估算，列出明细表；计日工应列出项目名称、计量单位和暂估数量；总承包服务费应列出服务项目及其内容等。

（10）规费项目清单应按照社会保险费（包括养老保险费、失业保险费、医疗保险费、工伤保险费、生育保险费）、住房公积金、工程排污费列项。

2.3.3 招标控制价

（1）国有资金投资的建设工程招标，招标人必须编制招标控制价。

（2）招标控制价应由具有编制能力的招标人或受其委托具有相应资质的工程造价咨询人编制和复核。

（3）工程造价咨询人接受招标人委托编制招标控制价，不得再就同一工程接受投标人委托编制投标报价。

（4）招标控制价应按照《建设工程工程量清单计价规范》规定编制，不应上调或下浮。

2.3.4 投标价

（1）投标价应由投标人或受其委托具有相应资质的工程造价咨询人编制。

（2）投标人应依据《建设工程工程量清单计价规范》规定自主确定投标报价。

（3）投标报价不得低于工程成本。

（4）投标人必须按招标工程量清单填报价格。项目编码、项目名称、项目特征、计量单位、工程量必须与招标工程量清单一致。

（5）投标人的投标报价高于招标控制价的应予废标。

2.3.5 工程计价表格

（1）工程量清单的编制应符合下列规定

① 工程量清单编制使用表格包括：封-1、扉-1、表-01、表-08、表-11、表-12（不含表-12-6～表-12-8）、表-13、表-20、表-21或表-22。

② 扉页应按规定的内容填写、签字、盖章，由造价员编制的工程量清单应有负责审核的造价工程师签字、盖章。受委托编制的工程量清单，应有造价工程师签字、盖章以及工程造价咨询人盖章。

③ 说明应按下列内容填写：

a. 工程概况：建设规模、工程特征、计划工期、施工现场实际情况、自然地理条件、环境保护要求等。

b. 工程招标和专业工程发包范围。

c. 工程量清单编制依据。

d. 工程质量、材料、施工等的特殊要求。

e. 其他需要说明的问题。

（2）招标控制价、投标报价的编制应符合下列规定

① 使用表格

a. 招标控制价使用表格包括：封-2、扉-2、表-01、表-02、表-03、表-04、表-08、表-09、表-11、表-12（不含表-12-6～表-12-8）、表-13、表-20、表-21或表-22。

b. 投标报价使用的表格包括：封-3、扉-3、表-01、表-02、表-03、表-04、表-08、表-09、表-11、表-12（不含表-12-6～表-12-8）、表-13、表-16、招标文件提供的表-20、表-21或表-22。

② 扉页应按规定的内容填写、签字、盖章，除承包人自行编制的投标报价和竣工结算外，受委托编制的招标控制价、投标报价、竣工结算，由造价员编制的应有负责审核的造价工程师签字、盖章以及工程造价咨询人盖章。

③ 总说明应按下列内容填写

a. 工程概况：建设规模、工程特征、计划工期、合同工期、实际工期、施工现场及变化情况、施工组织设计的特点、自然地理条件、环境保护要求等。

b. 编制依据等。

任务实施

使用 GCCP 新建一单位工程，查看招标工程量清单及招标控制价报表的组成。

2.4 通用安装工程工程量计算规范

思考并解决下列问题：

《通用安装工程工程量计算规范》的作用有哪些？安装工程专业与其他工程专业界限划分是如何规定的？

如何使用规范正确、完整编制工程量清单？如何编制补充清单？

现行《通用安装工程工程量计算规范》是清单工程量计算的依据，是编制招标工程量清单的依据。规范包括正文和附录两大部分。正文共有4章，包括总则、术语、工程计量、工程量清单编制。附录A～N，均包括项目编码、项目名称、项目特征、计量单位、工程量计算规则和工程内容，其中项目编码、项目名称、项目特征、计量单位、工程量计算规则作为五个要件的内容，要求招标人在编制工程量清单时必须执行。

制定《通用安装工程工程量计算规范》,是为规范通用安装工程造价计量行为,统一通用安装工程工程量计算规则、工程量清单的编制方法。该规范适用于工业、民用、公共设施建设安装工程的计量清单编制。通用安装工程计价,必须按本规范规定的工程量计算规则进行工程计量。

2.4.1 工程计量

(1) 工程量计算除依据《通用安装工程工程量计算规范》各项规定外,尚应依据经审定通过的施工设计图纸及其说明;经审定通过的施工组织设计或施工方案;经审定通过的其他有关技术经济文件。

(2) 工程实施过程中的计量应按照现行国家标准《建设工程工程量清单计价规范》的相关规定执行。

(3)《通用安装工程工程量计算规范》附录中有两个或两个以上计量单位的,应结合拟建工程项目的实际情况,确定其中一个为计量单位,同一工程项目的计量单位应一致。

(4) 工程计量时每一项目汇总的有效位数应遵守下列规定:

① 以"t"为单位,应保留小数点后三位数字,第四位小数四舍五入;

② 以"m""m^2""m^3""kg"为单位,应保留小数点后两位数字,第三位小数四舍五入;

③ 以"台""个""件""套""根""组""系统"等为单位,应取整数。

(5) 规范中各项目仅列出了主要工作内容,除另有规定和说明外,应视为已经包括完成该项目所列或未列的全部工作内容。

(6)《通用安装工程工程量计算规范》电气设备安装工程适用于电气 10kV 以下的工程。

(7)《通用安装工程工程量计算规范》与现行国家标准《市政工程工程量计算规范》相关内容在执行上的划分界限如下:

① 规范中电气设备安装工程与市政工程路灯工程的界定:厂区、住宅小区的道路路灯安装工程、庭院艺术喷泉等电气设备安装工程按通用安装工程"电气设备安装工程"相应项目执行;涉及市政道路、市政庭院等电气安装工程的项目,按市政工程中"路灯工程"的相应项目执行。

② 规范中工业管道与市政工程管网工程的界定:给水管道以厂区入口水表井为界;排水管道以厂区围墙外第一个污水井为界;热力和燃气以厂区入口第一个计量表(阀门)为界。

③ 规范中给排水、采暖、燃气工程与市政管网工程的界定:室外给排水、采暖、燃气管道以市政管道碰头井为界;厂区、住宅小区的庭院喷灌及喷泉水设备安装按规范相应项目执行;公共庭院喷灌及喷泉水设备安装按现行国家标准《市政工程工程量计算规范》管网工程的相应项目执行。

2.4.2 工程量清单编制

(1) 编制工程量清单应依据:《通用安装工程工程量计算规范》和现行国家标准《建设工程工程量清单计价规范》、国家或省级、行业建设主管部门颁发的计价依据和办法、建设工程设计文件、与建设工程项目有关的标准、规范、技术资料。

(2) 分部分项工程

① 工程量清单应根据附录规定的项目编码、项目名称、项目特征、计量单位和工程量计算规则进行编制。

② 工程量清单的项目编码，应采用12位阿拉伯数字表示，1～9位应按附录的规定设置，10～12位应根据拟建工程的工程量清单项目名称和项目特征设置，同一招标工程的项目编码不得有重码。

③ 工程量清单的项目名称应按附录的项目名称结合拟建工程的实际确定。

④ 工程量清单项目特征应按附录中规定的项目特征，结合拟建工程项目的实际予以描述。

⑤ 分部分项工程量清单中所列工程量应按附录中规定的工程量计算规则计算。

⑥ 分部分项工程量的计量单位应按附录中规定的计量单位确定。

⑦ 项目安装高度若超过基本高度时，应在"项目特征"中描述。本规范安装工程各附录基本安装高度为：机械设备安装工程10m；电气设备安装工程5m；建筑智能化工程5m；通风空调工程6m；消防工程5m；给排水、采暖、燃气工程3.6m；刷油、防腐蚀、绝热工程6m。

(3) 措施项目

① 措施项目中列出了项目编码、项目名称、项目特征、计量单位和工程量计算规则的项目，编制工程量清单时，应按照规范分部分项工程的规定执行。

② 措施项目仅列出项目编码、项目名称，未列项目特征、计量单位和工程量计算规则的项目，编制工程量清单时，应按照规范附录N措施项目规定的项目编码、项目名称确定。

任务实施

使用GCCP新建单位工程招标工程量清单，完成图2.4.1所示工程量清单的编辑，并导出报表。

项目编码	项目名称	特征描述	单位	工程量
031001001001	镀锌钢管	1.室内生活给水；2.镀锌钢管螺纹连接DN40；3.水压试验；4.消毒冲洗	m	9.58
031001001002	镀锌钢管	1.室内生活给水；2.镀锌钢管螺纹连接DN32；3.水压试验；4.消毒冲洗	m	12
031001001003	镀锌钢管	1.室内生活给水；2.镀锌钢管螺纹连接DN25；3.水压试验；4.消毒冲洗	m	41.76
031001001004	镀锌钢管	1.室内生活给水；2.镀锌钢管螺纹连接DN20；3.水压试验；4.消毒冲洗	m	28.26
031001001005	镀锌钢管	1.室内生活给水；2.镀锌钢管螺纹连接DN15；3.水压试验；4.消毒冲洗	m	6.6
031001005001	铸铁管	1.室内生活排水；2.铸铁管承插连接；3.水泥接口DN100；4.通球试验	m	95.54
031001005002	铸铁管	1.室内生活排水；2.铸铁管承插连接；3.水泥接口DN75；4.通球试验	m	11.85
031001005003	铸铁管	1.室内生活排水；2.铸铁管承插连接；3.水泥接口DN50；4.通球试验	m	33.81
031004006001	大便器	1.蹲式大便器（高位水箱、手动冲洗）；2.材质：陶瓷	组	30
031004007001	小便器	1.挂式小便器；2.材质：陶瓷	组	12
031004003001	洗脸盆	1.洗脸池；2.材质：陶瓷	组	12
031004008001	拖布池	1.拖布池（含排水栓、存水弯等附件）；2.材质：陶瓷	组	3
031004014001	水龙头（给排水配件）	1.水龙头DN15	个	3
031004014002	地漏（给排水配件）	1.地漏DN50	个	9
031002003001	套管	1.刚性防水套管DN40	个	2
031002003002	套管	1.一般钢套管DN32	个	4
031002003003	套管	1.一般钢套管DN25	个	3
031002003004	套管	1.刚性防水套管DN100	个	4
031201001001	管道刷油	1.沥青漆 共计2遍	m²	44.33
031201001002	管道刷油	1.银粉漆 共计2遍	m²	9.47

图2.4.1 分部分项工程量清单与计价表

2.5 建筑工程预算定额

理解定额的概念，思考定额的作用有哪些。
如何读取定额消耗量表中的信息？如何根据清单项目特征描述选取适合、正确的定额子目？
使用 GCCP 软件进行定额查询、定额系数换算、费用内容构成调整及添加主材等操作。

建设工程定额是指在正常的施工条件和合理劳动组织、合理使用材料及机械的条件下，完成单位合格产品所必须消耗资源的数量标准，其中的资源主要包括在建设生产过程中所投入的人工、机械、材料和资金等生产要素。其反映的是在一定的社会生产力发展水平下，完成某项工程建设产品与各种生产消耗之间的特定的数量关系，考虑的是正常的施工条件，大多数施工企业的技术装备程度，施工工艺和劳动组织，反映的是一种社会平均消耗水平。

建设工程定额反映了工程建设投入与产出的关系，它一般除了规定的数量标准以外，还规定了具体的工作内容、质量标准和安全要求等。建设工程定额是工程建设中各类定额的总称，其分类如下。

（1）按生产要素内容分类

① 人工定额（也称劳动定额）：是指在正常的施工技术条件下，完成单位合格产品所必需的人工消耗量标准。

② 材料消耗定额：是指在合理和节约使用材料的条件下，生产合格单位产品所必需消耗的一定规格的材料、成品、半成品和水、电等资源的数量标准。

③ 施工机械台班使用定额：也称为施工机械台班消耗定额，是指施工机械在正常施工条件下完成单位合格产品所必需的工作时间。它反映了合理均衡地组织劳动和使用机械的在单位时间内的生产效率。

（2）按编制程序和用途分类

① 施工定额：施工定额是将同一性质的施工过程——工序作为研究对象，表示生产产品数量与时间消耗综合关系编制的定额。施工定额是工程建设定额总分项最细、定额子目最多的一种企业性质定额，属于基础性定额。它是编制预算定额的基础。

② 预算定额：预算定额是以建筑物或构筑物各个分部分项工程对象编制的定额。预算定额是以施工定额为基础综合扩大编制的，同时也是编制概算定额的基础。

③ 概算定额：概算定额是以扩大的分部分项工程为编制对象。

④ 概算指标：概算指标是概算定额的扩大与合并，它是以整个建筑物和构筑物为对象，为扩大计量单位来编制的。

⑤ 投资估算指标：投资估算指标是在项目建议书和可行性研究阶段编制的投资估算，用于计算投资需要量时使用的一种指标，是合理确定建设工程项目投资的基础。

(3) 按编制单位和适用范围分类

① 全国统一定额；

② 行业定额；

③ 地区定额；

④ 企业定额。

《河南省通用安装工程预算定额》（HA02-31-2016），共有12册组成，每一册定额均由总说明、专业说明、各章节说明及工程量计算规则、定额消耗量表及附录组成，其中定额消耗量表（图2.5.1）是核心内容。

一、水喷淋钢管

1. 镀锌钢管（螺纹连接）

工作内容：检查及清扫管材、切管、套丝、调直、管道及管件安装、丝口刷漆、水压试验、水冲洗。

单位：10m

定额编号				9-1-1	9-1-2	9-1-3	9-1-4	9-1-5	9-1-6	9-1-7
项 目				公称直径（mm 以内）						
				25	32	40	50	65	80	100
基 价/元				374.66	432.76	579.98	608.47	679.61	729.95	739.59
其中	人 工 费/元			235.22	270.98	364.53	383.39	427.24	458.19	463.49
	材 料 费/元			11.89	12.97	14.92	15.16	19.54	21.45	23.57
	机械使用费/元			2.74	4.81	6.47	6.26	5.85	6.88	6.35
	其他措施费/元			9.25	10.67	14.38	15.09	16.81	18.03	18.24
	安 文 费/元			19.15	21.10	29.78	31.25	34.83	37.36	37.78
	管 理 费/元			47.22	54.48	73.42	77.06	85.88	92.10	93.14
	利 润/元			24.27	28.00	37.74	39.60	44.14	47.34	47.87
	规 费/元			24.92	28.75	38.74	40.66	45.32	48.60	49.15
名 称	单位	单价/元		数 量						
综合工日	工日	—		(1.82)	(2.10)	(2.83)	(2.97)	(3.31)	(3.55)	(3.59)
镀锌钢管	m	—		(10.05)	(10.05)	(10.05)	(10.05)	(9.95)	(9.95)	(9.95)
镀锌钢管接头管件DN25	个	—		(5.90)	—	—	—	—	—	—
镀锌钢管接头管件DN32	个	—		—	(6.87)	—	—	—	—	—
镀锌钢管接头管件DN40	个	—		—	—	(8.61)	—	—	—	—
镀锌的管接头管件DN50	个	—		—	—	—	(8.08)	—	—	—
镀锌钢管接头管件DN65	个	—		—	—	—	—	(7.56)	—	—
镀锌钢管接头管件DN80	个	—		—	—	—	—	—	(7.41)	—
镀锌钢管接头管件DN100	个	—		—	—	—	—	—	—	(5.20)
热轧厚钢板δ8.0~20	kg	3.36		0.490	0.490	0.490	0.490	0.490	0.490	0.490
压力表 0~1.6MPa（带弯带阀）	套	95.00		0.020	0.020	0.020	0.020	0.020	0.020	0.020
棉纱头	kg	12.00		0.240	0.280	0.280	0.300	0.380	0.420	0.490
银粉漆	kg	16.00		0.021	0.021	0.027	0.033	0.025	0.025	0.025
尼龙砂轮片φ500×25×4	片	10.00		0.120	0.150	0.260	0.240	0.360	0.400	—
铅油（厚漆）	kg	8.50		0.061	0.088	0.160	0.170	0.240	0.340	0.350
热轧厚钢板δ12~20	kg	3.39		—	—	—	—	—	—	0.490
线麻	kg	12.60		0.006	0.009	0.016	0.017	0.024	0.034	0.035
镀锌铁丝φ4.0~2.8	kg	5.18		—	—	—	—	—	—	0.080
水	m³	5.13		0.582	0.582	0.582	0.582	0.882	0.882	0.882
机油	kg	12.10		—	—	—	—	—	—	0.070
尼龙砂轮片φ400	片	8.00		—	—	—	—	—	—	0.480
其他材料费	%	—		3.000	3.000	3.000	3.000	3.000	3.000	3.000
管子切断套丝机管径(mm)159	台班	20.71		0.120	0.220	0.300	0.290	0.270	0.320	0.290
试压泵压力(MPa)3	台班	16.99		0.015	0.015	0.015	0.015	0.015	0.015	0.020

标注：①分项工程名称　②定额编号　③定额单位　④工作内容　⑤基价构成　⑥综合单价构成　⑦综合工日　⑧人材机费用构成　⑨人材机单位、消耗量　⑩未计价材料

图 2.5.1　定额消耗量表构成

任务实施

(1) 在表 2.5.1 中填写《河南省通用安装工程预算定额》各册名称。

表 2.5.1 定额名称

定额册次	定额名称
第一册	
第二册	
第三册	
第四册	
第五册	
第六册	
第七册	
第八册	
第九册	
第十册	
第十一册	
第十二册	

(2) 分析并描述图 2.5.2 所示定额消耗量表中的内容。

五、管道消毒、冲洗

工作内容：溶解漂白粉、灌水、消毒冲洗。

单位：100m

定额编号				10-11-136	10-11-137	10-11-138	10-11-139	10-11-140	10-11-141
项 目				公称直径（mm 以内）					
				15	20	25	32	40	50
基 价/元				73.42	79.69	86.34	93.76	100.72	108.89
其 中		人 工 费/元		47.48	51.23	55.21	59.33	63.31	67.07
		材 料 费/元		0.57	1.03	1.65	2.89	3.81	6.17
		机械使用费/元		—	—	—	—	—	—
		其他措施费/元		1.88	2.03	2.18	2.34	2.49	2.64
		安 文 费/元		3.89	4.21	4.52	4.84	5.16	5.47
		管 理 费/元		9.60	10.38	11.16	11.93	12.71	13.49
		利 润/元		4.93	5.33	5.73	6.13	6.53	6.93
		规 费/元		5.07	5.48	5.89	6.30	6.71	7.12
名 称	单位	单价/元		数 量					
综合工日	工日	—		(0.37)	(0.40)	(0.43)	(0.46)	(0.49)	(0.52)
漂白粉综合	kg	4.30		0.014	0.023	0.035	0.059	0.081	0.090
水	m³	5.13		0.098	0.178	0.286	0.503	0.660	1.103
其他材料费	%	—		2.000	2.000	2.000	2.000	2.000	2.000

(a)

7. 室外塑料排水管（胶圈接口）

工作内容：切管、组对、上胶圈，管道及管件安装，灌水试验。

单位：10m

定额编号				10-1-318	10-1-319	10-1-320	10-1-321	10-1-322
项　　目				公称外径（mm 以内）				
				200	250	315	400	500
基　价/元				274.94	345.01	385.76	494.57	602.33
其中	人　工　费/元			135.58	161.46	174.36	227.91	286.90
	材　料　费/元			13.14	15.98	19.67	31.57	43.81
	机械使用费/元			45.31	68.83	83.38	95.89	100.18
	其他措施费/元			5.99	7.32	8.03	10.31	12.70
	安　文　费/元			12.42	15.15	16.63	21.36	26.31
	管　理　费/元			30.61	37.36	40.99	52.67	64.86
	利　　润/元			15.74	19.20	21.07	27.07	33.34
	规　　费/元			16.15	19.71	21.63	27.79	34.23
名　　称		单位	单价/元	数　　量				
综合工日		工日	—	(1.18)	(1.44)	(1.58)	(2.03)	(2.50)
塑料排水管		m	—	(9.93)	(9.93)	(9.93)	(9.93)	(9.93)
橡胶密封圈（排水）DN200		个	4.50	1.680	—	—	—	—
橡胶密封圈（排水）DN250		个	5.00	—	1.680	—	—	—
橡胶密封圈（排水）DN300		个	6.00	—	—	1.680	—	—
橡胶密封圈（排水）DN400		个	10.00	—	—	—	1.680	—
橡胶密封圈（排水）DN500		个	14.00	—	—	—	—	1.680
润滑剂		kg	10.50	0.260	0.300	0.320	0.390	0.470
水		m³	5.13	0.505	0.802	1.139	1.960	2.826
其他材料费		%	—	2.000	2.000	2.000	2.000	2.000
载重汽车装载质量（t）5		台班	446.68	0.012	0.021	0.027	0.036	0.042
汽车式起重机提升质量（t）8		台班	691.24	0.057	0.085	0.102	0.114	0.116
木工圆锯机直径（mm）500		台班	25.04	0.014	0.016	0.018	0.022	0.027
电动单级离心清水泵出口直径（mm）100		台班	32.75	0.006	0.009	0.011	0.014	0.017

(b)

图 2.5.2　定额消耗量表

（3）使用 GCCP 软件进行定额查询、定额系数换算、费用内容构成调整及添加主材等操作。

2.6　综合单价组成及费用调整

根据定额站发布的价格指数进行各项费用的调整，掌握综合单价计算和调整的方法；

借助 GCCP 查询机上人工费用，编制清单、套取定额、调整费用。

加强对定额规则的理解，强化 GCCP 计价软件的应用；
关注造价政策变化，进一步培养和提升职业素养，善于梳理和归纳，建议分组汇报，加强对业务知识的学习和理解，进行对业务技能的强化训练。

2.6.1 定额相关费用动态调整规定

2016 年，河南省建筑工程标准定额站发布《关于发布〈河南省房屋建筑与装饰工程预算定额〉〈河南省通用安装工程预算定额〉〈河南省市政工程预算定额〉动态调整规则的通知》（豫建标定〔2016〕40 号），就 2016 定额中人工费、材料费、机械费、管理费等如何实行动态管理，如何采用指数法对定额基期价格进行动态调整进行了说明。

（1）人工费

① 2016 定额的人工费实行指数法动态管理，具体由省站发布，原则上按每半年定期发布。定期发布的人工费指数，作为编制工程造价控制价，调整人工费差价的依据。人工费指数属于政府指导价，不列入风险范围。

② 费用调差公式：调整后人工费＝基期人工费＋指数调差。

（2）材料费

2016 定额的材料费仍按单价法动态管理。

（3）机械费

2016 定额的机械费实行动态管理，其中台班组成中的人工费实行指数法动态调整，调整公式：调整后机械费＝基期机械费＋指数调差＋单价调差。

（4）管理费

2016 定额的管理费实行指数法动态管理，调整公式：调整后管理费＝基期管理费＋指数调差。

（5）指数调差

指数调差＝基期费用×调差系数×K_n；调差系数＝（发布期价格指数÷基期价格指数）－1。

调整人工费时 K_n 为 1，调整机械费时 K_n 为 1，调整管理费时 K_n 为 6%。

（6）其他

① 定额子目（或基价）乘系数调整。2016 定额中涉及子目（或基价）乘系数的，按基价直接乘系数（含基价中各项费用）调整。

② 费用乘系数调整。2016 定额中涉及人工、机械乘系数的，按相关基期定额人工费、机械费，直接乘系数调整自身费用，其他费用不调整。

③ 实物量调整。2016 定额中涉及增加、扣减人工工日（普工、一般技工、高级技工）的，按相关变动工日数乘基期工日单价调整。

④ 定额量调整与市场价调差的先后顺序。用 2016 定额编制工程造价时，涉及增加、扣减工日或乘系数的，应在增加、扣减调整后再进行指数调差。

⑤ 基价中以"‰""元"表示的其他人工费、其他材料费、其他机械费及周转性费用基期价格为定值，不随调整调差变动。

⑥ 未涉及的其他费用按 2016 定额相关说明执行。

2.6.2　价格指数调整文件

① 基期价格指数及 2017 年 1～6 月份 1 期价格指数（豫建标定〔2016〕40 号）。

② 2021 年 7～12 月价格指数（豫建标定〔2021〕36 号）。

③ 2022 年 1～6 月价格指数（豫建消技〔2022〕2 号）。

④ 2022 年 7～12 月价格指数（豫建消技〔2023〕2 号）。相关信息如表 2.6.1～表 2.6.4 所示。

表 2.6.1　基期价格指数

专业	人工费指数	机械类指数	管理类指数
房屋建筑与装饰工程	1.370	1	1
通用安装工程	1.332	1	1
市政工程	0.947	1	1

表 2.6.2　第 1 期价格指数

专业	人工费指数	机械类指数	管理类指数
房屋建筑与装饰工程	1	1	1
通用安装工程	1	1	1
市政工程	1	1	1

表 2.6.3　2022 年 1～6 月价格指数

专业	人工费指数	机械类指数	管理类指数
房屋建筑与装饰工程	1.300	1.216	2.031
通用安装工程	1.304	1.216	2.134
市政工程	1.236	1.216	1.734

表 2.6.4　2022 年 7～12 月价格指数

专业	人工费指数	机械类指数	管理类指数
房屋建筑与装饰工程	1.313	1.228	2.078
通用安装工程	1.321	1.228	2.195
市政工程	1.249	1.228	1.776

2.6.3　综合单价计算和调整

综合单价由人工费、材料费、施工机具使用费、管理费、利润与（考虑一定的）风险费用组成。各项费用的调整依据豫建标定〔2016〕40 号文件和发布的价格调整文件，有未计价材料的，在计算综合单价时应予以考虑或注明主材购置方式。机上人工采用指数法调差，机上人工费用需借助于计价软件进行查询，综合单价分析及费用调整如图 2.6.1 所示。

定额编号	人工费	材料费	机械费	（其中机上人工）	管理费	利润	其他措施费	安文费
10-1-16	297.82	12.41	8.94	0.87	60.19	30.94	11.79	24.41
10-11-140	63.31	3.81	—		12.71	6.53	2.49	5.16

基期价格指数，人工费基期指数 1.332、机械类指数 1、管理类指数 1；按照 2 期指数调整，人工费 2 期指数 1.042、机械类指数 1.030、管理类指数 1.157。

调整后人工费用 =	232.98	297.82	297.82	1.042	1.332	−0.217717718	1
调整后机械费 =	8.97	8.94	0.87	1.03	1	0.03	1
调整后管理费 =	60.76	60.19	60.19	1.157	1	0.157	0.06
	调整后费用	基期费用	基期费用,	发布期价格指数	基期价格指数	调差系数	K_n

指数调差：调整后人工费 = 基期人工费 + 指数调差 = 基期人工费 + 基期工人费 × 调差系数 ×K_n

单价调差：调整后材料费 = 基期材料费 + 材料费价差

指数调差和单价调差：调整后机械费 = 基期机械费 + 指数调差 + 单价调差 = 基期机械费 + 机上人工费 × 调差系数 ×K_n+ 除机上人工外机械费价差

指数调差：调整后管理费 = 基期管理费 + 指数调差 = 基期管理费 + 基期管理费 × 调差系数 ×K_n

调整后人工费用 =	49.53	63.31	63.31	1.042	1.332	−0.217717718	1
调整后机械费 =	0.00	0	0	1.03	1	0.03	1
调整后管理费 =	12.83	12.71	12.71	1.157	1	0.157	0.06
	调整后费用	基期费用	基期费用,	发布期价格指数	基期价格指数	调差系数	K_n

（a）

表09 综合单价分析表

项目编码	031001001001	项目名称		镀锌钢管		计量单位	m	工程量	9.58
清单综合单价组成明细									
定额编号	定额项目名称	定额单位	数量	单价				合价	
				人工费	材料费	机械费	管理费和利润	人工费	材料费	机械费	管理费和利润
10-1-16	室内给水镀锌钢管螺纹连接	10m	0.1	232.98	12.41	8.97	91.7	23.30	1.24	0.90	9.17
10-11-140	消毒冲洗 DN40	100m	0.01	49.53	3.81	—	19.36	0.50	0.04	—	0.19
人工单价				小计				23.8	1.28	0.9	9.36
				未计价材料费				26.92			
				清单项目综合单价				62.26			

材料费明细	主要材料名称、规格、型号	单位	数量	单价/元	合价/元	暂估单价/元	暂估合价/元
	镀锌钢管 DN40	m	1.002	15.13	15.16		
	螺纹管件 DN40	个	0.786	14.96	11.76		
	其他材料费						
	材料费小计						

（b）

图 2.6.1 综合单价分析及费用调整

任务实施

(1) PPR 塑料给水管 $De32$，热熔连接，长度 156.85m。$De32$ 管道不含税单价 7.11 元/m。$De32$PPR 管件不含税单价 1.21 元/个。试编制清单并计算其综合单价，填写在表 2.6.5 所示的"综合单价分析表"中。

表 2.6.5　综合单价分析表 1

项目编码		项目名称			计量单位		工程量	
清单综合单价组成明细								
定额编号	定额项目名称	定额单位	数量	单价				合价			
				人工费	材料费	机械费	管理费和利润	人工费	材料费	机械费	管理费和利润
人工单价			小计									
			未计价材料费									
			清单项目综合单价									
材料费明细	主要材料名称、规格、型号 ||| 单位	数量	单价/元	合价/元	暂估单价/元	暂估合价/元		
	其他材料费										
	材料费小计										

(2) 结合上题，将人工费、机械费、管理费按 2022 年 7～12 月价格指数进行调整，其他费用不变，计算该清单调整后的综合单价，综合单价调整前后将数据填写在表 2.6.6 所示的"综合单价分析表"中。

表 2.6.6 综合单价分析表 2

项目编码			项目名称			计量单位		工程量	
清单综合单价组成明细									
定额编号	定额项目名称	定额单位	数量	单价				合价	
				人工费	材料费	机械费	管理费和利润	人工费	材料费	机械费	管理费和利润
人工单价			小计								
			未计价材料费								
清单项目综合单价											
材料费明细	主要材料名称、规格、型号			单位	数量	单价/元	合价/元	暂估单价/元	暂估合价/元
	其他材料费								
	材料费小计								

单元三
给排水工程 BIM 计量与计价

本单元结合专用宿舍楼给排水工程案例，学习施工图识读方法，根据造价岗位技能要求，进一步夯实业务基础知识，理解工程量计算规则，掌握手工算量方法，学习和运用广联达安装造价 BIM 算量软件对给排水工程项目进行建模取量、编制清单以及造价文件编制。通过教学实施和任务实践，熟练掌握图纸识读技巧、列项计算工程量以及使用 GQI2021、 GCCP6.0 等软件解决工程实际问题。

 ## 学习准备

- 计量规范、验收规范、标准图集、河南省通用安装工程预算定额第十册。
- 安装并能够操作 GQI、 GCCP 等软件。
- 专用宿舍楼给排水工程图纸及课程相关资源。

 ## 学习目标

- 系统掌握给排水造价业务相关理论知识。
- 熟练识读给排水施工图，能够提取造价相关图纸信息。
- 掌握手工算量方法，能够运用 GQI 软件对工程进行建模取量、编制工程量清单。
- 掌握费用调整规则，能够运用 GCCP 软件编制造价文件。

 ## 学习要点

单元内容	学习重点	相关知识点
建筑给排水工程基础知识	1. 掌握系统形式、组成、功能 2. 理解施工要求、验收标准	系统形式、工作原理、管道及附件、施工技术要求
施工图识读	1. 掌握识读方法，理解图纸表达 2. 能够提取图纸有关造价关键信息	图纸组成、图示内容
给排水工程 BIM 计量与计价	1. 使用 GQI 建模取量、编制清单 2. 使用 GCCP 编制造价文件	GQI 基础操作、费用调整、GCCP 基础操作、工程计价

3.1 给排水工程基础知识

整理、归纳建筑给排水工程基础知识和设计及施工质量验收规范相关规定,并制作思维导图。

基础知识涉及建筑给排水系统的分类、形式和组成,涉及管道和设备的安装与质量检验。学习设计规范、图集、施工方案、施工组织设计及施工质量验收规范,了解新技术、新材料、新工艺、新设备在工程项目中的应用,并运用思维导图进行知识点梳理和总结,拓展和夯实对基础知识掌握的广度和深度。

3.1.1 建筑室内给水系统

(1) 建筑给水系统分类

建筑给水系统按其用途可划分为生活给水系统、生产给水系统和消防给水系统。

① 生活给水系统。生活给水系统是为人们的日常生活提供饮用、洗涤、沐浴等用水的系统。生活给水系统除了要满足用水设施对水量和水压的要求外,还要满足国家规定的水质标准。

② 生产给水系统。生产给水系统是提供生产设备的冷却、原料和产品的洗涤、锅炉用水及各类产品制造过程中的所需的生产用水。生产用水对水质、水量、水压以及安全方面的要求应当根据生产性质和要求确定。

③ 消防给水系统。消防给水系统是供消防灭火设备用水的系统。消防给水对水质没有特殊要求,但必须保证足够的水量和水压。

(2) 建筑室内给水系统组成

建筑室内给水系统(图 3.1.1)由引入管(进户管)、水表节点、管道系统(干管、立管、支管)、给水附件(阀门、水表、配水龙头)等组成。当室外管网水压不足时,还需要设置加压贮水设备(水泵、水箱、贮水池、气压给水装置等)。

3.1.2 建筑室内排水系统

(1) 建筑排水系统的分类

建筑内部排水系统按污废水类型不同,可划分为生活排水系统、生产排水系统和雨(雪)水排水系统。

① 生活排水系统。生活排水系统用于排除居住建筑、公共建筑及工厂生活间的污废水。生活排水系统可分为生活污水排水系统和生活废水排水系统。污染程度较轻的水被称为废水,污染程度较重的水被称为污水。生活废水主要是指盥洗、沐浴、洗涤以及空调凝结水等,生活污水主要是指粪便污水。

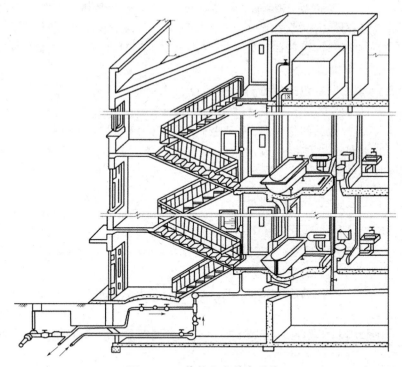

图 3.1.1 建筑室内给水系统

② 生产排水系统。生产排水系统用于排除生产过程中产生的污废水。

③ 雨（雪）水排水系统。雨（雪）水排水系统用于收集并排除建筑物屋面上的雨水、雪融化水。

（2）建筑排水系统的组成（图 3.1.2）

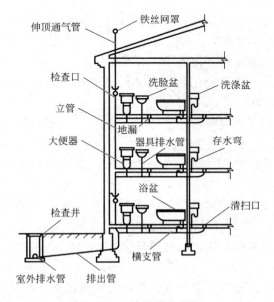

图 3.1.2 建筑排水系统

① 卫生器具或生产设备受水器。卫生器具或生产设备受水器是建筑排水系统的起点，接纳各种污水后经过存水弯和器具排水管流入横支管，如洗脸盆、浴盆等。

② 排水管道。排水管道包括器具排水管（连接卫生器具和横支管之间的管段）、排水横支管、立管、埋地干管和排出管。

③ 清通设备。清通设备包括检查口、清扫口、检查井及带有清通门的90°弯头或三通接头设备。检查口设在排水立管上，清扫口设在排水横支管的起端。

④ 通气管道。通气管道的作用是使室内排水管与大气相通，减少排水管内空气压力波动，保护存水弯的水封不被破坏，排出臭气和有害气体，减少废气对管道的腐蚀。常用的形式有器具通气管、环形通气管、安全通气管、专用通气管、结合通气管等。

3.1.3 给排水工程施工质量验收的有关规定

（1）采暖、给水及热水供应系统的金属管道立管管卡安装应符合下列规定：

① 楼层高度小于或等于5m，每层必须安装1个；

② 楼层高度大于5m，每层不得少于2个；

③ 管卡安装高度，距地面应为1.5～1.8m，2个以上管卡应匀称安装，同一房间管卡应安装在同一高度上。

（2）各种承压管道系统和设备应做水压试验，非承压管道系统和设备应做灌水试验。

（3）室内给水系统安装应符合下列规定：

① 管径小于或等于100mm的镀锌钢管应采用螺纹连接，套丝扣时破坏的镀锌层表面外采用法兰或卡套式专用管件连接，镀锌钢管与法兰的焊接处应二次镀锌。

② 给水塑料管和复合管可以采用橡胶圈接口、粘接接口、热熔连接，专用管件的连接应使用专用管件连接，不得在塑料管上套丝。

③ 给水铸铁连接可采用水泥捻口或橡胶圈接口方式进行连接。

（4）给水管道及配件安装应符合下列规定：

① 室内给水管道的水压试验必须符合设计要求。当设计未注明时，各种材质的给水管道系统试验压力均为工作压力的1.5倍，但不得小于0.6MPa。

② 给水系统交付使用前必须进行通水试验并做好记录。

③ 生产给水系统管道在交付使用前必须冲洗和消毒，并经有关部门取样检验，符合国家《生活饮用水标准》方可使用。

④ 室内直埋给水管道（塑料管道和复合管道除外）应做防腐处理。

（5）排水管道及配件安装应符合下列规定：

① 隐蔽或埋地的排水管道在隐蔽前必须做灌水试验，其灌水高度应不低于底层卫生器具的上边缘或底层地面高度。

② 排水塑料管必须按设计要求及位置装设伸缩节。如设计无要求时，伸缩节间距不得大于4m。高层建筑中明设排水塑料管道应按设计要求设置阻火圈或防火套管。

③ 排水主立管及水平干管管道均应做通球试验，通球球径不小于排水管道管径的2/3，通球率必须达到100%。

④ 在生活污水管道上设置的检查口或清扫口，当设计无要求时应符合下列规定：

a. 在立管上应每隔一层设置一个检查口，但在最底层和有卫生器具的最高层必须设置。如为两层建筑时，可仅在底层设置立管检查口；如有乙字弯管时，则在该层乙字弯管的上部设置检查口。检查口中心高度距操作地面一般为1m,允许偏差±20mm;检查口的朝向应便于检修。暗装立管,在检查口处应安装检修门。

b. 在连接2个及2个以上大便器或3个及3个以上卫生器具的污水横管上应设置清扫口。当污水管在楼板下悬吊敷设时,可将清扫口设在上一层楼地面上,污水管起点的清扫口与管道相垂直的墙面距离不得小于200mm;若污水管起点设置堵头代替清扫口时,与墙面距离不得小于400mm。

c. 在转角小于135°的污水横管上,应设置检查口或清扫口。

d. 污水横管的直线管段,应按设计要求的距离设置检查口或清扫口。

⑤ 排水塑料管道支、吊架间距应符合表3.1.1的规定。

表 3.1.1 排水塑料管道支吊架最大间距

管径/mm	50	75	100	125	160
立管/m	1.2	1.5	2.0	2.0	2.0
横管/m	0.5	0.75	1.10	1.30	1.60

任务实施

归纳整理建筑给排水工程基础知识,制作思维导图。

3.2 给排水工程施工图识读

思考并解决下列问题:
(1)专用宿舍楼给排水工程施工图由哪些图纸构成?在图纸中反映出哪些工程信息?
(2)图纸中哪些关键信息与算量有关?

给排水施工图主要由首页图(设计施工说明、图纸目录、图例、主要设备和材料表等)、平面图、系统图和大样图等图纸组成。与算量有关的关键信息包括工程基本信息、给排水系统形式、管道和设施材质、施工技术措施等。

3.2.1 专用宿舍楼给排水工程图纸组成

专用宿舍楼给排水工程图纸由给排水设计总说明(含消火栓给水、喷淋给水)、给水系统图、排水系统图、大样图(包括小卫生间、公共卫生间和开水间给排水大样图)、给排水平面图(包括一层、二层和屋面给排水平面图)等图纸组成。

3.2.2 给排水设计总说明

设计总说明主要内容如下。

（1）设计依据

① 设计及施工主要依据的规范和规程，如《建筑给水排水及采暖工程质量验收规范》（GB 50242）、《建筑排水塑料管道工程技术规程》（CJJ/T 29）等；

② 设计参数；

③ 相关部门审批文件。

（2）管道材料及施工要求

① 给水干管采用钢塑复合管（图 3.2.1），丝接。给水立管及室内支管采用冷水用无规共聚聚丙烯 PPR 管（图 3.2.2），管系列选用 S5，热熔连接（图 3.2.3）。

② 污水立管采用挤压成型的 UPVC 螺旋塑料管（图 3.2.4），污水横管采用挤出成型的 UPVC 排水管，采用 PVC 胶粘接。

图 3.2.1　钢塑复合管

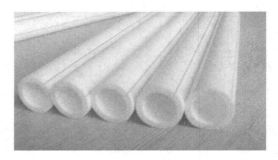

图 3.2.2　PPR 管

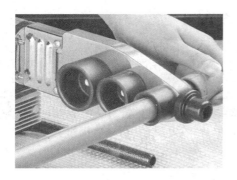

图 3.2.3　PPR 塑料管热熔连接

图 3.2.4　UPVC 螺旋塑料管

③ 污水立管和横管应按照规范和标准图集设置伸缩节（图 3.2.5），其中污水横管应设置专用伸缩节，埋地管道可不设伸缩节。

（3）管道附件的选用

① 生活给水管阀门 DN≤50，采用铜制截止阀（图 3.2.6）；大于 DN50 的，采用闸阀，工作压力不低于 0.1MPa。

② 水龙头选用陶瓷片密封水嘴。

③ 卫生间采用有水封地漏（图 3.2.7），水封高度不得小于 50mm。地面清扫口（图 3.2.8）采用塑料制品，检查口距地 1.0m 安装，检查盖应面向便于检查清扫的方位。

图 3.2.5　PVC 伸缩节

图 3.2.6　截止阀

图 3.2.7　地漏

图 3.2.8　地面清扫口

④ 全部给水配件、洁具均采用节水型产品，坐便器出水量不得大于 6L。

（4）管道敷设

① 给水管道穿过楼板和墙壁，设置钢套管，套管内径比通过管道的外径大两号，见图 3.2.9。安装在卫生间及厨房楼板内的套管，其顶部高出装饰地面 50mm，底部应与楼板底面相平；安装在墙壁内的套管其两端与饰面相平。套管与管道之间缝隙应用阻燃密实材料和防水油膏填实，端面光滑。管道接口不得设在套管内。

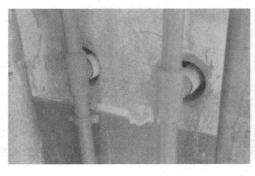
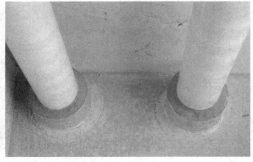

图 3.2.9　管道穿墙、楼板设置钢套管

② 排水立管穿楼板应预留孔洞，管道安装完后将孔洞严密捣实，立管周围应设高出楼板面设计标高 15mm 的阻水圈，见图 3.2.10。

③ 所有管道穿外墙处及穿屋面板处均设柔性防水套管，见图 3.2.11。

图 3.2.10 设置阻水圈

图 3.2.11 设置柔性防水套管

(5) 管道试压与冲洗
① 冷水管道试验压力为系统工作压力的 1.5 倍,但不得小于 0.9MPa。
② 排水管应做灌水试验和通球试验。
③ 生活给水管道在交付使用前必须冲洗和消毒,并经有关部门取样检验,符合国家生活饮用水相关标准方可使用。
④ 排水管冲洗以管道通畅为合格。

(6) 管道防腐
① 在刷底漆前,应清除表面的灰尘、污垢、锈斑、焊渣等物。
② 热镀锌钢管明装的,安装后刷银粉两道;埋地的,刷沥青漆或热沥青两道。

(7) 其他
包括图示管道外径与公称直径对应表、设备和主要材料表、图例表、图纸目录。
算量关键信息包括:卫生器具类型、材质和安装要求,管道材质、连接方式和安装要求(如敷设形式、吊支架设置),管道附件类型、材质和安装要求,管道系统试验(如消毒冲洗、水压试验、灌水试验、通球试验等),其他(如套管、阻水环、阻火圈设置,金属管道及支架除锈、防腐、绝热等)。

3.2.3 给排水系统图

(1) 给排水系统图识读方法
系统图是指利用轴测图作图原理,在立体空间中反映管路、设备及器具相互系统的全貌图形。图中表明了管道标高,管径大小,阀门的位置、标高、数量,卫生器具的位置、数量等内容。识读系统图时要重点查看下列内容:
① 给水管道系统的具体走向,干管的布置方式,管径尺寸及其变化情况,阀门的设置,引入管、干管及各支管的标高。识图时按引入管、干管、立管、支管及用水设备的顺序进行。
② 排水管道的具体走向,管路分支情况,管径尺寸与横管坡度,管道各部分标高,存水弯形式,清通设备设置情况,弯头及三通的选用等。识图时一般按照卫生器具或排水设备的存水弯、器具排水管、横支管、立管、排出管的顺序进行。

(2) 专用宿舍楼给水系统图识读
图纸"水施-02"为给水系统图,图中有 J1、J2、J3、J4、J5 五个给水系统,其他未标识的给水管系统与 J1 系统设置形式一致。

① J1 系统（图 3.2.12）。进户管管径 dn75，管段标高－1.15m，直埋入户，通过立管 JL-1，至二层距地 2.8m 处，接出水平干管。水平管段管径规格有 dn75、dn65、dn50，供水形式为下供上给式，立管 JL-9、JL-10、JL-11、JL-12 供一、二层宿舍卫生器具用水，立管管径有 dn50 和 dn32，JL-8 供二层宿舍卫生间卫生器具用水，立管管径 dn50。各层卫生间卫生器具的水平支管从立管距地 0.1m 处接出，管径 dn32。入户管设置闸阀和止回阀，各卫生间水平支管设置水表和截止阀。图 3.2.13 为 J1 局部模型。

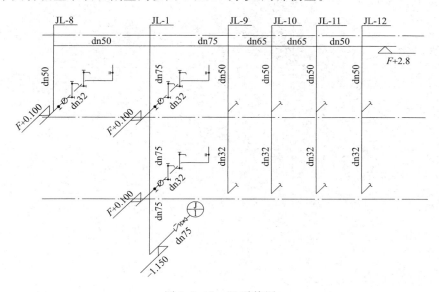

图 3.2.12 J1 系统图

图 3.2.13 J1 局部模型

② J2 系统（图 3.2.14）。进户管管径 dn75，管段标高－1.15m，直埋入户，立管 JL-2，在一、二层均距地 1.2m 处接出水平管，水平管段管径规格有 dn50、dn40、dn32 和 dn25，

JL-2 立管管径有 dn75 和 dn50 两种规格，变径点在 1.2m 三通处，J2 供一、二层公共卫生间卫生器具用水。入户管设置闸阀和止回阀，公共卫生间水平支管入口处设置截止阀。

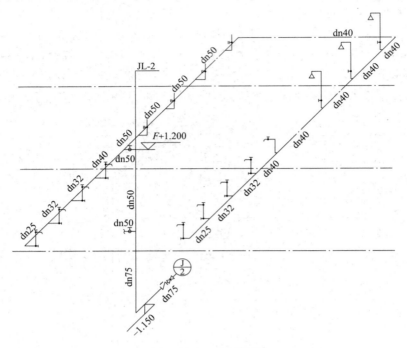

图 3.2.14　J2 系统图

（3）专用宿舍楼排水系统图识读

图纸"水施-03"为排水系统图，图中 W1、W2、W7、W8、W12 为排水系统，其他未标识的排水管系统与 W2 系统设置形式一致。图 3.2.15 为 W1、W2、W7 系统图。

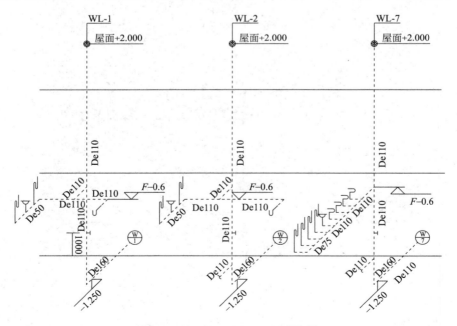

图 3.2.15　W1、W2、W7 系统图

① W1系统。排水水平支管设置在距离楼板下0.6m处，管径有de50和de110两种规格，大便器排水竖向支管管径de110，地漏、洗脸池等排水竖向支管管径de50，排水立管WL-1管径de100，通气管伸出屋面，高度2m，水平排出管管径de160，标高-1.25m。一层无排水设施，检查口设置在一层距地面1m处。

② W2系统。一、二层排水设施排水水平支管均设置在距离楼板下0.6m处，管径有de50和de110两种规格，大便器排水竖向支管管径de110，地漏、洗脸池等排水竖向支管管径de50，排水立管WL-2管径de100，通气管伸出屋面，高度2m，水平排出管管径de160，标高-1.25m，检查口设置在一层距地面1m处。

③ W7系统。为公共卫生间洗脸池、地漏及大便器等排水系统，排水支管管径有de50、de75、de110三种规格，一、二层排水设施排水水平支管均设置在距离楼板下0.6m处，排水立管WL-7管径de100，通气管伸出屋面，高度2m，水平排出管管径de160，标高-1.25m，检查口设置在一层距地面1m处。

算量关键信息包括：确定管道规格和变径点位置；系统图和平面图相结合，确定管道附件的类型、规格和数量。

3.2.4 给排水平面图

(1) 给水排平面图识读方法

平面图表达给排水管道的平面布置情况、卫生设备的布置位置及数量。识读平面图时要重点查看下列内容：

① 查明管道走向。弄清给水引入管和排水排出管的平面位置、走向、定位尺寸，与室外给水排水管网的连接形式、管径等。给水引入管上一般都装有阀门，阀门若设在室外阀门井内，在平面图上就能完整地表示出来。这时，可查明阀门的型号及距建筑物的距离。污水排出管与室外排水总管的连接，是通过检查井来实现的，要了解排出管的长度，即外墙至检查井的距离。查明给水排水干管、立管、支管的平面位置与走向，管径尺寸及立管编号。在给水管道上设置水表时，必须查明水表的型号、安装位置，以及水表前后阀门的设置情况。对于室内排水管道，还要查明清通设备的布置情况、清扫口和检查口的型号及位置。对于雨水管道，要查明雨水斗的型号及布置情况，并结合详图搞清雨水斗与天沟的连接方式。

② 查明设备及器具的类型、数量、安装位置、定位尺寸。设备和卫生器具通常是用图例画出来的，它只能说明器具和设备的类型，而不能具体表示各部分的尺寸及构造，因此在识图时必须结合有关详图或技术资料，搞清楚这些器具和设备的构造、接管方式和尺寸。

③ 还需要注意的是，在平面图中，不同直径的管道，以同样线宽的线条表示。管道坡度无需按比例画出，管径和坡度均用数字注明。靠墙敷设的管道，一般不必按比例准确表示出管线与墙面的微小距离，即使暗装管道也可像明装管道一样画在墙外，只需说明哪些部分要求暗装。当在同一平面位置布置有几根不同高度的管道时，若严格按投影来画，平面图就会重叠在一起，这时可画成平行排列。有关管道的连接配件一般不予画出。

(2) 专用宿舍楼给排水平面图识读

① 图纸"水施-04"为一层给排水平面布置图（图3.2.16），J1系统入户管在3轴处，从室外进入室内。根据系统图，J1系统采用下供上给式，干管位于二层，在一层只能识读到J1系统的JL-1、JL-9、JL-10、JL-11、JL-12在平面图中的位置，宿舍阳台处用水设施和管道详见卫生间大样图，各排水系统排水立管及排出管在一层平面图中可见。此外，在一层

平面图中，还可读取水平管道（入户管、排出管）管径、标高、立管标识和位置，以及各给水、排水系统的编号。

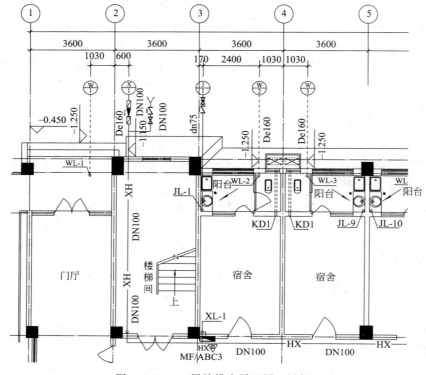

图 3.2.16　一层给排水平面图（局部）

② 图纸"水施-05"为二层给排水平面布置图（图 3.2.17），从图中可识读给水水平干管的位置、管道规格、确定变径点位置、立管标识和位置。二层各房间用水设施和管道详见卫生间大样图。图纸"水施-06"为屋面给排水平面图（图 3.2.18），用于确定通气管位置和数量。

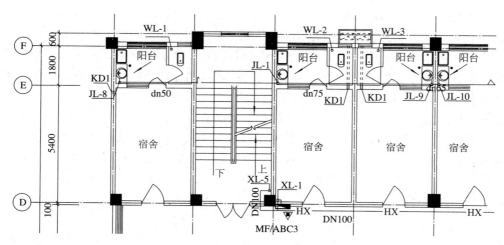

图 3.2.17　二层给排水平面图（局部）

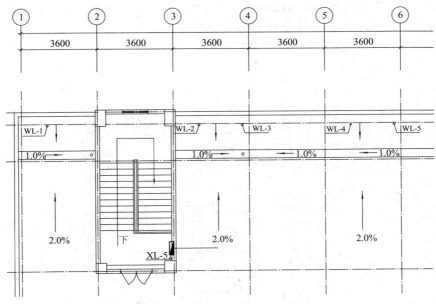

图 3.2.18 屋面给排水平面图(局部)

算量关键信息有:用水设备、卫浴设施的种类和数量;管道材质、规格及标高,确定管道变径点位置;管道附件类型、规格和数量。

3.2.5 给排水大样图

(1) 给水排大样图识读方法

大样图是指对于施工图中的局部范围,需要放大比例表明尺寸及做法时而绘制的局部详图,主要包括管道节点图、接口大样图、管道穿墙做法图、厨房及卫生间大样图等。

(2) 专用宿舍楼卫生间大样图识读

① 由图 3.2.19,可以看出卫生间卫生器设置有蹲式大便器、台式洗脸盆、盥洗池,排水设施还设置有地漏,给水管道规格 dn32,从给水立管接出水平管道上设置有截止阀和水表。排水水平管道有 de50、de110 两种规格,通过排水立管、排出管排至室外。

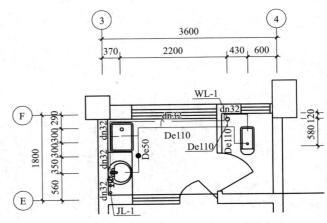

图 3.2.19 卫生间给排水大样图

② 由图 3.2.20,可以看出公共卫生间设置有蹲式大便器、淋浴器、拖布池、台式洗脸池,排水设施还设置有地漏,给水管道有 dn50、dn40、dn32、dn25 四种规格,从给水立管接出水平管道上设置有截止阀。排水水平管道有 de50、de75、de110 三种规格,通过排水立管 WL-7、WL-8 和排出管排至室外。识读开水间大样图可以看出用水设施有洗衣机和电热水器,排水设施设置有地漏(图示未设置洗衣机专用地漏),给水管管径有 dn32、dn25 两

种规格，图示给水管道上未设置水表和阀门，排水管管径有 de50、de75 两种规格，结合系统图，得知 WL-12 排水立管管径 de110，排出管管径 de160。

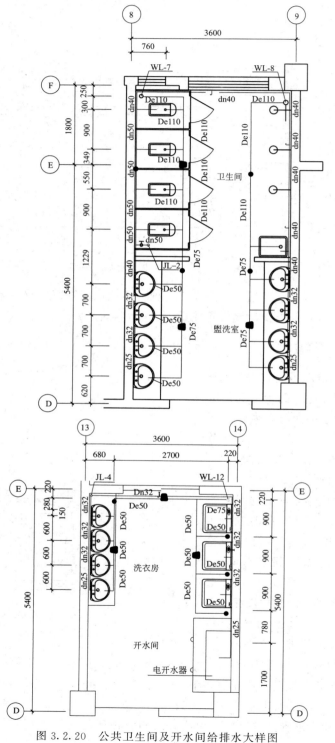

图 3.2.20 公共卫生间及开水间给排水大样图

在计算卫生间管道时,平面图由于比例较小,管线表达不清晰,需结合大样图来计算管线的工程量。

任务实施

(1) 梳理建筑给排水工程施工图识图方法和要点,制作思维导图。

(2) 识读图 3.2.21 所示的专用宿舍楼公共卫生间排水系统施工图,分析卫浴设施种类及数量、管道算量的关键信息。

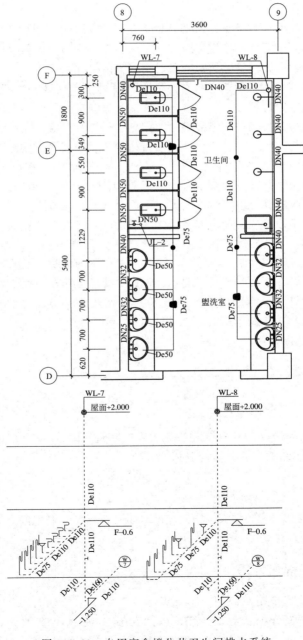

图 3.2.21 专用宿舍楼公共卫生间排水系统

3.3 工程量计算规则及手工算量

思考并解决下列问题：
（1）统计给排水工程工程量都包括哪些内容？
（2）依据《河南省通用安装工程预算定额》（2016版），汇总工程量时需注意哪些内容？
（3）完成专用宿舍楼公共卫生间给排水系统工程量计算。

《河南省通用安装工程预算定额》（2016版）第十册"给排水、采暖、燃气工程"适用于工业与民用建筑的生活用给排水、采暖、室内空调水、燃气管道系统中的管道、附件、器具及附属设备等安装工程。

统计工程量时，需考虑三个方面。一是划分计量范围，初步确定工程量计算内容，依据定额计量规则，选用正确或合适的定额子目，根据工程实际考虑是否进行费用或定额系数调整等问题（如高层建筑增加费、操作高度施工增加费等）。二是结合工程特点，分列计算项目，便于关联项目工程量统计和计算（如有不同防腐要求或绝热要求的同材质、同规格的管道等），考虑技术措施，预设工作内容，避免工程量统计漏项漏量。三是针对图样中不明确的内容，可依据标准图纸、验收规范等进行合理设置，工程量统计时可做注明。

给排水工程工程量计算涉及给排水管道、管道管卡、支架、预留孔洞、套管、防水套管、卫生器具、独立安装的水龙头、管道附件、管道刷油、绝热、消毒冲洗、雨水管道、雨水斗等，计算时需考虑不同材质、不同规格。

汇总计算工程量时需考虑地下、竖井或管廊等部分，超过定额规定的操作高度以上的部分以及定额已考虑过安装费用但未记材料的项目（如止水环、通气帽等）。阀门若采用法兰阀门，管道法兰另行计算。

下面以专用宿舍楼给排水 J1 系统和 W1~W6 为例（图 3.3.1），计算其范围内的工程量，标注房间号，方便图纸分析和算量分析。

3.3.1 图纸分析

J1 系统供水范围涉及 101~105、201~206，共 11 个宿舍卫生间，每间卫生间布置形式一致，排水系统有 W1~W6。

3.3.2 卫生器具工程量计算

（1）定额工程量计算规则及说明

各种卫生器具均按设计图示数量计算，以"10 组"或"10 套"为计量单位。各类卫生器具安装项目包括卫生器具本体、配套附件、成品支托架安装。各类卫生器具配套附件是指

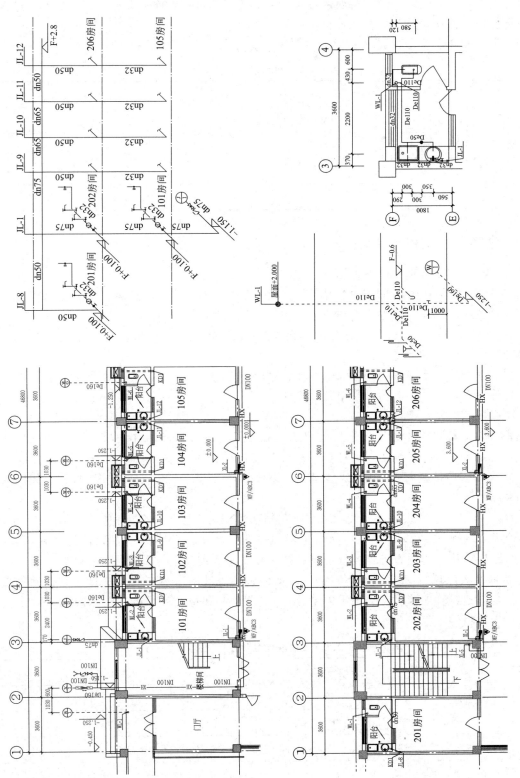

图 3.3.1 专用宿舍楼给排水工程图图纸（局部）

给水附件（水嘴、金属软管、阀门、冲洗管、喷头等）和排水附件（下水口、排水栓、存水弯、与地面或墙面排水口间的排水连接管等）。

（2）卫生器具工程量计算（表3.3.1）

表3.3.1 卫生器具工程量计算表

序号	项目	定额单位	工程量	计算式
1	蹲式大便器	10套	1.1	(1×11)/10
2	盥洗池	10套	1.1	(1×11)/10
3	台式洗脸盆	10组	1.1	(1×11)/10
4	地漏	10个	1.1	(1×11)/10

3.3.3 管道附件工程量计算

（1）定额工程量计算规则及说明

① 各种阀门、补偿器、软接头、普通水表、IC卡水表、水锤消除器、塑料排水管消声器安装，均按照不同连接方式、公称直径，以"个"为计量单位。

② 减压器、疏水器、水表、倒流防止器、热量表安装，按照不同组成结构、连接方式、公称直径，以"组"为计量单位。

③ 法兰均区分不同公称直径，以"副"为计量单位。承插盘法兰短管按照不同连接方式、公称直径，以"副"为计量单位。

应注意如下内容：

① 阀门安装均综合考虑了标准规范要求的强度及严密性试验工作内容。若采用气压试验时，除定额人工外，其他相关消耗量可进行调整。

② 安全阀安装后进行压力调整的，其人工乘以系数2.0。螺纹三通阀安装按螺纹阀门安装项目乘以系数1.3计算。

③ 法兰阀门、法兰式附件安装项目均不包括法兰安装，应另行套用相应法兰安装项目。

④ 每副法兰和法兰式附件安装项目中，均包括一个垫片和一副法兰螺栓的材料用量。各种法兰连接用垫片均按石棉橡胶板考虑，如工程要求采用其他材质可按实际调整。

⑤ 普通水表、IC卡水表安装不包括水表前的阀门安装。水表安装定额是按与钢管连接编制的，若与塑料管连接时其人工乘以系数0.6，材料、机械消耗量可按实际调整。

（2）管道附件工程量计算（表3.3.2）

表3.3.2 管道附件工程量计算表

序号	项目	定额单位	工程量	计算式
1	闸阀	10套	1	
2	截止阀（DN65）	个	1	
3	水表（DN25）	个	11	1×11
4	截止阀（DN25）	个	11	1×11

3.3.4 管道工程量计算

（1）定额工程量计算规则及说明

1）各类管道安装按室内外、材质、连接形式、规格分别列项，以"10m"为计量单位。定额中铜管、塑料管、复合管（除钢塑复合管外）按公称外径表示，其他管道均按公称直径表示。

2）各类管道安装工程量，均按设计管道中心线长度，以"10m"为计量单位，不扣除阀门、管件、附件（包括器具组成）及井类所占长度。

3）室内给排水管道与卫生器具连接的分界线：

① 给水管道工程量计算至卫生器具（含附件）前与管道系统连接的第一个连接件（角阀、三通、弯头、管箍等）止；

② 排水管道工程量自卫生器具出口处的地面或墙面的设计尺寸算起；与地漏连接的排水管道自地面设计尺寸算起，不扣除地漏所占长度。

有关说明如下。

a. 室内外管道的界限划分：室内外给水管道以建筑物外墙皮1.5m为界，建筑物入口处设阀门者以阀门为界；室内外排水管道以出户第一个排水检查井为界。

b. 管道安装项目中，均包括相应管件安装、水压试验及水冲洗工作内容。定额中各种管件数量是综合取定的，管件用量中不含与螺纹阀门配套的活接、对丝，其用量含在螺纹阀门安装项目中。

c. 钢管焊接安装项目中，均综合考虑了成品管件和现场煨制弯管、摔制大小头、挖眼三通。

d. 管道安装项目中，除室内直埋塑料给水管项目中已包括管卡安装外，均不包括管道支架、管卡、托钩等制作安装以及管道穿墙、楼板套管制作安装、预留孔洞、堵洞、打洞、凿槽等工作内容，发生时，应按"定额支架及其他"相应项目另行计算。

e. 管道安装定额中，包括水压试验及水冲洗内容，饮用水管道的消毒冲洗应按"定额支架及其他"相应项目另行计算。排（雨）水管道包括灌水（闭水）及通球试验工作内容；排水管道已包括管件及止水环的安装，其管件综合取定，管件系数内不包括止水环、透气帽的用量，发生时按实际数量另计材料费。

f. 室内直埋塑料管道是指敷设于室内地坪下或墙内的塑料给水管段，包括充压隐蔽、水压试验、水冲洗以及地面划线标示等工作内容。

g. 安装带保温层的管道时，可执行相应材质及连接形式的管道安装项目，其人工乘以系数1.10；管道接头保温执行《河南省通用安装工程预算定额》第十二册"刷油、防腐蚀、绝热工程"，其人工、机械乘以系数2.0。

（2）管道工程量计算

① 给水引入管DN65（dn75）：图3.3.2所示的给水引入管平面图纸中，从入户第一个阀门至JL-1立管，长度经测量后计为4.97m。

② 给水立管dn75：给水立管管径dn75，材质为PPR塑料管，长度根据立管起、终点标高差进行计算，结果为7.55m。

③ 给水干管dn75、dn65、dn50：图3.3.3中，dn75、dn65、dn50管道长度测量后，长度分别计为6.87m、7.2m、7.43m，管道材质为PPR塑料管。

④ 给水立管dn50、dn32：图3.3.3所示的给水立管管径为dn50、dn32，材质PPR塑

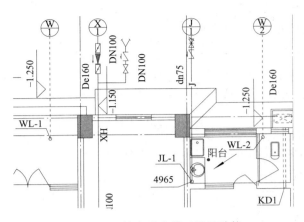

图 3.3.2　给水引入管工程量计算

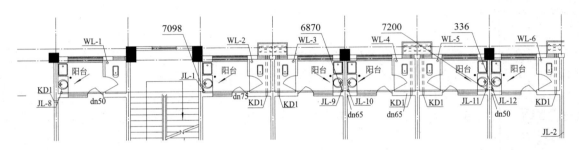

图 3.3.3　给水干管工程量计算

料管，长度根据立管起、终点标高差进行计算，结果分别为 13.5m、12.8m。

⑤ 给水支管 dn32（不考虑与卫生器具连接的竖向支管）：结合卫生间大样图，dn32 管道长度测量后折算比例，长度计为 53.11m，管道材质为 PPR 塑料管（图 3.3.4）。

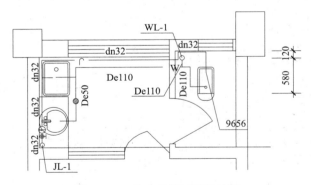

图 3.3.4　给水支管工程量计算

⑥ 排水支管 de50、de110：结合卫生间大样图，de50、de110 水平管道长度测量后折算比例，分别计为 15.45m 和 32.25m，管道材质为 UPVC 塑料管。排水竖向支管计算至地面处，de50、de110 竖向支管长度分别为 $0.6\times3\times11=19.8$m 和 $0.6\times11=6.6$m，如图 3.3.5 所示。

⑦ 排水立管 de110：排水立管 de110，材质为 UPVC 螺旋塑料管，由于通气管段和排水立管材质一致，长度根据立管起、终点标高差进行计算，结果计为 62.7m。

⑧ 排出管 de160（室内外排水管道界线自定义）：图 3.3.6 所示排出管 de160，材质 UP-VC 塑料管，长度经量取后计为 12.52m。

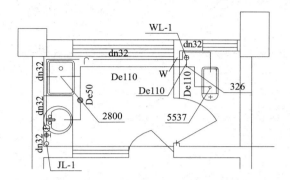

图 3.3.5　排水支管（水平管段）工程量计算

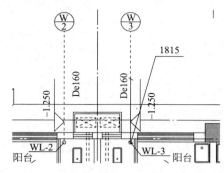

图 3.3.6　排水排出管工程量计算

（3）管道工程量汇总计算（表 3.3.3）

表 3.3.3　管道工程量汇总计算表

序号	项目	定额单位	工程量	计算式（→代表水平管，↑代表立管）
1	钢塑复合管 DN65（dn75）	10m	0.20	(→1.97)/10
2	PPR 塑料管 dn75	10m	1.44	[↑[3.6+2.8−(−1.15)+→6.87]/10
3	PPR 塑料管 dn65	10m	0.72	(→7.2)/10
4	PPR 塑料管 dn50	10m	2.09	[→(0.336+7.098)+↑(2.8−0.1)×5]/10
5	PPR 塑料管 dn32	10m	6.59	[→(9.656/2×11)+↑(3.2×4)]/10
6	PVC 塑料管 De50	10m	3.52	[→(2.809/2×11)+↑0.6×3×11]/10
7	PVC 塑料管 De110	10m	9.50	[→(0.326+5.537)/2×11+↑0.6/11+↑(7.2+2+1.25)×6↑]/10
8	PVC 塑料管 De160	10m	1.09	(→1.815×6)/10

📖 读一读

《河南省通用安装工程预算定额》第十册"给排水、采暖、燃气工程"定额相关规定

（1）本册定额不包括以下内容：

① 工业管道、生产生活共用的管道，锅炉房、泵房、站类管道以及建筑物内加压泵间、空调制冷机房、消防泵房的管道，管道焊缝热处理、无损探伤，医疗气体管道执行第八册"工业管道工程"相应项目。

② 本册定额未包括的采暖、给排水设备安装执行第一册"机械设备安装工程"、第三册"静置设备与工艺金属结构制作安装工程"等相应项目。

③ 给排水、采暖设备、器具等电气检查、接线工作，执行第四册"电气设备安装工程"相应项目。

④ 刷油、防腐蚀、绝热工程执行第十二册"刷油、防腐蚀、绝热工程"相应项目。

⑤ 本册凡涉及管沟、工作坑及井类的土方开挖、回填、运输、垫层、基础、砌筑、地沟盖板预制安装、路面开挖及修复、管道混凝土支墩的项目，以及混凝土管道、水泥管道安

装执行《河南省市政工程预算定额》相关定额项目。

（2）下列费用可按系数分别计取：

① 操作高度增加费：定额中操作物高度以距楼地面 3.6m 为限；超过 3.6m 时，超过部分工程量按定额人工费乘以下表系数。

操作物高度/m	≤10	≤30	≤50
系数	1.1	1.2	1.5

② 在洞库、暗室、已封闭的管道间（井）、地沟、吊顶内安装的项目，人工、机械乘以系数 1.20。

（3）支架、套管工程量计算规则及说明：

① 管道、设备支架制作安装按设计图示单件重量，以"100kg"为计量单位。管道支架制作安装项目，适用于室内外管道的管架制作与安装。如单件质量大于 100kg 时，应执行设备支架制作安装相应项目。

② 成品管卡、阻火圈安装、成品防火套管安装，按工作介质管道直径，区分不同规格，以"个"为计量单位。成品管卡安装项目，适用于与各类管道配套的立、支管成品管卡的安装。

③ 管道保护管制作与安装，分为钢制和塑料两种材质，区分不同规格，按设计图示管道中心线长度以"10m"为计量单位。

④ 预留孔洞、堵洞项目，按工作介质管道直径，分规格以"10 个"为计量单位。

⑤ 管道水压试验、消毒冲洗按设计图示管道长度，分规格以"100m"为计量单位。

水压试验项目仅适用于因工程需要而发生且非正常情况的管道水压试验。管道安装定额中已经包括了规范要求的水压试验，不得重复计算。因工程需要再次发生管道冲洗时，执行消毒冲洗定额项目，同时扣减定额中漂白粉消耗量，其他消耗量乘以系数 0.6。

⑥ 一般穿墙套管、柔性及刚性套管，按介质管道的公称直径执行定额子目。

刚性防水套管和柔性防水套管安装项目中，包括了配合预留孔洞及浇筑混凝土工作内容。一般套管制作安装项目，均未包括预留孔洞工作，发生时按预留孔洞项目另行计算。

套管制作安装项目已包含堵洞工作内容。所列堵洞项目，适用于管道在穿墙、楼板不安装套管时的洞口封堵。

⑦ 机械钻孔项目，区分混凝土楼板钻孔及混凝土墙体钻孔，按钻孔直径以"10 个"为计量单位。

⑧ 剔堵槽沟项目，区分砖结构及混凝土结构，按截面尺寸以"10m"为计量单位。

✦ 任务实施

根据专用宿舍楼图纸和给排水工程量计算规则，计算公共卫生间给排水系统工程量，完成工程量计算书。

3.4 给排水工程 BIM 算量实操

（1）完成专用宿舍楼给排水工程 BIM 算量，导出算量清单。
（2）总结 GQI 建模取量的基本步骤，归纳软件操作要求。

在掌握图纸分析、工程量计算规则、手工算量及 GQI 软件操作应用的基础上，对专用宿舍楼给排水工程建模取量，完成清单编制工作。
编制分部分项工程工程量清单时，需明确工程计量范围和内容，依据规则按规格、材质、部位等条件列项，规范项目名称，明确清单单位，完善项目特征描述，完整、正确计算工程量，整理合并清单项目。

专用宿舍楼工程为两层建筑，框架结构，总建筑面积 1732.48m²，建筑高度为 7.65m（按自然地坪计到结构屋面顶板），一、二层层高均为 3.6m，室内外地坪高差为 0.45m。

3.4.1 新建工程

新建工程包括建立工程项目信息、楼层设置、计算设置、图纸管理等内容。

（1）建立工程项目信息

1）双击"广联达 BIM 安装计量 GQI2021"图标 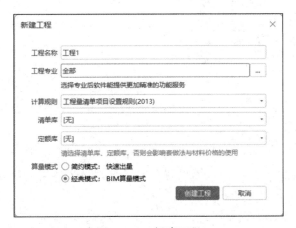，打开软件，点击"新建工程"，弹出"新建工程"对话框，见图 3.4.1。

图 3.4.1　新建工程

2）编辑工程信息。选择工程专业、清单库、定额库，选择算量模式，创建工程，见图 3.4.2。

图 3.4.2　编辑工程信息

3）完善工程信息，如图 3.4.3 所示。

图 3.4.3　完善工程信息

（2）楼层设置

1）点击"楼层设置"，弹出"楼层设置"对话框，由于本工程没有地下室，基础层不做调整。

2）点击"首层"，插入"楼层"，设置一、二层层高 3.6m，建立"屋面层"，屋面层层高不做调整，如图 3.4.4 所示。

3）相关说明

① 基础层和首层楼层编码及其名称不能修改；

② 建立楼层必须连续；

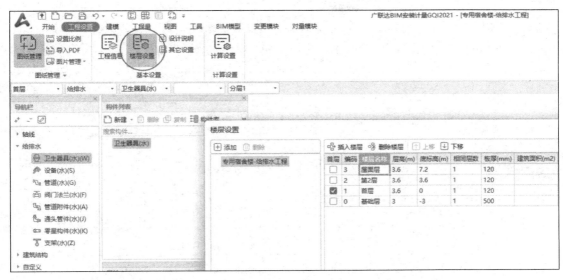

图 3.4.4 楼层设置

③ 需要单独定义一个顶层;

④ 当建筑物有地下室时，基础层指的是最底层地下室以下的部分；当建筑物没有地下室时，可以把首层以下的部分定义为基础层；

⑤ 建立地下室层时，将光标放在基础层上，再点击"插入楼层"，这时就可以插入－1层。

（3）计算设置

根据《河南省通用安装工程预算定额》（2016版），关于卫生器具排水支管计算至墙面或楼面处的规定，可进行"计算设置"，见图 3.4.5。

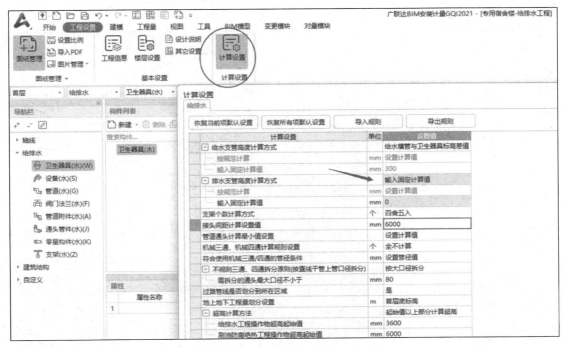

图 3.4.5 计算设置

(4) 图纸管理

1) 添加图纸。点击"添加",打开"批量添加 CAD 图纸文件"对话框,选择"专用宿舍楼给排水.dwg"图纸,点击"打开",完成图纸添加,见图 3.4.6。

图 3.4.6 添加图纸

2) 图纸定位、分割。确定待分割图纸的定位点(A 轴 | 1 轴),识别图纸名称,选择图纸对应的楼层,点击"确定",完成图纸定位、分割,见图 3.4.7。

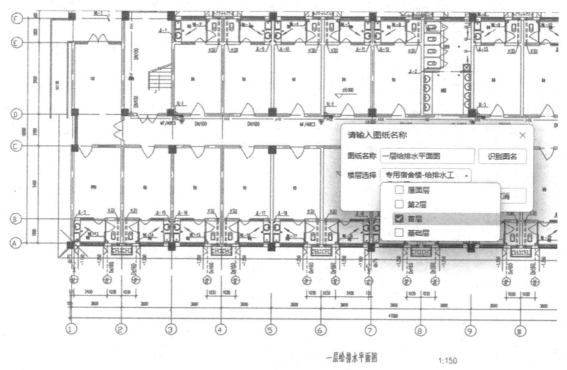

图 3.4.7 图纸分割、定位

3) 图纸与楼层关系对应。将给水系统、排水系统图和大样图分割到一层,其他楼层图纸对应分割到二层平面和屋面楼层中。分割大样图之前,进行图纸"比例设置",见图 3.4.8。

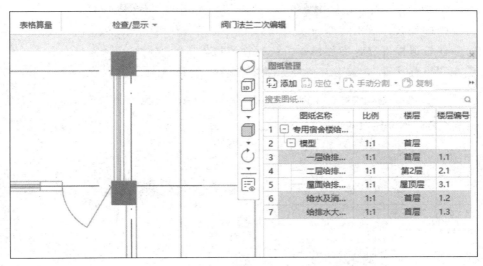

图 3.4.8 图纸与楼层关系对应

3.4.2 给排水管道建模

（1）以给水系统 J1 为例进行管道建模

1）绘制 J1 入户管（图 3.4.9）

① 点击"建模"，在导航栏中，选择"管道"，新建"管道构件"；

② 对新建管道构件进行参数修改，包括管道材质、管径规格；

③ 绘图水平管段，点击"直线"，弹出"直线绘制"对话框，修改"安装高度"。

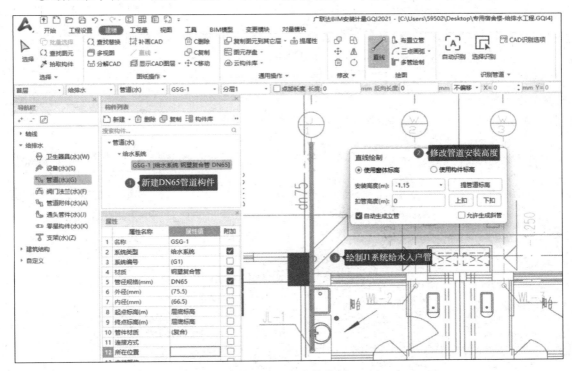

图 3.4.9 入户管绘制

2）绘制立管 JL-1（图 3.4.10）

① 打开构件列表，点击"新建"；

② 对新建管道构件进行参数修改，包括管道材质、管径规格；

③ 点击"布置立管"，修改立管底、顶部标高，在 JL-1 处布置立管。

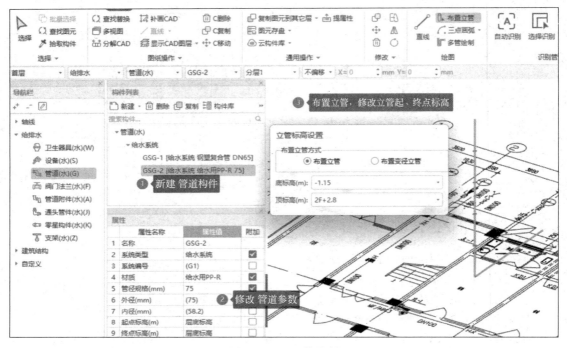

图 3.4.10　立管绘制

3）绘制 J1 干管（图 3.4.11）：根据给水系统图和二层给排水平面图，绘制 J1 干管。

① 点击图纸管理，双击"第 2 层"进行建模；

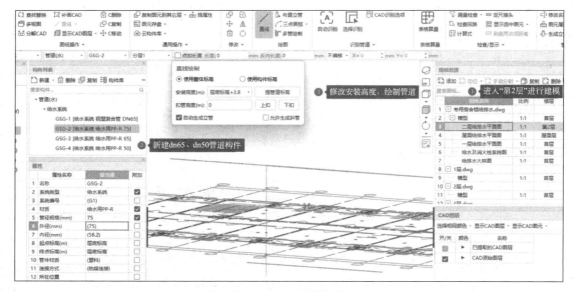

图 3.4.11　干管绘制

② 新建管道构件并进行参数修改，包括管道材质、管径规格；

③ 修改管道安装高度，绘制 dn75、dn65 和 dn50 管道。

4）绘制 JL-1、JL-9、JL-10、JL-11、JL-12 立管（图 3.4.12）：根据给水系统图，在二层给排水平面图中，布置 JL-1、JL-9、JL-10、JL-11、JL-12 立管。

① 新建管道构件并进行参数修改，包括管道材质、管径规格；

② 选择 dn50，点击"布置立管"，修改立管底、顶部标高，在 JL-8、JL-9、JL-10、JL-11、JL-12 处布置立管；

③ 选择 dn32，点击"布置立管"，修改立管底、顶部标高，在 JL-9、JL-10、JL-11、JL-12 处布置立管。

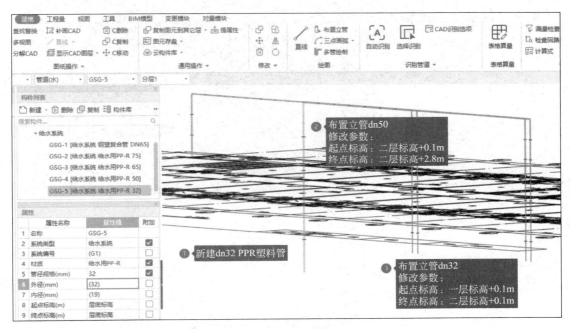

图 3.4.12　立管绘制

（2）排水管道绘制

以排水系统 W1、W2、W3、W4、W5、W6 为例，进行管道建模。

1）绘制 W1～W6 排出管（图 3.4.13）

① 点击"建模"，在导航栏中，选择"管道"，新建"管道构件"；

② 对新建管道构件进行参数修改，包括管道材质、管径规格（UPVC 塑料排水管 de160）；

③ 点击"直线"，弹出"直线绘制"对话框，修改"安装高度"，进行排水排出管绘制。

2）布置排水立管 WL-1～WL-6（图 3.4.14）

① 点击"建模"，在导航栏中，选择"管道"，新建"管道构件"，设置为 UPVC 螺旋塑料排水管 de110；

② 选择 de110，点击"布置立管"，修改立管底、顶部标高，在 WL-1、WL-2、WL-3、WL-4、WL-5、WL-6 处布置立管。

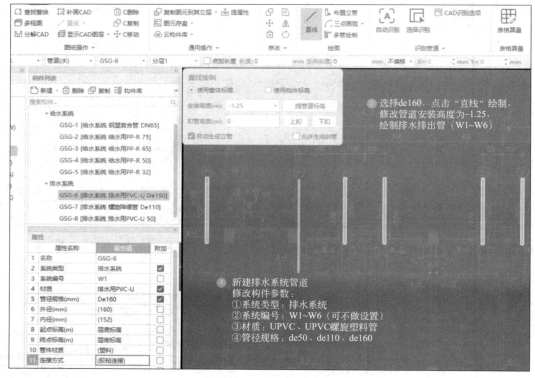

图 3.4.13 排出管绘制

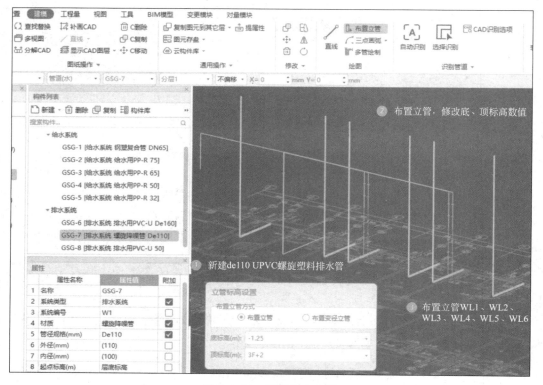

图 3.4.14 布置排水立管

3.4.3 卫生器具识别

（1）识别方法：卫生器具使用"设备提量"进行识别建模。在案例中，将大样图设置正确的比例后，定位分割到"首层"中，和给排水支管一起使用"标准间"进行取量。

（2）设备提量操作（图 3.4.15）

① 在导航栏，点击"卫生器具"，构件列表中，选择"新建"；

② 新建台式洗脸盆、盥洗池、蹲式大便器、地漏等构件，修改新建构件名称、材质，查看并调整卫生器具放置高度；

③ 点击"设备提量"，选择提量对象，选择识别范围，点击"确定"进行"点式构件"识别。

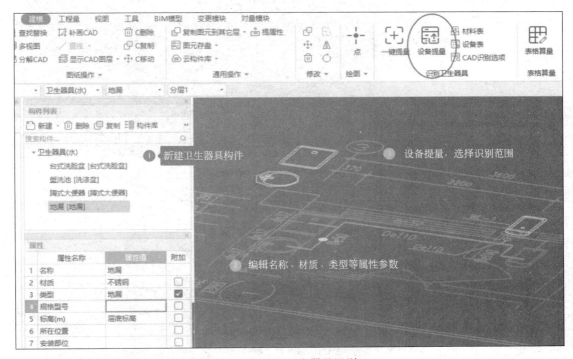

图 3.4.15　卫生器具识别

3.4.4 卫生器具给排水支管绘制

（1）绘制给水支管（图 3.4.16）

① 点击"建模"，在导航栏中，选择"管道"，新建"管道构件"；

② 对新建管道构件进行参数修改，包括管道材质、管径规格（PPR 塑料给水管 dn32）；

③ 点击"直线"，弹出"直线绘制"对话框，修改"安装高度"，进行给水支管绘制。

（2）绘制排水支管（图 3.4.17）

① 点击"建模"，在导航栏中，选择"管道"，新建"管道构件"；

② 对新建管道构件进行参数修改，包括管道材质、管径规格（UPVC 塑料排水管 dn50）；

③ 选择 de50、de110，点击"直线"，弹出"直线绘制"对话框，修改"安装高度"，进行排水支管绘制。

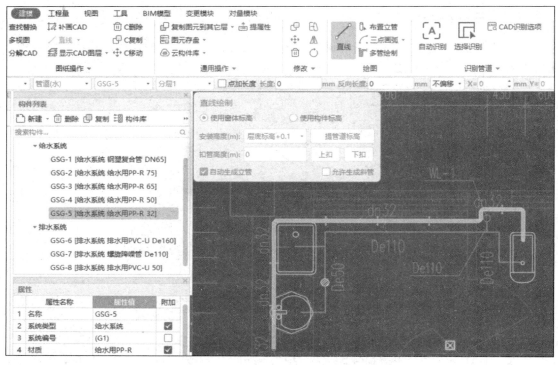

图 3.4.16 给水支管绘制

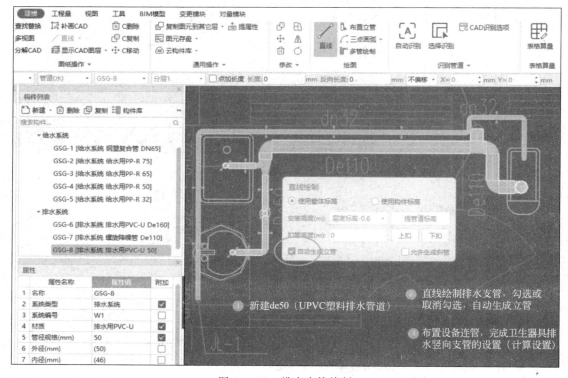

图 3.4.17 排水支管绘制

(3) 排水支管计算设置

① 根据卫生器具排水支管计算位置的规则，在计算设置中，设置"输入固定计算值"为"0"，楼地面以上连接卫生器具自动生成的排水支管不计入管道的算量范围之内，见图 3.4.18。

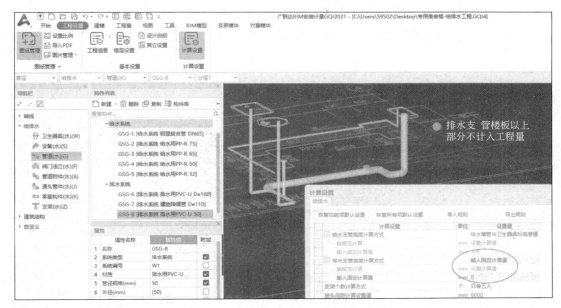

图 3.4.18 排水支管计算设置

② 除设置"输入固定计算值"为"0"外，还可以将竖向排水支管的模型进行调整，将立管顶部标高设置为"层底标高"，见图 3.4.19。

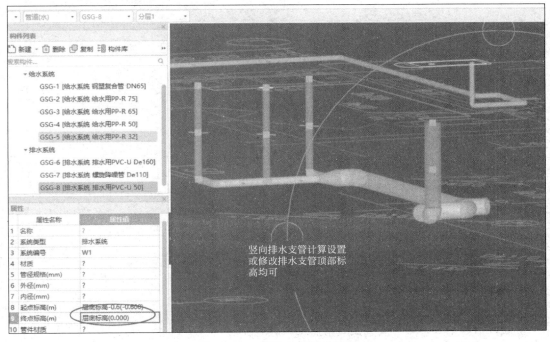

图 3.4.19 调整立管终点标高

3.4.5 管道附件识别

(1) 水表识别（图 3.4.20）

① 新建管道附件构件，修改构件名称、类型等参数；

② 进行设备提量，识别水表构件。

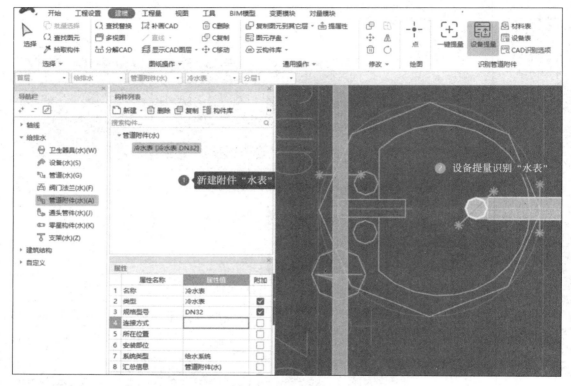

图 3.4.20 水表识别

(2) 截止阀识别（图 3.4.21）

① 新建阀门法兰构件，修改构件名称、类型等参数；

② 进行设备提量，识别截止阀。

(3) 给水入户管止回阀、闸阀识别（图 3.4.22）

① 新建阀门法兰构件，修改构件名称、类型等参数；

② 进行设备提量，识别闸阀、止回阀；

③ 进行实体渲染，动态观察，查看模型。

3.4.6 套管识别

(1) 建筑结构设置

1) 绘制楼板

① 点击"导航栏"，新建"现浇板"构件；

② 修改"现浇板"构件参数；

③ 选择"矩形"绘制方式绘制"现浇板"（局部 | 公共卫生间部分），如图 3.4.23 所示；

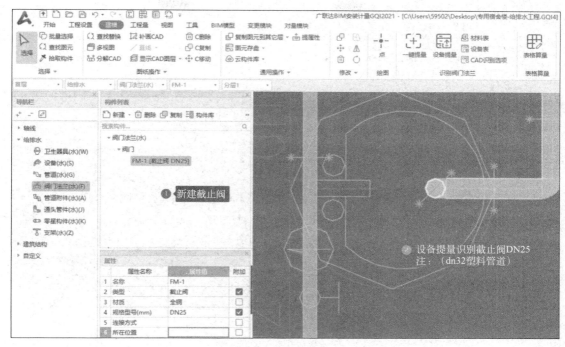

图 3.4.21 截止阀识别

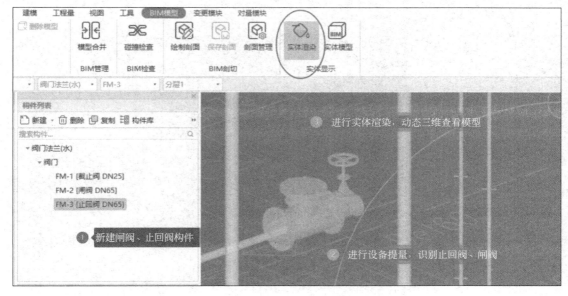

图 3.4.22 止回阀、闸阀识别

④ 采用"矩形"绘制方式绘制"一层顶板现浇板",使用"复制图元到其它层",将楼板复制到二层顶板（图 3.4.24）。

2）墙体绘制（图 3.4.25～图 3.4.27）
① 点击"导航栏",新建"墙"构件;
② 自动识别墙体或手动绘制墙体;
③ 使用"复制图元到其它层"命令,绘制出"第二层"内外墙;

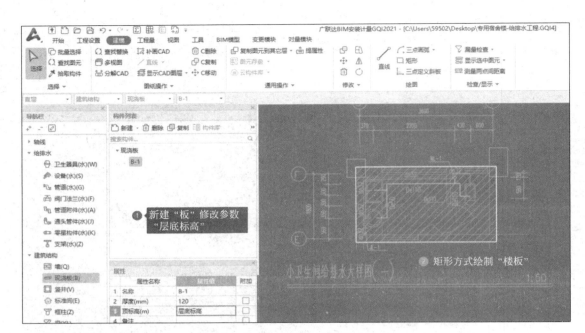

图 3.4.23 绘制楼板

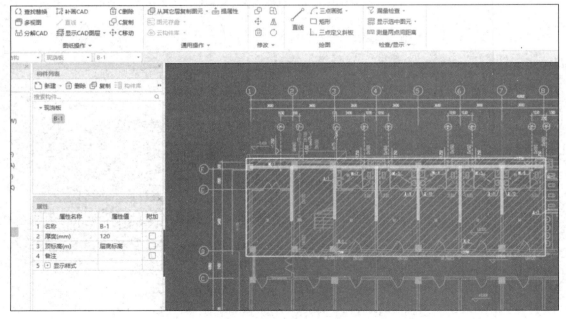

图 3.4.24 楼板复制

④ 在卫生间大样图中，建立墙体模型；

⑤ 根据图纸中有关防水套管的设置要求，进行内、外墙设置调整。

(2) 套管、预留孔洞设置分析和绘制

1) 柔性防水套管设置分析

① 穿底层及顶层楼板设置柔性防水套管（图纸中描述为顶层楼板设置柔性防水套管，无地下室，给水入户管、排水排出管均穿基础底埋地敷设，不存在穿基础墙设置防水套管的情况）；

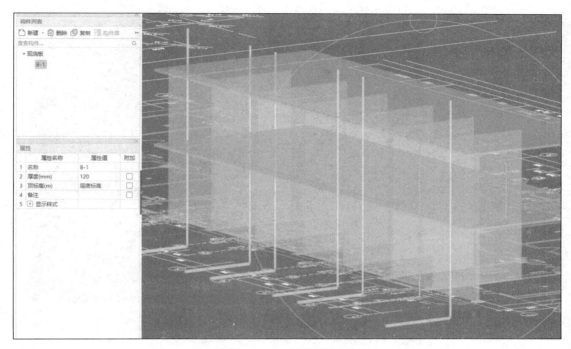

图 3.4.25 墙体设置 1

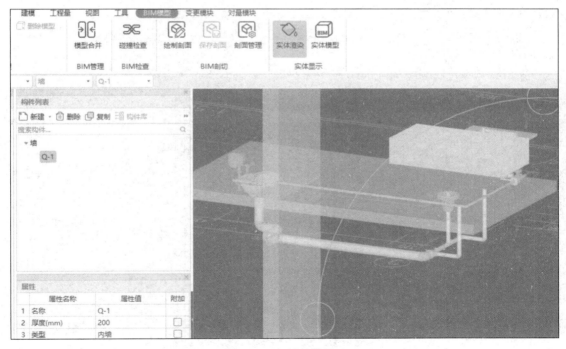

图 3.4.26 墙体设置 2

② 根据《河南省通用安装工程预算定额》(2016 年版) 有关规定，防水套管定额子目已考虑预留孔洞和堵洞，不再另行计算。

2) 钢套管及预留孔洞、堵洞设置的分析

① 给水管道穿墙、楼板设置钢套管；

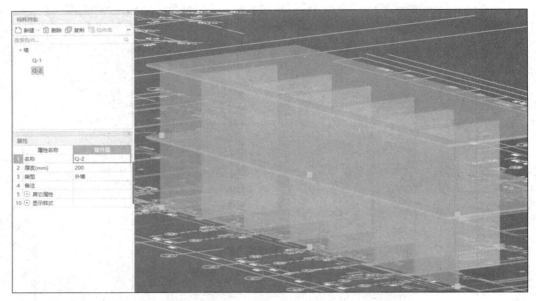

图 3.4.27 外墙设置

② 排水管道穿楼板设置预留孔洞；

③ 根据《河南省通用安装工程预算定额》(2016年版) 有关规定，一般套管安装项目，不包含预留孔洞，需另行计算，套管子目已包括堵洞，不另行计算。

④ 根据《河南省通用安装工程预算定额》(2016年版) 有关规定，预留孔洞定额子目不包含堵洞，需另行计算。

3) 套管、预留孔洞、堵洞设置与调整（图 3.4.28～图 3.4.30）

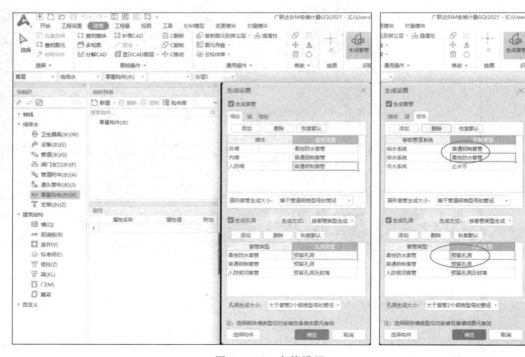

图 3.4.28 套管设置

① 排水管穿楼板暂设置为"柔性防水套管",生成后将顶层楼板预留孔洞删除,将中间楼层柔性防水套管删除;

② 卫生间大样图中,将楼板标高设置低于层底标高,以便竖向排水支管生成预留孔洞;

③ 将给水管道穿内墙的预留孔洞删除,调整为打洞。

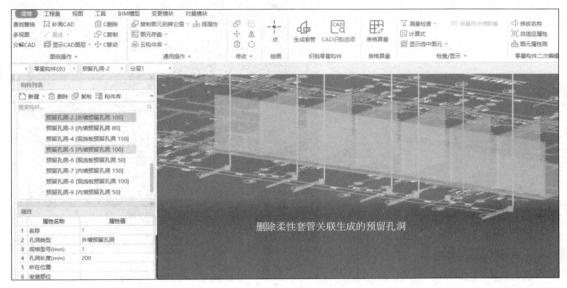

图 3.4.29 柔性套管设置调整

图 3.4.30 套管、预留孔洞、打洞调整

(3) 标准间设置(图 3.4.31)

① 点击"导航栏"→"建筑结构",再点击"标准间",新建构件,修改数量为 11;

② 使用矩形命令绘制"标准间"。

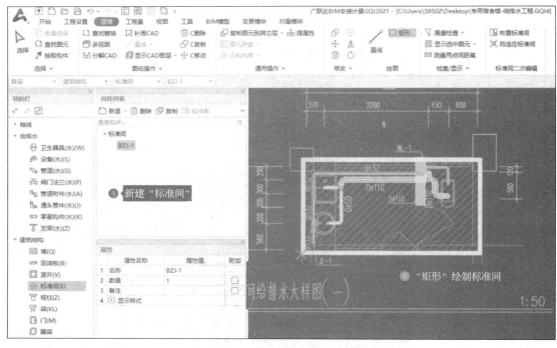

图 3.4.31 标准间设置

3.4.7 汇总计算工程量、输出清单

（1）清单套做法

① 汇总计算，选择"全部楼层"，见图 3.4.32；

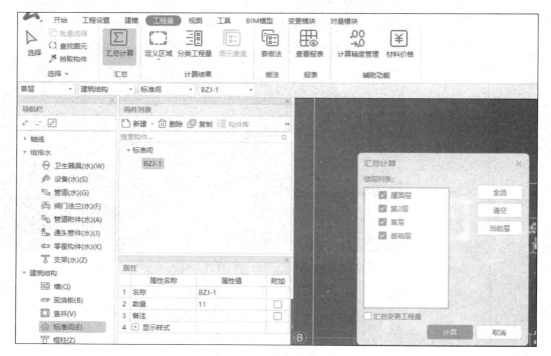

图 3.4.32 选择全部楼层

② 自动套用清单；
③ 匹配项目特征；
④ 检查、补充，见图 3.4.33 所示的清单。

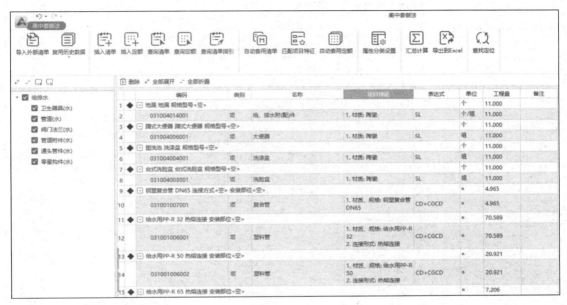

图 3.4.33　清单套做法

（2）文件报表设置和工程量清单输出

① 设置文件报表，见图 3.4.34。

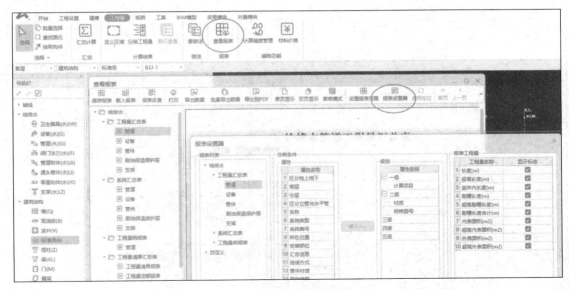

图 3.4.34　文件报表设置

② 清单报表输出：查看报表，得到工程量清单汇总表（图 3.4.35），输出报表。

工程量清单汇总表

工程名称：专用宿舍楼-给排水工程　　　　　　　　　　　　　　　　　　　　　　专业：给排水

序号	编码	项目名称	项目特征	单位	工程量
1	031004014001	给、排水附（配）件	1. 材质：陶瓷	个/组	11.000
2	031004006001	大便器	1. 材质：陶瓷	组	11.000
3	031004004001	洗涤盆	1. 材质：陶瓷	组	11.000
4	031004003001	洗脸盆	1. 材质：陶瓷	组	11.000
5	031001007001	复合管	1. 材质、规格：钢塑复合管 DN65	m	4.965
6	031001006001	塑料管	1. 材质、规格：给水用 PP-R 32 2. 连接形式：热熔连接	m	70.589
7	031001006002	塑料管	1. 材质、规格：给水用 PP-R 50 2. 连接形式：热熔连接	m	20.921
8	031001006003	塑料管	1. 材质、规格：给水用 PP-R 65 2. 连接形式：热熔连接	m	7.206
9	031001006004	塑料管	1. 材质、规格：给水用 PP-R 75 2. 连接形式：热熔连接	m	14.420
10	031001006005	塑料管	1. 材质、规格：排水用 PVC-U 50 2. 连接形式：胶粘连接	m	35.193
11	031001006006	塑料管	1. 材质、规格：排水用 PVC-U DE 160 2. 连接形式：胶粘连接	m	21.432
12	031003001001	螺纹阀门	1. 类型：螺纹截止阀 2. 材质：碳钢 3. 规格、压力等级：DN25 4. 连接形式：丝接	个	11.000
13	031003001002	螺纹阀门	1. 类型：螺纹闸阀 2. 材质：碳钢 3. 规格、压力等级：DN65 4. 连接形式：丝接	个	1.000
14	031003001003	螺纹阀门	1. 类型：螺纹止回阀 2. 材质：碳钢 3. 规格、压力等级：DN65 4. 连接形式：丝接	个	1.000
15	031003013001	水表	1. 型号、规格：DN32	组/个	11.000
16	031002003001	套管	1. 名称、类型：普通钢制套管-1 普通钢制套管 2. 规格：DN32	个	15.000
17	031002003002	套管	1. 名称、类型：普通钢制套管-2 普通钢制套管 2. 规格：DN50	个	3.000
18	031002003003	套管	1. 名称、类型：普通钢制套管-4 普通钢制套管 2. 规格：DN65	个	2.000
19	031002003004	套管	1. 名称、类型：普通钢制套管-5 普通钢制套管 2. 规格：DN75	个	2.000

图 3.4.35　工程量清单汇总表

读一读

(1) 给排水工程量计算列项

列项项目包括有：给排水管道、管道管卡、支架、预留孔洞、套管、防水套管、卫生器具、独立安装的水龙头、管道附件、管道刷油、管道绝热、消毒冲洗、雨水管道、雨水斗等，计算时需考虑不同材质、不同规格。

(2)《通用安装工程工程量计算规范》(GB 50856—2013) 相关规定（部分）

① 给排水、采暖、燃气管道工程量清单项目设置、项目特征描述的内容、计量单位及工程量计算规则，应按下表规定执行。

项目编码	项目名称	项目特征	计量单位	工程量计算规则	工作内容
031001001	镀锌钢管	1. 安装部位 2. 介质 3. 规格、压力等级 4. 连接形式 5. 压力试验及吹、洗设计要求 6. 警示带形式	m	按设计图示管道中心线以长度计算	1. 管道安装 2. 管件制作、安装 3. 压力试验 4. 吹扫、冲洗 5. 警示带铺设
031001002	钢管				
031001003	不锈钢管				
031001004	铜管				
031001005	铸铁管	1. 安装部位 2. 介质 3. 材质、规格 4. 连接形式 5. 接口材料 6. 压力试验及吹、洗设计要求 7. 警示带形式			1. 管道安装 2. 管件安装 3. 压力试验 4. 吹扫、冲洗 5. 警示带铺设
031001006	塑料管	1. 安装部位 2. 介质 3. 材质、规格 4. 连接形式 5. 阻火圈设计要求 6. 压力试验及吹、洗设计要求 7. 警示带形式			1. 管道安装 2. 管件安装 3. 塑料卡固定 4. 阻火圈安装 5. 压力试验 6. 吹扫、冲洗 7. 警示带铺设
031001007	复合管	1. 安装部位 2. 介质 3. 材质、规格 4. 连接形式 5. 压力试验及吹、洗设计要求 6. 警示带形式			1. 管道安装 2. 管件安装 3. 塑料卡固定 4. 压力试验 5. 吹扫、冲洗 6. 警示带铺设
031001008	直埋式预制保温管	1. 埋设深度 2. 介质 3. 管道材质、规格 4. 连接形式 5. 接口保温材料 6. 压力试验及吹、洗设计要求 7. 警示带形式			1. 管道安装 2. 管件安装 3. 接口保温 4. 压力试验 5. 吹扫、冲洗 6. 警示带铺设

② 支架及其他工程量清单项目设置、项目特征描述的内容、计量单位及工程量计算规则，应按下表规定执行。

项目编码	项目名称	项目特征	计量单位	工程量计算规则	工作内容
031002001	管道支架	1. 材质 2. 管架形式	1. kg 2. 套	1. 以千克计量，按设计图示质量计算 2. 以套计量，按设计图示数量计算	1. 制作 2. 安装
031002002	设备支架	1. 材质 2. 形式			
031002003	套管	1. 名称、类型 2. 材质 3. 规格 4. 填料材质	个	按设计图示数量计算	1. 制作 2. 安装 3. 除锈、刷油

③ 管道附件工程量清单项目设置、项目特征描述的内容、计量单位及工程量计算规则，应按下表规定执行。

项目编码	项目名称	项目特征	计量单位	工程量计算规则	工作内容
031003001	螺纹阀门	1. 类型 2. 材质 3. 规格、压力等级 4. 连接形式 5. 焊接方法	个	按设计图示数量计算	1. 安装 2. 电气接线 3. 调试
031003002	螺纹法兰阀门				
031003011	法兰	1. 材质 2. 规格、压力等级 3. 连接形式	副（片）		安装
031003013	水表	1. 安装部位（室内外） 2. 型号、规格 3. 连接形式 4. 附件配置	组（个）		组装

④ 卫生器具工程量清单项目设置、项目特征描述的内容、计量单位及工程量计算规则，应按下表规定执行。

项目编码	项目名称	项目特征	计量单位	工程量计算规则	工作内容
031004001	浴缸	1. 材质 2. 规格、类型 3. 组装形式 4. 附件名称、数量	组	按设计图示数量计算	1. 器具安装 2. 附件安装
031004002	净身盆				
031004003	洗脸盆				
031004004	洗涤盆				
031004005	化验盆				
031004006	大便器				
031004007	小便器				
031004008	其他成品卫生器具				
031004014	给、排水附（配）件	1. 材质 2. 型号、规格 3. 安装方式	个（组）		安装
031004015	小便槽冲洗管	1. 材质 2. 规格	m	按设计图示长度计算	1. 制作 2. 安装

⑤ 管道绝热工程工程量清单项目设置、项目特征描述的内容、计量单位及工程量计算规则，应按下表规定执行。

项目编码	项目名称	项目特征	计量单位	工程量计算规则	工作内容
031208002	管道绝热	1. 绝热材料品种 2. 绝热厚度 3. 管道外径 4. 软木品种	m³	按图示表面积加绝热层厚度及调整系数计算	1. 安装 2. 软木制品安装

✱ 任务实施

完成专用宿舍楼给排水工程 BIM 算量建模，汇总计算工程量，并导出清单汇总表。

3.5 给排水工程计价及 GCCP 云计价实操

（1）结合手算成果，编制专用宿舍楼 J1 系统工程量清单；
（2）使用 GCCP 云计价平台编制工程造价文件。

依据《通用安装工程工程量计算规范》（GB 50856—2013），结合专用宿舍楼给水 J1 系统手工算量结果，编制分部分项工程清单，完整、正确书写项目编码、项目名称、特征描述及工程量。

在掌握使用安装算量 GQI 软件对专用宿舍楼给排水工程建模取量操作的基础上，学习和使用 GCCP 计价软件，对模型提量并编制工程造价文件。

3.5.1 编制分部分项工程量清单

(1) 管道清单的编制

1) 钢塑复合管道 DN65 清单编制（表 3.5.1）

① 查找《通用安装工程工程量计算规范》(GB 50856—2013) 附录 K, 复合管清单编码为 031001007;

② 项目特征从安装部位、介质、材质、规格、连接形式、压力试验及吹、洗设计要求、警示带形式等方面进行描述;

③ 清单工程量计算规则按设计图示管道中心线以长度计算, 清单单位为 m。

表 3.5.1 钢塑复合管道 DN65 清单

序号	项目编码	项目名称	项目特征	计量单位	工程量
1	031001007001	复合管	1. 安装部位：室内 2. 材质：钢塑复合管 3. 规格：DN65 4. 连接形式：螺纹连接 5. 压力试验及吹、洗设计要求：水压试验、消毒冲洗	m	1.97

2) PPR 塑料管 dn75 清单编制（表 3.5.2）

① 查找《通用安装工程工程量计算规范》(GB 50856—2013) 附录 K, 塑料管清单编码为 031001006;

② 项目特征从安装部位、介质、材质、规格、连接形式、阻火圈设计要求、压力试验及吹、洗设计要求、警示带形式等方面进行描述;

③ 清单工程量计算规则按设计图示管道中心线以长度计算, 清单单位为 m。

表 3.5.2 PPR 塑料管 dn75 清单

序号	项目编码	项目名称	项目特征	计量单位	工程量
1	031001006001	塑料管	1. 安装部位：室内 2. 材质：PPR 塑料管 3. 规格：dn75 4. 连接形式：热熔连接 5. 压力试验及吹、洗设计要求：水压试验、消毒冲洗	m	14.42

3) UPVC 塑料管 de110 清单编制（表 3.5.3）

① 工程量计算：$(0.326+5.537)/2 \times 11 + 0.6/11 + (7.2+2+1.25) \times 6 = 95.00$ (m);

② 隐蔽或埋地的排水管道在隐蔽前必须做灌水试验，排水主立管及水平干管管道均应做通球试验。

表 3.5.3　UPVC 塑料管 de110 清单

序号	项目编码	项目名称	项目特征	计量单位	工程量
1	031001006002	塑料管	1. 安装部位：室内 2. 材质：UPVC 塑料管 3. 规格：de110 4. 连接形式：粘接 5. 压力试验及吹、洗设计要求：通球试验	m	95.00

（2）卫生器具清单编制

1）台式洗脸盆清单编制（表 3.5.4）

① 查找《通用安装工程工程量计算规范》(GB 50856—2013) 附录 K，洗脸盆清单编码为 031004003；

② 项目特征从材质、规格、类型、组装形式、附件名称、数量等方面进行描述；

③ 清单工程量计算规则按设计图示数量计算，清单单位为组。

表 3.5.4　台式洗脸盆清单

序号	项目编码	项目名称	项目特征	计量单位	工程量
1	031004003001	洗脸盆	1. 材质：陶瓷 2. 规格：略 3. 类型：台下式 4. 组装形式：略 5. 附件名称、数量：略	组	11

2）地漏清单编制（表 3.5.5）

① 查找《通用安装工程工程量计算规范》(GB 50856—2013) 附录 K，地漏选用给排水配附件，清单编码为 031004014；

② 项目特征从材质、型号、规格、安装方式等方面进行描述；

③ 清单工程量计算规则按设计图示数量计算，清单单位为个。

表 3.5.5　地漏清单

序号	项目编码	项目名称	项目特征	计量单位	工程量
1	031004014001	地漏	1. 材质：不锈钢 2. 型号、规格：de50 3. 安装方式：略	个	11

（3）管道附件清单编制

1）DN25 截止阀清单编制（表 3.5.6）

① 查找《通用安装工程工程量计算规范》(GB 50856—2013) 附录 K，阀门清单编码为 031003001；

② 项目特征从类型、材质、规格、压力等级、连接形式、焊接方法等方面进行描述；

③ 清单工程量计算规则按设计图示数量计算，清单单位为个。

表 3.5.6　DN25 截止阀清单

序号	项目编码	项目名称	项目特征	计量单位	工程量
1	031003001001	截止阀	1. 类型：截止阀 2. 材质、规格：铜制 3. 压力等级：略 4. 连接形式：螺纹连接	个	11

2）DN25 水表清单编制（表 3.5.7）

① 查找《通用安装工程工程量计算规范》（GB 50856—2013）附录 K，水表清单编码为 031003013；

② 项目特征从安装部位、型号、规格、连接形式、附件配置等方面进行描述；

③ 清单工程量计算规则按设计图示数量计算，清单单位为个。

表 3.5.7　DN25 水表清单

序号	项目编码	项目名称	项目特征	计量单位	工程量
1	031003013001	水表	1. 安装部位：室内 2. 型号、规格：DN25 3. 连接形式及附件配置：螺纹连接	个	11

3.5.2　综合单价计算

已知钢塑复合管管道工程量为 1.97m，管道市场价 58.65 元/m，管件 34.83 元/个，按照河南第 10 期价格指数（2021 年 7 月～12 月）进行调整，计算其综合单价，填写至分部分项工程清单及计价表中。

（1）分析

① 定额基价和主材不含税市场单价，见表 3.5.8。

表 3.5.8　定额基价和主材

定额编号	定额名称	定额单位	定额基价				主材	
			人工费	材料费	机械费	管理费和利润	单价	消耗量
10-1-433	室内钢塑复合管（螺纹连接）DN65	10m	345.74	10.58	12.65	70.05+36=106.05		
	复合管	m					58.65	10.02
	螺纹连接件	个					34.83	5.26
10-11-142	管道消毒、冲洗	100m	79.01	10.05	—	15.83+8.13=23.96		

② 价格指数，见表 3.5.9、表 3.5.10。

表 3.5.9　河南省基期价格指数

专业	人工费指数	机械类指数	管理类指数
房屋建筑与装饰工程	1.370	1	1
通用安装工程	1.332	1	1
市政工程	0.947	1	1

表 3.5.10　河南省第 10 期价格指数（2021 年 7 月～12 月）

专业	人工费指数	机械类指数	管理类指数
房屋建筑与装饰工程	1.269	1.194	1.924
通用安装工程	1.274	1.194	2.019
市政工程	1.212	1.194	1.66

③ 定额 10-1-433，其中机上人工费用 2.11 元。

（2）解题

对定额 10-1-433 进行费用调整：

① 基期综合单价=(345.74+10.58+12.65+106.05)/10=47.5（元）（不含主材费用）

② 调整后人工费=345.74×(1.274/1.332)/10=33.07（元）

③ 材料费=10.58/10=1.06（元）

④ 调整后机械费=[12.65+2.11×(1.194/1-1)]/10=1.31（元）

⑤ 调整后管理费=[70.05+70.05×(2.019/1-1)×6%]/10=7.43（元）

⑥ 利润=36/10=3.6（元）

⑦ 调整后的综合单价=33.07+1.06+1.31+7.43+3.6=46.47（元）（不含主材费）

⑧ 调整后的综合单价=46.47+(58.65×10.02+34.83×5.26+466.27)/10=123.56（元/m）（含主材费用）

对定额 10-11-142 进行费用调整：

① 基期综合单价=(79.01+10.05+15.83+8.13)/100=1.13（元）（不含主材费用）

② 调整后人工费=79.01×(1.274/1.332)/100=0.76（元）

③ 材料费=10.05/100=0.10（元）

④ 机械费=0（元）

⑤ 调整后管理费=[15.83+15.83×(2.019/1-1)×6%]/100=0.17（元）

⑥ 利润=8.13/100=0.08（元）

⑦ 调整后的综合单价=0.76+0.10+0.17+0.08=1.11（元）

经计算，清单综合单价=123.56+1.11=124.67（元），如表 3.5.11 所示。

表 3.5.11　清单及计价表

序号	项目编码	项目名称	项目特征描述	计量单位	工程量	金额/元		
						综合单价	合价	其中暂估价
1	031001007001	复合管	1. 安装部位：室内 2. 材质：钢塑复合管 3. 规格：DN65 4. 连接形式：螺纹连接 5. 压力试验及吹、洗设计要求：水压试验、消毒冲洗	m	1.97	124.67		

3.5.3 广联达云计价平台 GCCP6.0 实操

(1) GCCP 软件编制清单

双击"广联达云计价平台 GCCP6.0"图标，进入新建工程界面，选择"单位工程/清单"，选择清单专业、定额库，点击"立即新建"，见图 3.5.1。

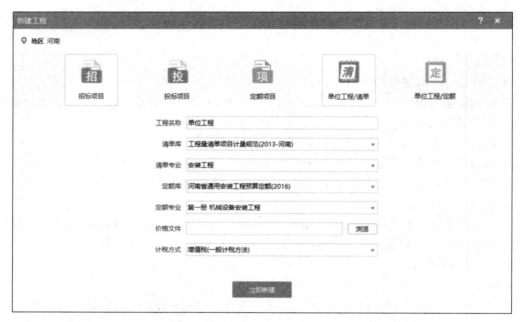

图 3.5.1 新建工程

双击项目行空白处或点击查询清单，找到"安装工程→给排水、采暖、燃气→给排水、采暖、燃气管道→031001007 复合管"，双击"确定"，如图 3.5.2 所示。

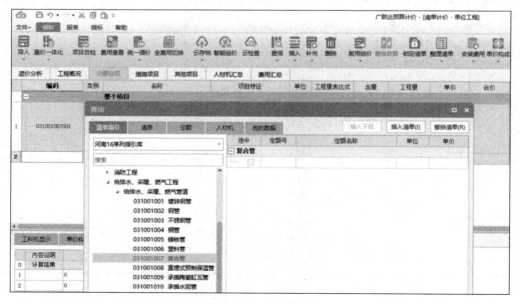

图 3.5.2 查询清单

选中复合管清单项,点击"特征及内容",填写如下项目特征值及工程量,见图 3.5.3。
① 安装部位:室内;
② 介质:生活饮用水;
③ 材质、规格:钢塑复合管、DN65;
④ 连接形式:螺纹连接;
⑤ 压力试验及吹洗设计要求:水压试验、消毒冲洗;
⑥ 填写工程量 1.97。

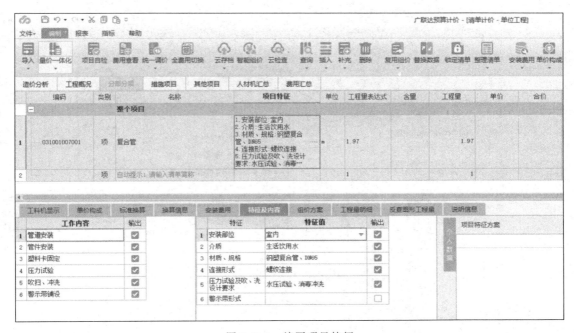

图 3.5.3　编写项目特征

清单报表预览。点击"报表→工程量清单→表 08 分部分项工程和单价措施项目清单与计价表",见图 3.5.4。

分部分项工程和单价措施项目清单与计价表

工程名称:单位工程　　　　　　　　　　标段:　　　　　　　　　　第 1 页　共 1 页

序号	项目编码	项目名称	项目特征描述	计量单位	工程量	金额(元)		
						综合单价	合价	其中 暂估价
		整个项目						
1	031001007001	复合管	1. 安装部位:室内 2. 介质:生活饮用水 3. 材质、规格:钢塑复合管、DN65 4. 连接形式:螺纹连接 5. 压力试验及吹、洗设计要求:水压试验、消毒冲洗	m	1.97			

图 3.5.4　清单报表预览

(2) GCCP 软件编制综合单价

选择清单项目，右键点击"插入子目"，查询子目，弹出查询定额对话框，选择"定额→第十册　给排水、采暖、燃气工程→第一章　给排水管道→七、复合管→5. 室内钢塑复合管（螺纹连接）"，选择编码 10-1-433，如图 3.5.5 所示。

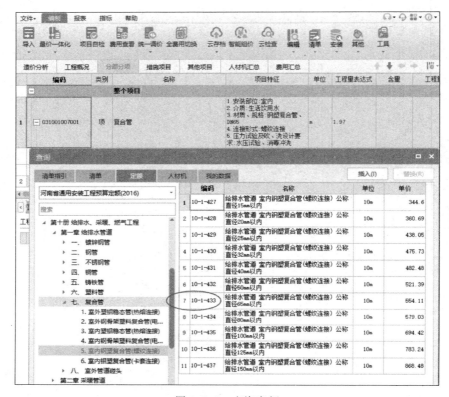

图 3.5.5　查询定额

点击定额"10-1-433"，输入未计价材料市场价（不含税），见图 3.5.6。

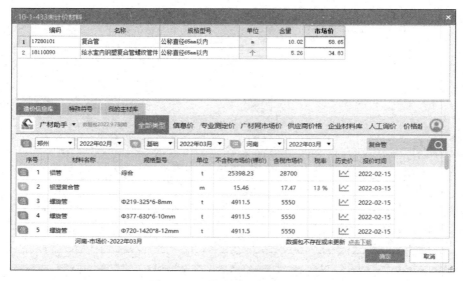

图 3.5.6　未计价材料费用查询

弹出管道安装关联子目，选择管道消毒冲洗"10-11-142"，点击确定。

选择价格指数，选择第 10 期价格指数（图 3.5.7），点击"确定"，完成综合单价编制和费用调整。

图 3.5.7　综合单价费用调整

综合单价分析表查询。点击"报表→投标方→表 09 综合单价分析表"，如图 3.5.8 所示。

综合单价分析表

工程名称：单位工程　　　　　　　　　　标段：　　　　　　　　　　第 1 页 共 2 页

项目编码		031001007001	项目名称		复合管		计量单位	m	工程量	1.97
清单综合单价组成明细										
定额编号	定额项目名称	定额单位	数量	单价				合价		
				人工费	材料费	机械费	管理费和利润	人工费	材料费	机械费	管理费和利润
10-1-433	给排水管道室内钢塑复合管（螺纹连接）公称直径 65mm 以内	10m	0.1	330.69	10.58	13.06	110.33	33.07	1.06	1.31	11.03
10-11-142	管道消毒、冲洗、公称直径 65mm 以内	100m	0.01	75.57	10.05		24.93	0.76	0.1		0.25
人工单价				小计				33.83	1.16	1.31	11.28
高级技工 201 元/工日；普工 87.1 元/工日；一般技工 134 元/工日				未计价材料费				77.09			

图 3.5.8

项目编码		031001007001	项目名称	复合管	计量单位	m	工程量	1.97
清单项目综合单价						124.66		
材料费明细	主要材料名称、规格、型号			单位	数量	单价（元）	合价（元）	暂估单价（元）	暂估合价（元）
	尼龙砂轮片 Φ400			片	0.0141	8	0.11		
	机油			kg	0.013	12.1	0.16		
	聚四氟乙烯生料带宽 20			m	1.795	0.34	0.61		
	热轧厚钢板 δ8.0~15			kg	0.0044	3.36	0.01		
	氧气			m³	0.0006	3.82			
	乙炔气			kg	0.0002	8.82			
	低碳钢焊条 J422 Φ3.2			kg	0.0002	4.1			
	水			m³	0.0327	5.13	0.17		
	橡胶板 δ1~3			kg	0.0011	9.1	0.01		
	六角螺栓			kg	0.0006	7.14			

图 3.5.8 综合单价分析表

(3) 专用宿舍楼造价编制

1) 导入 GQI 算量模型

① 打开 GCCP 云计价平台，新建单位工程，见图 3.5.9。

图 3.5.9 新建单位工程

② 打开 GCCP 云计价平台，点击"编辑→量价一体化→导入算量文件→选择算量文件→确定"，见图 3.5.10。

图 3.5.10 导入算量文件

2)清单组价。清单导入后,检查并完善清单编制,逐一对清单项目套取定额,对未计价材料,通过广材助手查询市场价格信息,完成清单组价,见图 3.5.11。

图 3.5.11 清单组价

3) 费用调整，报表预览及导出，见图 3.5.12 及图 3.5.13。

分部分项工程和单价措施项目清单与计价表

工程名称：专用宿舍楼给排水工程（局部） 标段： 第1页 共2页

序号	项目编码	项目名称	项目特征描述	计量单位	工程量	金额（元）		
						综合单价	合价	其中
								暂估价
		整个项目					33534.92	
1	031004014001	给、排水附（配）件	1. 材质：不锈钢 2. 型号、规格：DN50 地漏	个	11	42.68	469.48	
2	031004006001	大便器	1. 材质：陶瓷	组	11	398.78	4386.58	
3	031004004001	洗涤盆	1. 材质：陶瓷	组	11	100.83	1109.13	
4	031004003001	洗脸盆	1. 材质：陶瓷	组	11	403.66	4440.26	
5	031001007001	复合管	1. 材质、规格：钢塑复合管 DN65	m	4.97	124.66	619.56	
6	031001006001	塑料管	1. 材质、规格：给水用 PP-R 32 2. 连接形式：热熔连接	m	70.59	34.88	2462.18	
7	031001006002	塑料管	1. 材质、规格：给水用 PP-R 50 2. 连接形式：热熔连接	m	20.92	48.39	1012.32	
8	031001006003	塑料管	1. 材质、规格：给水用 PP-R 65 2. 连接形式：热熔连接	m	7.21	64.36	464.04	

图 3.5.12 清单与计价表（部分）

主要材料价格表

工程名称：专用宿舍楼给排水工程（局部） 第1页 共1页

序号	材料编码	材料名称	规格、型号等特殊要求	单位	数量	单价	合价
1	01290217	热轧厚钢板	δ10～20	kg	565.56		
2	14390115	氧气		m³	76.832661		
3	14390141	乙炔气		kg	25.610887		
4	03070301@1	防臭地漏	DN50 不锈钢	个	11.11		
5	17010221-1@1	焊接钢管	DN32mm	m	4.77		
6	17070309-1@1	无缝钢管	φ150×6	m	5.088		
7	17070323-1@1	无缝钢管	φ219×6	m	2.544		
8	17250257@1	塑料给水管	公称外径 32mm 以内	m	71.71944		
9	17250257@2	PPR 管	De50	m	21.25472		
10	17250257@3	PPR 管	De63×3	m	7.32536		
11	17250257@4	PPR 管	De75	m	14.65072		
12	17250257@5	UPVC 塑料管	De50	m	35.75304		
13	17250257@7	硬聚氯乙烯螺旋排水管	De160	m	21.77288		

序号	材料编码	材料名称	规格、型号等特殊要求	单位	数量	单价	合价
14	17280101@1	钢塑复合管	DN65	m	4.97994		
15	18090162@4	室外塑料给水管热熔管件	De75	个	8.69526		
16	19000201@2	对夹式止回阀	H76H-16C DN65	个	1		
17	19000316@1	铜质螺纹截止阀	J11T-16T DN25	个	11.11		
18	21090101@1	洗脸盆		组	11.11		
19	21130206@1	洗涤盆		组	11.11		
20	21150131@2	瓷蹲式大便器		套	11.11		

图 3.5.13 主材表（部分）

读一读

河南 2016 定额相关费用动态调整规定

2016 年 12 月 15 日，河南省建筑工程标准定额站发布《关于发布〈河南省房屋建筑与装饰工程预算定额〉、〈河南省通用安装工程预算定额〉、〈河南省市政工程预算定额〉动态调整规则的通知》（豫建标定〔2016〕40 号）。就"2016 定额"中人工费、材料费、机械费、管理费等如何实行动态管理，如何采用指数法对定额基期价格进行动态调整进行了说明。

① 人工费。"2016 定额"的人工费实行指数法动态管理并由省站发布，原则上按半年度定期发布。定期发布的人工费指数，作为编制工程造价控制价、调整人工费差价的依据。人工费指数属于政府指导价，不列入风险范围。费用调差公式为：调整后人工费＝基期人工费＋指数调差。

② 材料费。"2016 定额"的材料费仍按单价法动态管理。

③ 机械费。"2016 定额"的机械费实行动态管理，其中台班组成中的人工费实行指数法动态调整，调整公式如下：调整后机械费＝基期机械费＋指数调差＋单价调差。

④ 管理费。"2016 定额"的管理费实行指数法动态管理，调整公式如下：调整后管理费＝基期管理费＋指数调差。

⑤ 指数调差。指数调差＝基期费用×调差系数×K_n。其中调差系数＝发布期价格指数/基期价格指数－1，调整人工费时 K_n 为 1，调整机械费时 K_n 也为 1，调整管理费时 K_n 为 6%。

任务实施

结合专用宿舍楼给排水工程 GQI 模型，使用 GCCP 云计价平台软件，编制专用宿舍楼给排水工程招标工程量清单和招标控制价。

单元四
消防工程 BIM 计量与计价

本单元结合专用宿舍楼消火栓和喷淋系统案例，学习施工图识读方法和步骤，根据造价岗位技能要求，进一步夯实业务基础知识，理解工程量计算规则，掌握手工算量方法，学习和运用广联达安装造价 BIM 算量软件对消防（水）工程项目进行建模取量、清单编制以及造价文件编制。通过教学实施和任务实践，熟练掌握图纸识读技巧、列项计算工程量以及使用 GQI2021、GCCP6.0 等软件解决工程实际问题。

 学习准备

- 计量规范、验收规范、标准图集、《河南省通用安装工程预算定额》（第九册）。
- 安装并能够运行 GQI、GCCP 等软件。
- 专用宿舍楼消防（水）工程图纸及课程相关资源。

 学习目标

- 系统掌握消防（水）造价业务相关理论知识。
- 熟练识读消防（水）施工图，能够提取造价相关图纸信息。
- 掌握手工算量方法，能够运用 GQI 软件对工程进行建模取量、编制工程量清单。
- 掌握费用调整规则，能够运用 GCCP 软件编制造价文件。

 学习要点

单元内容	学习重点	相关知识点
消防（水）工程基础知识	1. 掌握系统形式、组成、功用 2. 理解施工要求、验收标准	系统形式、工作原理、管道及附件、施工技术要求
施工图识读	1. 掌握识读方法，理解图纸表达信息 2. 能够提取图纸有关造价关键信息	图纸组成、图示内容
消防（水）工程 BIM 计量与计价	1. 使用 GQI 建模取量、编制清单 2. 使用 GCCP 编制造价文件	GQI 基础操作、费用调整、GCCP 基础操作、工程计价

4.1 消防给水系统基础知识

 整理、归纳消防给水系统基础知识，了解设计及施工质量验收规范相关规定，制作思维导图。

 基础知识涉及消火栓给水、自动喷水灭火系统的形式和组成，涉及管道和消防设备的安装与质量检验，学习设计规范、图集、施工方案、施工组织设计及施工质量验收规范，了解新技术、新材料、新工艺、新设备在工程项目中的应用，并制作思维导图进行知识点梳理和总结，拓展和夯实对基础知识掌握的广度和深度。

4.1.1 室内消火栓给水系统

（1）室内消火栓给水系统组成

该系统由消防给水管网，消火栓、水带、水枪组成的消火栓箱柜，消防水池、消防水箱，增压设备等组成。根据室外消防给水系统提供的水量、水压及建筑物的高度、层数，室内消火栓给水系统的给水方式有以下几种：

① 无水泵和水箱的室内消火栓给水系统。室外给水管网的水量、水压在任何时候均能满足室内最高、最远处消火栓的设计流量、压力要求。这种方式为独立的消火栓给水系统。

② 仅设水箱的室内消火栓给水系统。该系统适用于室外给水管网的流量能满足生活、生产、消防的用水量，但室外管网压力变化幅度较大，即当生活、生产、消防的用水量达到最大时，室外管网的压力不能保证室内最高、最远处消火栓的用水要求；而当生活、生产用水量较小时，室外给水管网的压力较大，能向高位水箱补水，满足 10min 的扑救初期火灾消防用水量的要求。

③ 设消防水泵和水箱的室内消火栓给水系统。其适用于室外管网的水量和水压经常不能满足室内消火栓给水系统的初期火灾所需水量和水压的情况。水箱储存 10min 室内消防用水量，消防水泵的扬程按室内最不利点消火栓灭火设备的水压计算。

④ 区域集中的室内高压消火栓给水系统及室内临时高压消火栓给水系统。区域集中是指某个区域内数幢建筑共用 1 套消防水池和消防水泵设备，各幢建筑内的消防管网由区域集中消防水泵房出水管引入并呈环状布置。消防管网内经常保持能够满足灭火用水所需的压力和流量，扑救火灾时不需要启动消防水泵可直接使用灭火设备进行灭火，这种系统称为高压消防给水系统。消防管网平时水压和流量不满足灭火需要，起火时启动消防水泵使管网内的压力和流量达到灭火要求，这种系统称为临时高压消防给水系统。

⑤ 分区给水的室内消火栓给水系统。当建筑物的高度超过 50m 或消火栓处的静水压力超过 0.8MPa 时，考虑麻质水龙带和普通钢管的耐压强度，应采用分区供水的室内消火栓给

水系统，即各区组成各自的消防给水系统。

（2）室内消火栓给水系统主要设备

1）室内消火栓。室内消火栓箱安装在建筑物内的消防给水管路上，由箱体、室内消火栓、水带、水枪及电气设备等消防器材组成。室内消火栓是一种具有内扣式接口的球形阀式龙头，有单出口和双出口两种类型。消火栓的一端与消防竖管相连，另一端与水带相连。当发生火灾时，消防水量通过室内消火栓给水管网供给水带，经水枪喷射出有压水流进行灭火。室内消火栓分类如下：

① 按出水口形式分为：单出口室内消火栓、双出口室内消火栓；

② 按栓阀数分为：单栓阀室内消火栓、双栓阀室内消火栓。

2）消防水泵接合器。当室内消防用水量不能满足消防要求时，消防车可通过水泵接合器向室内管网供水灭火。消防给水为竖向分区供水时，在消防车供水压力范围内的分区，应分别设置水泵接合器；水泵接合器应设在室外便于消防车使用的地点，且距室外消火栓或消防水池的距离不宜小于15m，并不宜大于40m。

4.1.2 自动喷水灭火系统

（1）自动喷水灭火系统概述

自动喷水灭火系统是一种能自动启动喷水灭火，并能同时发出火警信号的灭火系统，可以用于公共建筑、厂、仓库等一切可以用水灭火的场所。它具有工作性能稳定、适应范围广、灭火效率高、维修简便等优点。根据使用要求和环境的不同，喷水灭火系统可分为湿式系统、干式系统、预作用系统、重复启闭预作用灭火系统等。

1）自动喷水湿式灭火系统。湿式灭火系统是指在准工作状态时管道内充满有压水的闭式系统。该系统由闭式喷头、水流指示器、湿式自动报警阀组、控制阀及管路系统组成，必要时还包括与消防水泵联动控制和自动报警装置。闭式喷头分易熔合金锁闭喷头和玻璃球闭式喷头两类，喷头一般安装于受保护建筑物的天花板下，也有安装于墙上的，报警器一般安设于特设的室内。当装有喷头的房间保护区内发生火警时，室内空气温度上升至足以使喷头上的锁封易熔合金熔化或玻璃球喷头上的密封玻璃泡破碎，喷头即自行喷水进行灭火，同时发出警报信号，具有控制火势或灭火迅速的特点。其主要缺点是不适于寒冷地区，其使用环境温度为4～70℃。

2）自动喷水干式灭火系统。它的供水系统、喷头布置等与湿式灭火系统完全相同。所不同的是平时在报警阀（此阀设在采暖房间内）前充满水而在阀后管道内充以压缩空气。当火灾发生时，喷水头开启，先排出管路内的空气，供水才能进入管网，由喷头喷水灭火。该系统适用于环境温度低于4℃和高于70℃，且不宜采用湿式灭火系统的地方。主要缺点是作用时间比湿式灭火系统要长，灭火效率一般低于湿式灭火系统；另外，还要设置压缩机及附属设备，投资较大。

3）自动喷水干湿两用灭火系统。这种系统亦称为水、气交换式自动喷水灭火系统。该系统在冬季寒冷的季节里，管道内可充填压缩空气，即为自动喷水干式灭火系统；在温暖的季节里整个系统充满水，即为自动喷水湿式灭火系统。此种系统在设计和管理上都很复杂，很少采用。

4）自动喷水预作用系统。该系统具有湿式系统和干式系统的特点，预作用阀后的管道系统内平时无水，内部充满有压或无压的气体。火灾发生初期，火灾探测器系统动作先于喷头控制自动开启或手动开启预作用阀,使消防水进入阀后管道,系统成为湿式。当火场温度达到喷头的动作温度时,闭式喷头开启,即可出水灭火。该系统由火灾探测系统、闭式喷头、预作用阀、充气设备和充以有压或无压气体的钢管等组成。该系统既克服了干式系统延迟的缺陷,又可避免湿式系统易渗水的弊病,故适用于不允许有水渍损失的建筑物、构筑物。

5) 自动喷水雨淋系统。是指由火灾自动报警系统或传动管控制,自动开启雨淋报警阀和启动供水泵后,向开式洒水喷头供水的自动喷射灭火系统。它的管网和喷淋头的布置与干式灭火系统基本相同,但喷淋头是开式的。系统包括开式喷头、管道系统、雨淋阀、火灾探测器和辅助设施等。系统工作时所有喷头同时喷水,好似倾盆大雨,故称雨淋系统。雨淋系统一旦动作,系统保护区域内将全面喷水,可以有效控制火势发展。

6) 水幕系统。水幕系统的工作原理与雨淋系统基本相同,所不同的是水幕系统喷出的水为水幕状。它是能喷出幕帘状水流的管网设备,主要由水幕头支管、自动喷淋头控制阀、手动控制阀、干支管等组成。水幕系统不具备直接灭火的能力,一般情况下与防火卷帘或防火幕配合使用,起到防止火灾蔓延的作用。

(2) 自动喷水灭火系统组成

1) 水流指示器:是用于自动喷水灭火系统中,将水流信号转换成电信号的一种报警装置。其连接方式有螺纹式、焊接式、法兰式及鞍座式。

2) 喷头:在热的作用下,在预定的温度范围内自行启动或根据火灾信号由控制设备启动,并按设计的洒水形状和流量洒水的一种喷水装置。

① 按结构形式分类有:闭式喷头——具有释放机构的洒水喷头;开式喷头——无释放机构的洒水喷头。

② 根据热敏感元件分类,有易熔元件喷头——通过易熔元件受热熔化而开启的喷头;玻璃球喷头——通过玻璃球内充装的液体受热膨胀使玻璃球爆破而开启的喷头。

③ 根据安装位置和水的分布分类,有通用型喷头——既可直立安装亦可下垂安装,在一定的保护面积内,将水球状分布向下喷洒并向上方喷洒的喷头;直立型喷头——直立安装,水流向上冲向溅水盘的喷头;下垂型喷头——下垂安装,水流向下冲向溅水盘的喷头;边墙型喷头——靠墙安装,在一定的保护面积内,将水向一边(半个抛物线)喷洒的喷头。

④ 按喷头灵敏度分类,有快速响应喷头、特殊响应喷头、标准响应喷头。

(3) 引入管的敷设

室内给水管网供水应根据建筑物的供水安全要求设计成环状管网、枝状管网或贯通枝状管网。环状管网和枝状管网应有2条或2条以上引入管,或采用贮水池或增设第二水源。引入管应有不小于3‰的坡度,坡向室外给水管网。每条引入管上应装设阀门、水表、止回阀。当生活和消防共用给水系统,且只有一条引入管时,应绕水表旁设旁通管,旁通管上设阀门。

✳ 任务实施

归纳整理消火栓及自动喷淋灭火系统基础知识,制作思维导图。

4.2 消防工程施工图识读

思考并解决下列问题：
（1）消防（水）工程施工图由哪些图纸构成？在图纸中反映哪些工程信息？
（2）图纸中哪些关键信息与算量有关？

施工图是工程设计方案的呈现，是工程施工的主要依据，是进行投标报价的基础，是进行工程结算的依据，是编制施工方案、施工组织设计的基础。了解施工图组成、理解施工图示内容、熟悉方案技术措施，是开展 BIM 计量计价工作的前提。

消防给水通常在建筑给排水施工图中表达，主要由首页图（设计施工说明、图纸目录、图例、主要设备和材料表等）、平面图、消火栓给水及喷淋给水系统图等图纸组成。

与算量有关的关键信息包括有工程基本信息、消火栓及自动喷淋系统形式、管道和设施材质、施工技术措施等。

4.2.1 消防给水系统施工图组成和识图方法

（1）消火栓给水施工图

消火栓给水施工图由设计及施工说明、平面图和系统图组成。

设计及施工说明主要内容包括工程概况、设计依据、消防水源、管道材质、连接方式、刷油防腐措施、消火栓安装形式、套管设置及其他工艺措施等内容。

平面图主要反映消火栓给水入户情况，干管和立管设置位置及管道规格，消火栓、灭火器、试验消火栓的位置、安装方式等。

系统图反映管道走向、标识管道规格、标高。在系统图中，可判断和读取管道变径的位置等信息。

（2）自动喷淋灭火系统施工图

自动喷淋灭火系统施工图由设计及施工说明、平面图以及系统图组成。

设计及施工说明主要内容包括工程概况、设计依据、消防水源、管道材质、连接方式、刷油防腐措施、喷头规格及安装方式、套管设置及其他工艺措施等内容。

平面图主要反映喷淋给水入户情况，干管和立管位置及管道规格，喷头、信号阀、流量指示器、末端试水装置的设置情况等。

系统图反映管道走向、标识管道规格、标高。在系统图中，可判断和读取管道变径的位置等信息。

4.2.2 专用宿舍楼消防工程施工图识读

(1) 识读设计及施工总说明

室外消防用水量 25L/s，室内消防用水量 10L/s。室内消火栓半明装，箱内设 DN65×19 水枪一支，DN65 衬胶水龙带一条，长 25m，消防栓口距地面 1.1m。

自动喷淋系统等级为中危险（Ⅰ级），喷头采用吊顶型喷头，喷头接管直径 DN25，与配水管相接的管道直径为 DN25，喷头动作温度 68℃，喷头安装执行图集《自动喷水与水喷雾灭火设施安装》(205206)。

消防喷淋头颜色，是指玻璃球型洒水喷头末端玻璃球内填装的彩色膨胀液体的颜色。通常分为如下 7 种颜色：橙色 57℃，红色 68℃，黄色 79℃，绿色 93℃，蓝色 141℃，紫色 182℃，黑色 227℃。

灭火器按中危险 A 级配置手提式磷酸铵盐干粉灭火器，每具灭火剂充装量 3kg，单具灭火级别 2A，存放方式为自选箱或挂装。消防给水管道室外埋地部分采用球磨铸铁管，使用水泥捻口或橡胶圈接口方式连接，消火栓和喷淋室内管道采用内外热镀锌钢管，DN＞80 为卡箍连接，其余为螺纹连接。

(2) 识读消火栓平面图和系统图（图 4.2.1、图 4.2.2）

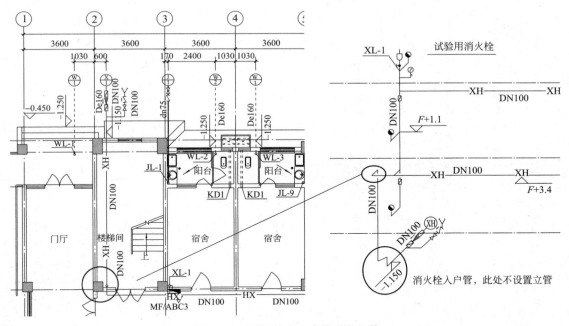

图 4.2.1 消防给水入户管道及立管

X1 进户管的管径 DN100，埋深 1.25m，管道设置倒流防止器、蝶阀，管道附件与管道采用法兰连接形式，另设置有水泵接合器阀组。X2 进户管的管径 DN100，埋深 1.25m，管道设置倒流防止器、蝶阀，管道标记代号 XH；入户后，靠近 D 轴走廊内墙内侧，设置立管，水平干管 DN100，安装高度管中心距地 3.4m，从干管上接 XL-1～XL-4，立管向下至一层消火栓管道为 DN65，向上至二层水平干管管道为 DN100，二层干管接试验用消火栓，立管为 XL-5，系统最高处设置 DN20 截止阀和自动排气阀。管道设置蝶阀，有 DN100 和 DN65 两种规格。根据管道规格，管道连接有沟槽连接和螺纹连接，消火栓支管 DN65 从消

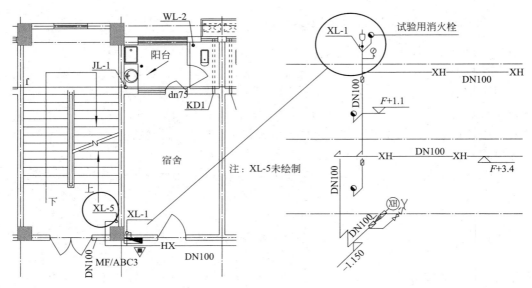

图 4.2.2 试验用消火栓与管道连接

火栓箱底部接入，消火栓栓口距地 1.1m。

（3）识读喷淋平面图和系统图（图 4.2.3、图 4.2.4）

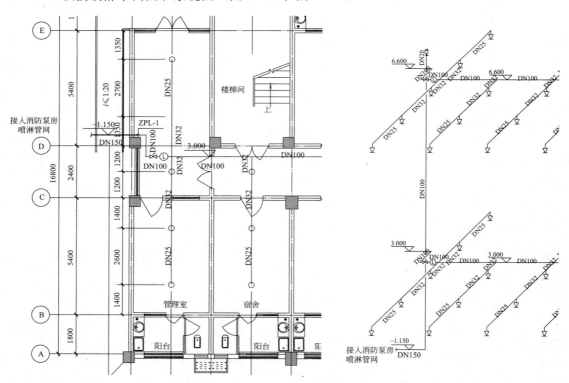

图 4.2.3 喷淋系统入户管道及立管

喷淋入户管接自消防泵房，位置靠近 1 轴与 D 轴，管径 DN150，埋深 1.15m，立管在 3m 处接出一层喷淋干管后，管径由 DN150 变为 DN100，立管在 6.6m 处接出二层喷淋干管，系统最高处设置 DN20 的截止阀和自动放气阀，系统的末端分别设置末端试水阀和末端试水装置。

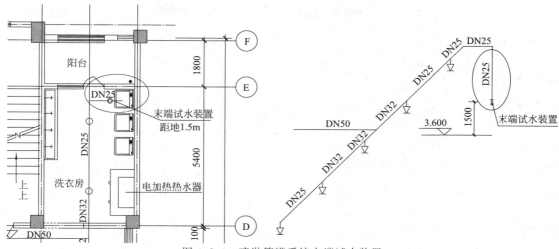

图 4.2.4　喷淋管道系统末端试水装置

喷头为吊顶型喷头，型号 68℃吊顶型喷头，规格 DN25，喷淋管道规格有 DN150、DN100、DN80、DN50、DN32、DN25，结合规范，经图纸分析，该项目设置有沟槽三通、机械四通、变径大小头、弯头等管件，信号蝶阀和流量指示器可设置为法兰连接形式。

（4）算量关键信息

① 消火栓形式、安装方式，灭火器规格型号，喷头规格型号、安装方式；

② 管道材质、连接方式和安装要求（如敷设形式、吊支架设置）；

③ 管道附件类型、材质和安装要求；

④ 消防系统调试；

⑤ 其他（如套管、管道及支架除锈、刷油等）。

4.3　工程量计算规则及手工算量

思考并解决下列问题：

（1）消防（水）工程工程量统计都包括哪些内容？

（2）沟槽式连接管道的三通、弯头等管件如何套用定额？

（3）消防（水）工程操作高度增加费计取的规定是什么？

（4）汇总计算专用宿舍楼消防（水）工程量。

《河南省通用安装工程预算定额》（2016 版）第九册"消防工程"适用于一般工业与民用建筑项目中的消防工程。阀门、法兰、气压罐安装，消防水箱、套管、支架制作安装，执行第十册"给排水、采暖、燃气工程"相应项目；刷油、防腐蚀、绝热工程，执行第十二册"刷油、防腐蚀、绝热工程"相应项目；剔槽打洞及恢复执行第十册"给排水、采暖、燃气工程"相应项目；室外埋地管道执行第十册"给排水、采暖、燃气工程"中室外给水管道安装相应项目。

定额子目管件安装即为沟槽式卡箍安装，三通等管件安装按设计用量计取沟槽卡箍数量计算安装费，三通等管件按设计用量计取材料费，三通、四通开口卡箍按卡箍相应项目执行。

执行消防工程定额的，超过 5m 部分计取操作高度增加费；执行给排水工程定额的，超过 3.6m 部分计取操作高度增加费。

4.3.1 消防水系统工程量计算

（1）消火栓管道工程量计算

1）定额工程量计算规则及说明

管道安装按设计图示管道中心线长度以"10m"为计量单位，不扣除阀门、管件及各种组件所占长度。有关说明如下：

① 钢管（法兰连接）定额中包括管件及法兰安装，但管件、法兰数量应按设计图纸用量另行计算，螺栓按设计用量加 3% 损耗计算。

② 若设计或规范要求钢管需要镀锌，其镀锌及场外运输费用另行计算。

③ 消火栓管道采用无缝钢管焊接时，定额中包括管件安装，管件主材依据设计图纸数量另计工程量。

④ 消火栓管道采用钢管（沟槽连接）时，执行水喷淋钢管（沟槽连接）相关项目。

2）一层管道工程量计算

① 内外热镀锌钢管 DN100 水平埋地：$L = 10.21 + 2.19 + 10.21 = 22.61\text{m}$，见图 4.3.1。

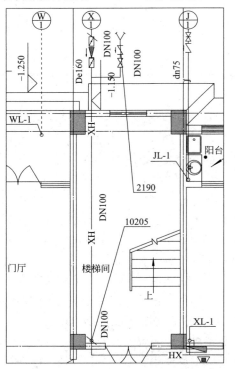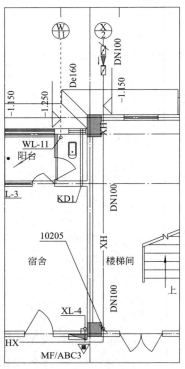

图 4.3.1　内外热镀锌钢管 DN100 水平埋地管段算量分析

② 一层内外热镀锌钢管 DN100：$L=(1.15+3.4)\times 2+36.84+0.49\times 4=47.9\mathrm{m}$，见图 4.3.2。

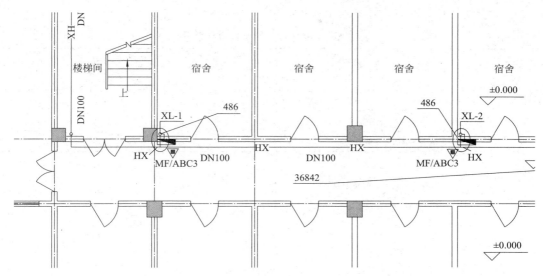

图 4.3.2　一层内外热镀锌钢管 DN100 算量分析

③ 一层内外热镀锌钢管 DN65：设置消火栓水平支管至消火栓口距离为 0.3m，则 $L=(0.3+0.42)\times 4+(3.4-0.8)\times 4=13.28\mathrm{m}$，见图 4.3.3。相关工程量计算书见表 4.3.1。

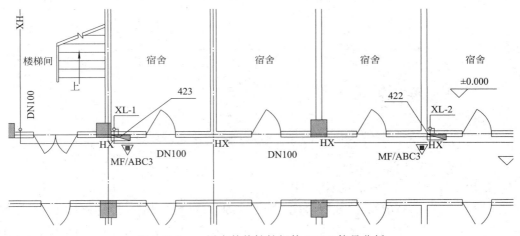

图 4.3.3　一层内外热镀锌钢管 DN65 算量分析

表 4.3.1　一层管道工程量计算书

序号	项目	定额单位	工程量	计算式
1	内外热镀锌钢管 DN100 水平埋地	10m	2.26	(10.21+2.19+10.21)/10
2	一层内外热镀锌钢管 DN100	10m	4.79	[(1.15+3.4)×2+36.84+0.49×4]/10
3	一层内外热镀锌钢管 DN65	10m	1.33	[(0.3+0.42)×4+(3.4-0.8)×4]/10

(2) 沟槽管件及卡箍工程量计算

1) 定额工程量计算规则及说明

管件连接分规格以 "10 个" 为计量单位。沟槽管件主材费包括卡箍及密封圈，以 "套"

为计量单位。有关说明如下：管道安装（沟槽连接）已包括直接卡箍件安装，其他沟槽管件另行执行相关项目。

2）管件及卡箍工程量计算（表 4.3.2、图 4.3.4）

表 4.3.2　管件及卡箍工程量计算书

序号	项目	定额单位	工程量	计算式
1	弯头 DN100（一层）	10 个	0.7	7/10
2	大小头 DN100×65（一层）	10 个	0.4	4/10
3	正三通 DN100（一层）	10 个	0.9	9/10
4	卡箍 DN100（一层）	10 个	4.1	(7×2+9×3)/10

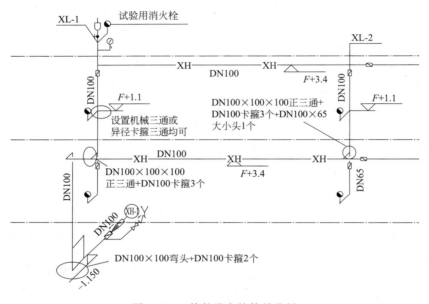

图 4.3.4　管件及卡箍算量分析

（3）其他工程量计算

1）定额工程量计算规则及说明

报警装置、室内消火栓、室外消火栓、消防水泵接合器均按设计图示数量计算。报警装置、室内外消火栓、消防水泵接合器分形式，按成套产品以"组"为计量单位；成套产品包括的内容见表 4.3.3。

表 4.3.3　成套消防产品

序号	项目名称	包括内容
1	湿式报警装置	湿式阀、供水压力表、装置压力表、试验阀、泄放试验阀、试验管流量计、过滤器、延时器、水力警铃、报警截止阀、漏斗、压力开关
2	干湿两用报警装置	两用阀、装置截止阀、加速器、加速器压力表、供水压力表、试验阀、泄放阀、泄放试验阀（湿式）、泄放试验阀（干式）、挠性接头、试验管流量计、排气阀、截止阀、漏斗、过滤器、延时器、水力警铃、压力开关
3	电动雨淋报警装置	雨淋阀、压力表、泄放试验阀、流量表、截止阀、注水阀、止回阀、电磁阀、排水阀、应急手动球阀、报警试验阀、漏斗、压力开关、过滤器、水力警铃

续表

序号	项目名称	包括内容
4	预作用报警装置	干式报警阀、压力表（2块）、流量表、截止阀、排放阀、注水阀、止回阀、泄放阀、报警试验阀、液压切断阀、气压开关（2个）、试压电磁阀、应急手动试压器、漏斗、过滤器、水力警铃
5	室内消火栓	消火栓箱、消火栓、水枪、水龙带、水龙带接扣、挂架
6	室外消火栓	地下式消火栓、法兰接管、弯管底座或消火栓三通
7	室内消火栓（带自动卷盘）	消火栓箱、消火栓、水枪、水龙带、水龙带接扣、挂架、消防软管卷盘
8	消防水泵接合器	消防接口本体、止回阀、安全阀、闸（蝶）阀、弯管底座、标牌
9	水炮及模拟末端装置	水炮和模拟末端装置的本体

末端试水装置按设计图示数量计算，分规格以"组"为计量单位。灭火器按设计图示数量计算，分形式以"具或组"为计量单位。落地组合式消防柜安装，执行室内消火栓（明装）定额子目。室外消火栓、消防水泵接合器安装，定额中包括法兰接管及弯管底座（消火栓三通）的安装，其本身价值另行计算。

2）其他消防工程量计算（表 4.3.4）

表 4.3.4　其他消防工程量计算书

序号	项目	定额单位	工程量	计算式
1	消火栓（一层）	套	4	
2	倒流防止器	组	2	
3	水泵接合器	套	1	
4	灭火器（一层）	具	4	
5	蝶阀 DN100（一层）	个	1	
6	蝶阀 DN65（一层）	个	4	
7	机械钻孔（穿内墙，一层）	10个	0.6	6/10
8	一般钢套管 DN100（穿内墙，一层）	个	6	

4.3.2　喷淋水系统工程量计算

（1）定额工程量计算规则及说明

喷头、水流指示器、减压孔板、集热板按设计图示数量计算，按安装部位、方式、分规格以"个"为计量单位。

末端试水装置按设计图示数量计算，分规格以"组"为计量单位。

报警装置安装项目，定额中已包括装配管、泄放试验管及水力警铃出水管安装，水力警铃进水管按图示尺寸执行管道安装相应项目；其他报警装置适用于雨淋、干湿两用及预作用报警装置。

水流指示器（马鞍形连接）项目，主材中包括胶圈、U形卡；若设计要求水流指示器采用丝接时，执行第十册"给排水、采暖、燃气工程"丝接阀门相应子目。

喷头、报警装置及水流指示器安装定额均按管网系统试压、冲洗合格后安装考虑的，定额中已包括丝堵、临时短管的安装、拆除及摊销。

(2) 一层喷淋系统工程量计算

① 管道挖填土方。

埋地水平管道 DN150 长度为 1.92m，见图 4.3.5，则挖填土方为 $(0.15+0.6)\times 1.15\times 1.92=1.66$（$m^3$）。

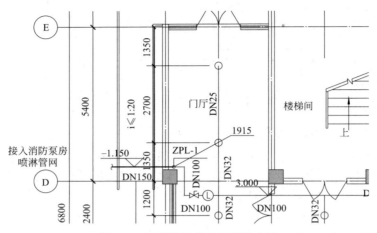

图 4.3.5 管道挖填土方算量分析

② 喷淋管道（图 4.3.6）。

内外热镀锌钢管 DN150 长度：$1.92+1.15+3=6.07$（m）

内外热镀锌钢管 DN100 长度：24.12（m）

内外热镀锌钢管 DN80 长度：14.4（m）

内外热镀锌钢管 DN50 长度：7.2（m）

内外热镀锌钢管 DN32 长度：$5.15\times 10+3.3+7.85+3.3=65.95$（m）

内外热镀锌钢管 DN25 长度：$2.6\times 13+2.7\times 9+4.41+2.4+0.3\times 63=83.81$（m）

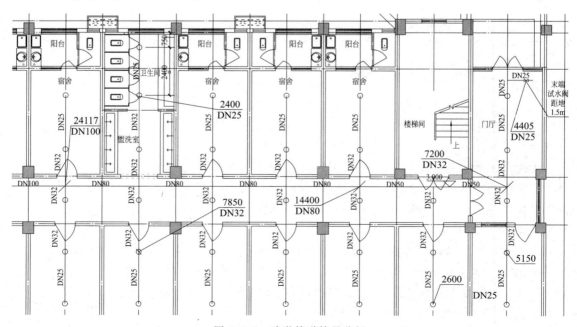

图 4.3.6 喷淋管道算量分析

③ 其他工程量统计。对卡箍连接件及卡箍、喷头、套管、机械钻孔、末端试水阀、流量指示器、信号蝶阀等依据图纸进行工程量统计。

上述工程工程量计算见表 4.3.5。

表 4.3.5 一层喷淋系统工程量计算书

序号	项目	定额单位	工程量	计算式
1	挖填土方	m³	1.66	(0.15＋0.6)×1.15×1.92
2	内外热镀锌钢管 DN150	10m	0.61	(1.92＋1.15＋3)/10
3	内外热镀锌钢管 DN100	10m	2.41	24.12/10
4	内外热镀锌钢管 DN80	10m	1.44	14.4/10
5	内外热镀锌钢管 DN50	10m	0.72	7.2/10
6	内外热镀锌钢管 DN32	10m	6.60	(5.15×10＋3.3＋7.85＋3.3)/10
7	内外热镀锌钢管 DN25	10m	8.38	(2.6×13＋2.7×9＋4.41＋2.4＋0.3×63)/10
8	弯头 DN150	10个	0.1	1/10
9	异径三通 DN150×150×100	10个	0.1	1/10
10	大小头 DN150×100	10个	0.1	1/10
11	卡箍 DN150	10个	0.4	(2＋2)/10
12	卡箍 DN100	10个	0.6	(2＋2×2)/10
13	弯头 DN100	10个	0.2	2/10
14	机械四通 DN100×100×32×32	10个	0.6	6/10
15	机械三通 DN100×32×32	10个	0.1	1/10
16	大小头 DN100×80	10个	0.1	1/10
17	一般钢套管	个	21	
18	机械钻孔（穿墙）	10个	2.1	21/10
19	喷头	个	6.2	(5×10＋3×2＋6)/10
20	末端试水阀	个	1	
21	流量指示器	个	1	
22	信号蝶阀	个	1	

读一读

《河南省通用安装工程预算定额》第九册"消防工程"相关规定

(1) 本册定额不包括以下内容：

① 阀门、法兰、气压罐安装，消防水箱、套管、支架制作安装（注明者除外），执行第十册"给排水、采暖、燃气工程"相应项目；

② 各种消防泵、稳压泵安装，执行第一册"机械设备安装工程"相应项目；

③ 不锈钢管、铜管管道安装，执行第八册"工业管道工程"相应项目；

④ 刷油、防腐蚀、绝热工程，执行第十二册"刷油、防腐蚀、绝热工程"相应项目；

⑤ 电缆敷设、桥架安装、配管配线、接线盒、电动机检查接线、防雷接地装置等安装，均执行第四册"电气设备安装工程"相应项目；

⑥ 各种仪表的安装及带电信号的阀门、水流指示器、压力开关、驱动装置及泄漏报警开关的接线、校线等执行第六册"自动化控制仪表安装工程"相应项目；

⑦ 剔槽打洞及恢复执行第十册"给排水、采暖、燃气工程"相应项目；

⑧ 凡涉及管沟、基坑及井类的土方开挖、回填、运输、垫层、基础、砌筑、地沟盖板预制安装、路面开挖及修复、管道混凝土支墩的项目，执行《河南省市政工程预算定额》相应项目。

（2）下列费用可按系数分别计取：

操作高度增加费：定额中操作物高度以距楼地面5m为限，超过5m时，超过部分工程量按定额人工费乘以下表系数：

操作物高度/m	≤10	≤30
系数	1.10	1.20

（3）界限划分：

① 消防系统室内外管道以建筑物外墙皮1.5m为界，入口处设阀门者以阀门为界；

② 室外埋地管道执行第十册"给排水、采暖、燃气工程"中室外给水管道安装相应项目；

③ 与市政给水管道的界限：以与市政给水管道碰头点（井）为界。

统计专用宿舍楼消防工程（二层）工程量，完成工程量计算书。

4.4 消防工程 BIM 算量实操

（1）使用安装算量 GQI 软件，对专用宿舍楼消火栓给水及自动喷淋给水系统创建算量模型。

（2）使用安装算量 GQI 软件汇总工程量，套做法，导出工程量清单报表。

根据图纸，结合算量分析，对消火栓、灭火器及喷头等使用设备提量命令进行建模取量，管道绘制需正确设置材质、连接方式等参数，对于立管管段阀门可以通过点绘制方式进行设置，也可使用表格输入的办法，最终完成工程量汇总计算工作。

套做法编制分部分项工程工程量清单时，自动套用清单，查询清单，依据规则按规格、材质、部位等条件列项，规范项目名称，明确清单单位，完善项目特征描述，完整、正确计算工程量，整理合并清单项目。

专用宿舍楼工程为两层建筑，框架结构，总建筑面积1732.48m²，建筑高度为7.65m（按自然地坪到结构屋面顶板计），一、二层层高均为3.6m，室内外地坪高差为0.45m。

4.4.1 创建工程

创建工程包括建立工程项目信息、楼层设置、图纸管理、多视图设置等内容。

(1) 新建工程

编辑工程名称，选择工程专业、清单库、定额库、算量模式，以新建工程，见图 4.4.1。

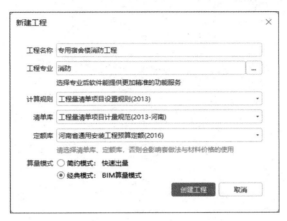

图 4.4.1 新建工程

(2) 图纸管理

① 创建楼层信息。点击"首层"，插入"楼层"，设置一、二层层高 3.6m，建立"屋面层"，屋面层层高不做调整。

② 图纸管理。添加图纸、定位和分割图纸，将消火栓给水和喷淋给水平面图图纸分层设置，进行分层管理。将消火栓给水系统图和喷淋给水系统图，设置为多视图，便于建模时查看，如图 4.4.2 所示。

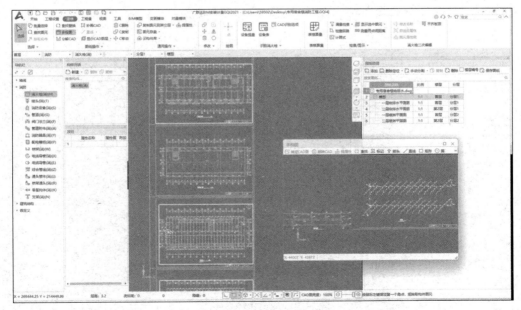

图 4.4.2 分割图纸分层管理

4.4.2 消火栓给水系统建模

(1) 识别消火栓箱及手持灭火器

新建室内消火栓箱、试验消火栓箱、手持灭火器等构件,修改构件参数,见图 4.4.3。

图 4.4.3 新建消火栓构件

选择消火栓箱、灭火器图块,选择识别范围,将屋面楼梯间消火栓箱定义识别为试验用消火栓箱,以进行设备提量,如图 4.4.4 所示。

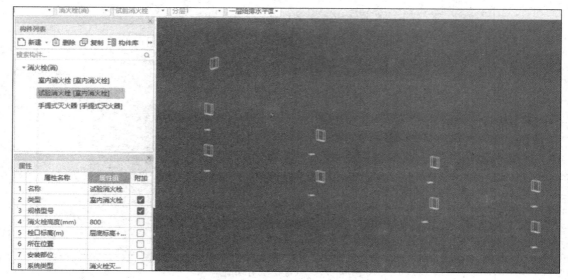

图 4.4.4 识别消火栓、灭火器

(2) 绘制/识别消防管道

① 图纸分析：结合平面图，消火栓给水入户自地面埋深 1.15m 处，在楼梯间内垂直穿底板进入建筑物，埋地管道采用球磨铸铁管，室内管道部分采用镀锌钢管，一层水平干管敷设高度距地 3.4m，如图 4.4.5 所示。

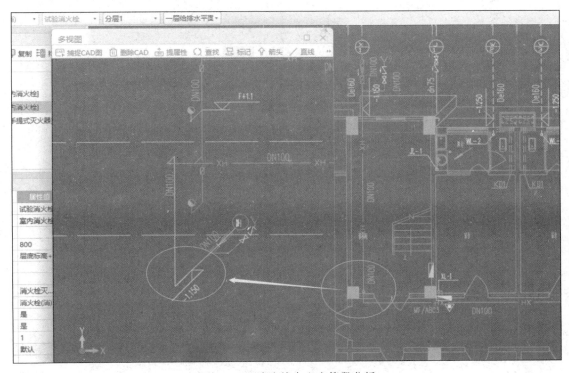

图 4.4.5　消防给水入户管段分析

② 图纸调整：如图 4.4.6，综合平面图和系统图纸，对以下四处进行调整和说明。XH-1、XH-2 入户进入室内设置 1 处立管；XL-1 接至二层水平干管处，设置 DN100×100×100 沟槽正三通；通向试验用消火栓的立管标记为 XL-5，管径为 DN50；二层水平干管向 XL-1～XL-4 配水，配水支管均穿墙后与立管相连接。

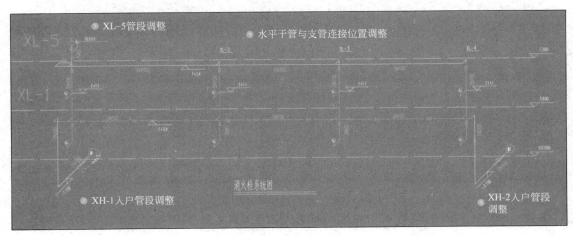

图 4.4.6　图纸调整

③绘制/识别管道：新建管道构件，系统类型选择消火栓灭火系统，修改构件参数，包括名称、材质、管径规格、连接方式等，如图4.4.7所示。

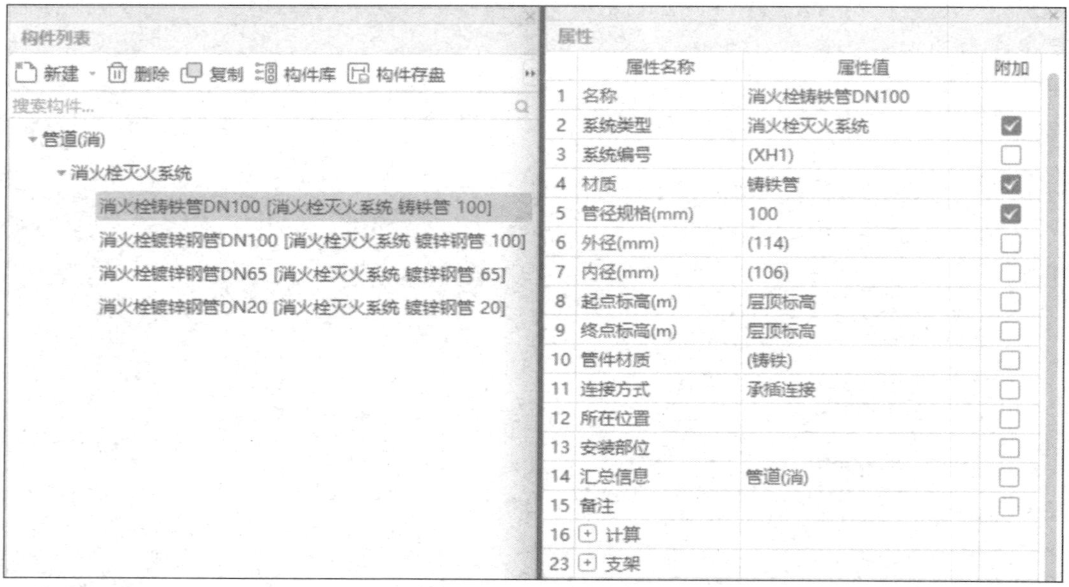

图4.4.7 构件参数修改

选择铸铁管DN100，点击"直线"修改安装高度为"-1.15"，从入户第一个阀门绘至立管处，XH-2埋地入户管用同样的方法绘制，见图4.4.8。

图4.4.8 消火栓给水入户管段

结合管段规格和标高，绘制消火栓给水干管、立管、支管，水平支管距地设置为0.8m，从底部进入消火栓箱，至消火栓栓口处（距地1.1m），支管可使用设置计算倍数的方式进行统计，排气管 DN20 结合建筑施工图确定合理长度（设置长度为 1m），见图 4.4.9。

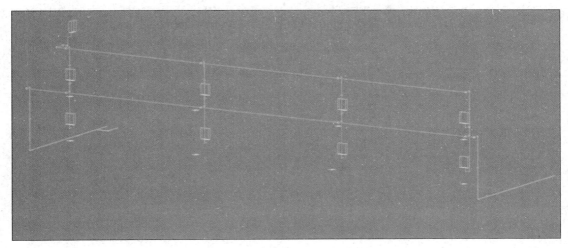

图 4.4.9　消火栓给水管道绘制

（3）识别管道附件（图 4.4.10）

管道附件包括蝶阀、倒流防止器、自动排气阀、截止阀、水泵接合器（成套计量，含水泵接合器本体、止回阀、闸阀等）等。

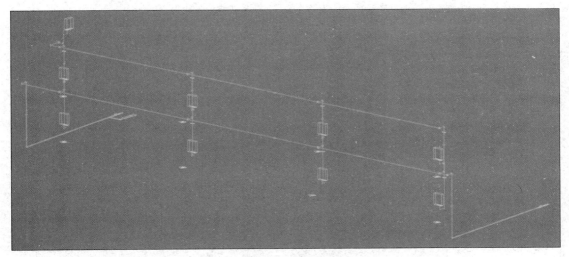

图 4.4.10　管道附件识别

（4）套管设置

穿楼板、穿墙设置一般钢制套管，穿底层楼板，设置刚性防水套管。根据定额工程量计算规则，钢套管定额不包含预留孔洞，软件在生成套管的同时，考虑预留孔洞的设置。防水套管在定额中包含预留孔洞，软件在生成防水套管时，不考虑预留孔洞的设置。套管及预留孔洞比穿管管道规格大 1～2 号，因定额规则按介质管道规格套取定额子目，因此，套管及预留孔洞规格设置为介质管道的规格，见图 4.4.11、图 4.4.12。

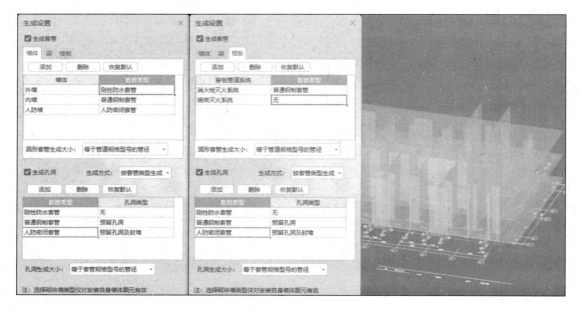

图 4.4.11 套管及预留孔洞设置

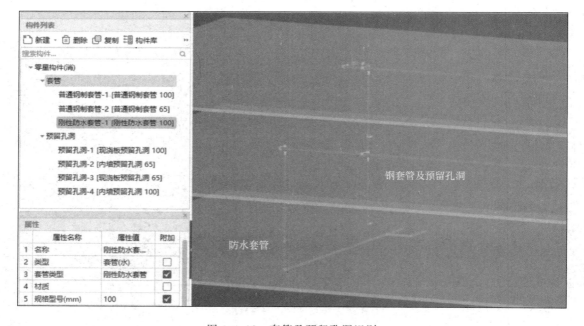

图 4.4.12 套管及预留孔洞识别

(5) 查看工程量清单汇总表

汇总计算，自动匹配清单。对于沟槽连接的阀门，借用螺纹阀门清单并修改项目名称；对于法兰阀门与铸铁管连接的法兰，则考虑为带法兰的铸铁管段与之连接。完善项目特征，再次汇总计算后，进行报表查看，见图 4.4.13。

工程量清单汇总表

工程名称：专用宿舍楼消防工程　　　　　　　　　　　　　　　　　　　　　　　　专业：消防

序号	编码	项目名称	项目特征	单位	工程量
1	030901010001	试验消火栓	1. 安装方式：暗装 2. 附件材质、规格：压力表	套	1.000
2	030901010002	室内消火栓	1. 安装方式：暗装	套	8.000
3	030901013001	灭火器	1. 形式：灭火器箱明装	具/组	8.000
4	030901012001	消防水泵接合器	1. 安装部位：地下 2. 型号、规格：地下式100 3. 附件材质、规格：水泵接合器本体、止回阀、闸阀	套	1.000
5	030901002001	消火栓钢管	1. 材质、规格：镀锌钢管100 2. 连接形式：沟槽连接	m	96.729
6	030901002002	消火栓钢管	1. 材质、规格：镀锌钢管20 2. 连接形式：螺纹连接	m	1.000
7	030901002003	消火栓钢管	1. 材质、规格：镀锌钢管65 2. 连接形式：螺纹连接	m	17.558
8	031003002001	螺纹法兰阀门	1. 类型：蝶阀 2. 材质：铸钢 3. 规格、压力等级：DN100 4. 连接形式：法兰连接	个	4.000
9	031003001001	沟槽阀门	1. 类型：蝶阀 2. 材质：铸钢 3. 规格、压力等级：DN100 4. 连接形式：沟槽连接	个	6.000
10	031003001002	螺纹阀门	1. 类型：蝶阀 2. 材质：铸钢 3. 规格、压力等级：DN65 4. 连接形式：丝扣连接	个	4.000
11	031003001003	螺纹阀门	1. 类型：截止阀 2. 材质：铜芯 3. 规格、压力等级：DN20 4. 连接形式：丝扣连接	个	1.000
12	031003001004	螺纹阀门	1. 类型：放气阀 2. 材质：铜芯 3. 规格、压力等级：DN20 4. 连接形式：丝扣连接	个	1.000
13	031003002002	螺纹法兰阀门	1. 类型：倒流防止器 2. 连接形式：法兰连接	个	2.000
14	031002003001	套管	1. 名称、类型：刚性防水套管-1 刚性防水套管 2. 规格：DN100	个	2.000
15	031002003002	套管	1. 名称、类型：普通钢制套管-1 普通钢制套管 2. 规格：DN100	个	13.000
16	031002003003	套管	1. 名称、类型：普通钢制套管-2 普通钢制套管 2. 规格：DN65	个	12.000

图 4.4.13　工程量清单汇总表

4.4.3 自动喷淋给水系统建模

（1）识别喷头

喷头采用吊顶型，安装高度设置为距地 2.8m，设备提量时，新建喷头构件，修改属性参数，可使用 CAD 图层管理（图 4.4.14），只显示喷头 CAD 图层，提高算量操作的效率。

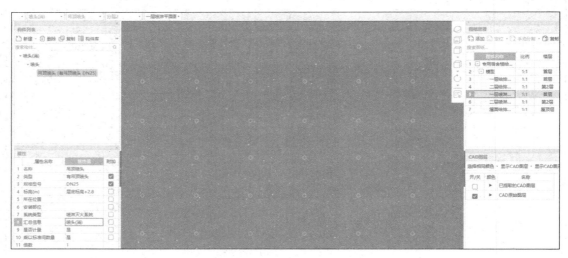

图 4.4.14　CAD 图层管理

（2）识别喷淋管道

在导航栏中，点击"管道"，选择"喷淋提量"，根据图纸设计说明"本建筑灭火等级为中危险级"，在"喷淋提量"对话框中，修改管道材质、管道标高、危险等级，设置管道入口。一层管道绘制完成后，同样操作将二层管道进行识别，完善立管布置，完成模型建立，如图 4.4.15、图 4.4.16 所示。

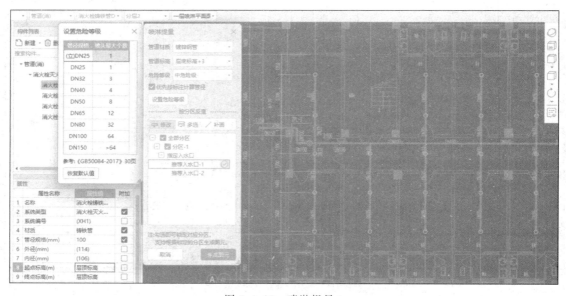

图 4.4.15　喷淋提量 1

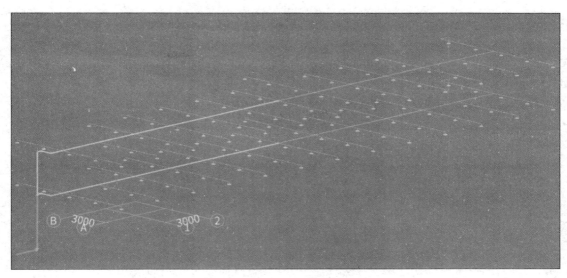

图 4.4.16 喷淋提量 2

(3) 管道附件识别（图 4.4.17）

管道附件包括有信号蝶阀、流量指示器、末端试水装置、末端试水阀等，在管道系统最高位设置自动放气阀和截止阀，使用表格输入或设备提量命令计取工程量。

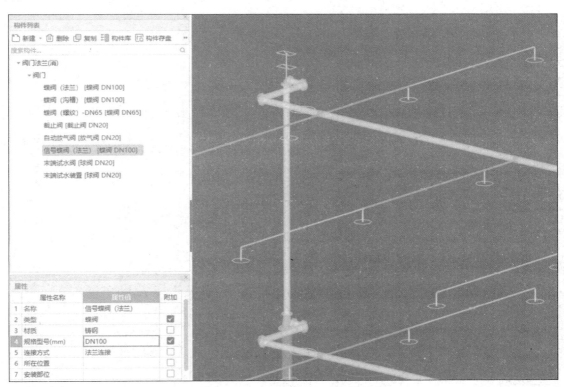

图 4.4.17 管道附件识别

(4) 套管设置（图 4.4.18）

穿楼板、穿墙一般设置钢制套管；穿底层楼板，设置刚性防水套管。

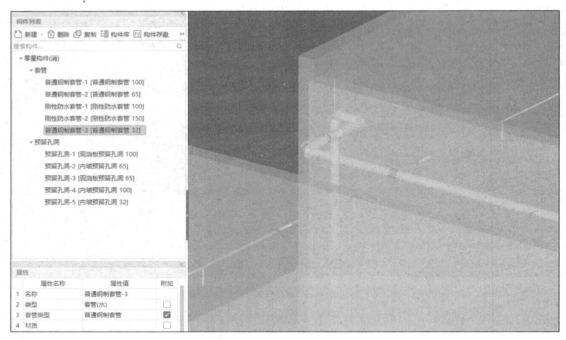

图 4.4.18　套管设置

（5）套做法

汇总计算后，点击"套做法"，对于没有自动匹配的清单进行手动套取，如铸铁管 DN100，如图 4.4.19 所示。

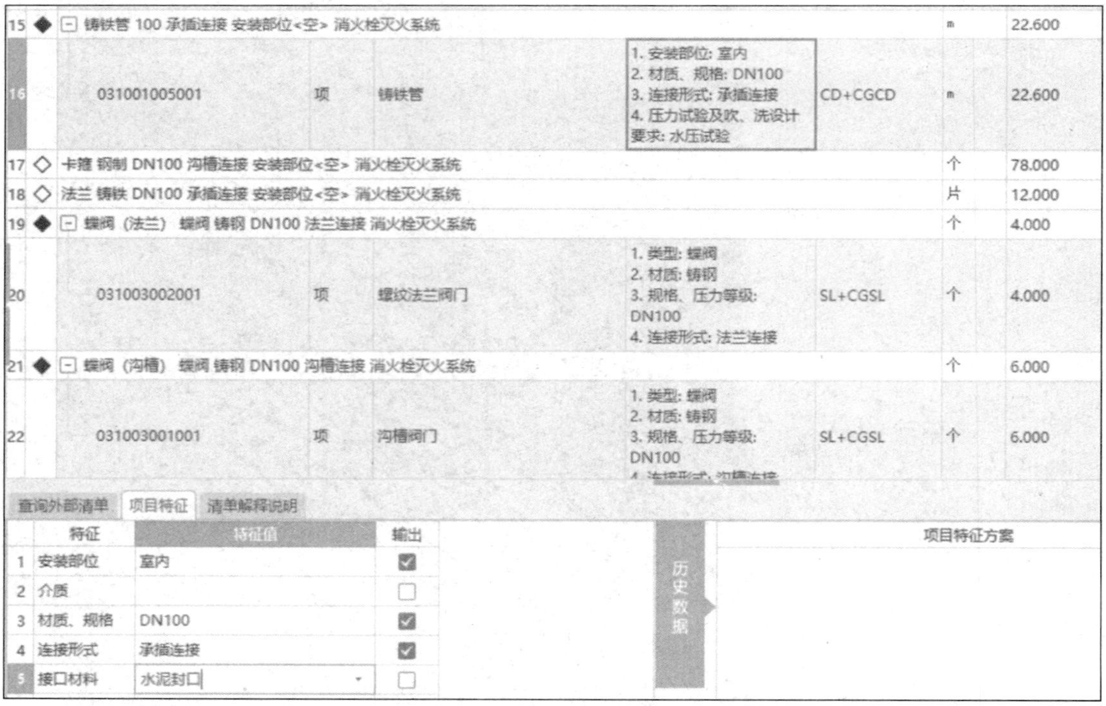

图 4.4.19　手动匹配清单、项目特征

读一读

(1) 消防水工程量计算列项

列项项目包括：消火栓、灭火器、喷头、水泵接合器、流量指示器、末端试水装置、消火栓给水管道、喷淋给水管道、管道管卡、吊支架、预留孔洞、套管、防水套管、管道及支架除锈、刷油、管道附件（如蝶阀、截止阀、排气阀等）等，计算时需考虑不同材质、不同规格。

(2)《通用安装工程工程量计算规范》(GB 50856—2013) 消防工程部分摘录

项目编码	项目名称	项目特征	计量单位	工程量计算规则	工作内容
030901001	水喷淋钢管	1. 安装部位 2. 材质、规格 3. 连接形式 4. 钢管镀锌设计要求 5. 压力试验及冲洗设计要求 6. 管道标识设计要求	m	按设计图示管道中心线以长度计算	1. 管道及管件安装 2. 钢管镀锌 3. 压力试验 4. 冲洗 5. 管道标识
030901002	消火栓钢管				
030901003	水喷淋（雾）喷头	1. 安装部位 2. 材质、型号、规格 3. 连接形式 4. 装饰盘设计要求	个	按设计图示数量计算	1. 安装 2. 装饰盘安装 3. 严密性试验
030901004	报警装置	1. 名称 2. 型号、规格	组		
030901006	水流指示器	1. 规格、型号 2. 连接形式	个		1. 安装 2. 电气接线 3. 调试
030901007	减压孔板	1. 材质、规格 2. 连接形式			
030901008	末端试水装置	1. 规格 2. 组装形式	组		
030901009	集热板制作安装	1. 材质 2. 支架形式	个		1. 制作、安装 2. 支架制作、安装
030901010	室内消火栓	1. 安装方式 2. 型号、规格 3. 附件材质、规格	套		1. 箱体及消火栓安装 2. 配件安装
030901011	室外消火栓				1. 安装 2. 配件安装
030901012	消防水泵接合器	1. 安装部位 2. 型号、规格 3. 附件材质、规格	套		1. 安装 2. 附件安装
030901013	灭火器	1. 形式 2. 规格、型号	具（组）		设置

任务实施

对专用宿舍楼消防给水工程进行 BIM 算量建模，汇总计算工程量，并导出清单汇总表。

4.5 消防工程计价及 GCCP 软件实操

（1）结合手算成果，编制专用宿舍楼消防（水）工程工程量清单。
（2）使用 GCCP 云计价编制工程造价文件。

依据《通用安装工程工程量计算规范》（GB 50856—2013），结合专用宿舍楼消防（水）工程手工算量结果，编制分部分项工程清单，完整、正确书写项目编码、项目名称、特征描述及工程量。

在掌握使用安装算量 GQI 软件对专用宿舍楼消防（水）工程建模取量操作的基础上，学习和使用 GCCP 计价软件，对模型提量并编制工程造价文件。

4.5.1 编制分部分项工程量清单

（1）消火栓钢管 DN100 清单编制

① 查找《通用安装工程工程量计算规范》（GB 50856—2013）附录 J，消火栓钢管清单编码为 030901002；

② 项目特征从安装部位、材质、规格、连接形式、钢管镀锌设计要求、压力试验及冲洗设计要求、管道标识设计要求等方面进行描述；

③ 清单工程量计算规则按设计图示管道中心线以长度计算，单位为 m；

④ 如表 4.5.1 所示，管道工程量经计算为 107.32m，管段设置 DN100×100×65 机械三通 9 个，DN100 正三通 7 个，DN100×100 弯头 10 个，DN100 卡箍 41 个。

表 4.5.1 消火栓钢管 DN100 清单

序号	项目编码	项目名称	项目特征	计量单位	工程量
1	030901002001	消火栓钢管	1. 安装部位：室内 2. 材质、规格：内外热镀锌钢管、DN100 3. 连接形式：卡箍连接（机械三通、卡箍正三通、大小头、弯头） 4. 压力试验及吹、洗设计要求：水压试验	m	107.32

（2）水喷淋钢管清单编制

① 查找《通用安装工程工程量计算规范》（GB 50856—2013）附录 J，水喷淋钢管清单编码为：030901001；

② 项目特征从安装部位、材质、规格、连接形式、钢管镀锌设计要求、压力试验及冲洗设计要求、管道标识设计要求等方面进行描述；

③ 清单工程量计算规则按设计图示管道中心线以长度计算，清单单位为 m；

④ 如表 4.5.2 所示，管道工程量经计算为 80.46m，管段设置 DN100×100×65 机械三通 1 个，DN100 正三通 7 个，DN100×100 弯头 10 个，DN100 卡箍 41 个。

表 4.5.2 水喷淋钢管清单

序号	项目编码	项目名称	项目特征	计量单位	工程量
1	030901001001	水喷淋钢管	1. 安装部位：室内 2. 材质、规格：内外热镀锌钢管、DN100 3. 连接形式：卡箍连接（机械四通 DN100×100×32×32、机械三通 DN100×100×32、正三通 DN100、大小头 DN100×80、弯头 DN80×20） 4. 压力试验及冲洗设计要求：水压试验	m	80.46

（3）室内消火栓清单编制

① 查找《通用安装工程工程量计算规范》（GB 50856—2013）附录 J，室内消火栓清单编码为：030901010；

② 项目特征从安装方式、型号、规格、附件材质、规格等方面进行描述；

③ 清单工程量计算规则按设计图示数量计算，清单单位为套；

④ 如表 4.5.3 所示，室内消火栓工程量 8 套，试验消火栓工程量 1 套。

表 4.5.3 室内消火栓清单

序号	项目编码	项目名称	项目特征	计量单位	工程量
1	030901010001	室内消火栓	1. 安装方式：明装 2. 型号、规格：DN65 单栓 3. 附件材质、规格：箱内设 DN65×19 毫米水枪一支，DN65 毫米衬胶水龙带一条，长 25m，消防栓口距地面为 1.1m	套	8
2	030901010002	室内消火栓	1. 名称：试验消火栓 2. 安装方式：明装 3. 型号、规格：DN65 单栓 4. 附件材质、规格：箱内设 DN65×19 毫米水枪一支，DN65 毫米衬胶水龙带一条，长 25m，消防栓口距地面为 1.1m	套	1

（4）末端试水装置清单编制

① 查找《通用安装工程工程量计算规范》（GB 50856—2013）附录 J，末端试水装置清单编码为：030901008；

② 项目特征从规格、组装形式等方面进行描述；

③ 如表 4.5.4 所示，清单工程量计算规则按设计图示数量计算，以组为单位。

表 4.5.4 末端试水装置清单

序号	项目编码	项目名称	项目特征	计量单位	工程量
1	030901008001	末端试水装置	1. 规格：DN25 2. 组装形式：含球阀、压力表	组	1

（5）水喷淋喷头清单编制

① 查找《通用安装工程工程量计算规范》（GB 50856—2013）附录 J，水喷淋喷头清单编码为：030901003；

② 项目特征从安装部位、材质、型号、规格、连接形式、装饰盘设计要求等方面进行描述；

③ 清单工程量计算规则按设计图示数量计算，以个为单位。

表 4.5.5　水喷淋喷头清单

序号	项目编码	项目名称	项目特征	计量单位	工程量
1	030901003001	水喷淋喷头	1. 安装部位：吊顶 2. 材质、型号、规格：68℃喷头，DN15 3. 连接形式：螺纹连接	个	124

4.5.2　广联达云计价平台 GCCP6.0 实操

（1）导入清单文件

导入消防工程工程量清单，设置消火栓、自动喷淋和火灾自动报警三个分部工程，见图 4.5.1。

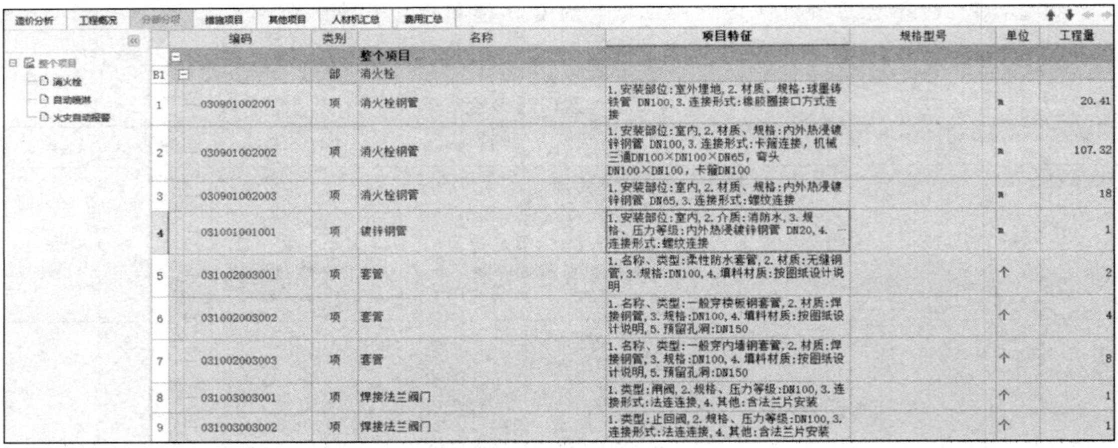

	编码	类别	名称	项目特征	规格型号	单位	工程量
			整个项目				
B1		部	消火栓				
1	030901002001	项	消火栓钢管	1.安装部位:室外埋地,2.材质、规格:球墨铸铁管 DN100,3.连接形式:橡胶圈接口方式连接		m	20.41
2	030901002002	项	消火栓钢管	1.安装部位:室内,2.材质、规格:内外热浸镀锌钢管 DN100,3.连接形式:卡箍连接，机械三通DN100×DN100×DN65，弯头DN100×DN100，卡箍DN100		m	107.32
3	030901002003	项	消火栓钢管	1.安装部位:室内,2.材质、规格:内外热浸镀锌钢管 DN65,3.连接形式:螺纹连接		m	18
4	031001001001	项	镀锌钢管	1.安装部位:室内,2.介质:消防水,3.规格、压力等级:内外热浸镀锌钢管 DN20,4.连接形式:螺纹连接		m	1
5	031002003001	项	套管	1.名称、类型:柔性防水套管,2.材质:无缝钢管,3.规格:DN100,4.填料材质:按图纸设计说明		个	2
6	031002003002	项	套管	1.名称、类型:一般穿楼板钢套管,2.材质:焊接钢管,3.规格:DN100,4.填料材质:按图纸设计说明,5.预留孔洞:DN150		个	4
7	031002003003	项	套管	1.名称、类型:一般穿内墙钢套管,2.材质:焊接钢管,3.规格:DN100,4.填料材质:按图纸设计说明,5.预留孔洞:DN150		个	8
8	031003003001	项	焊接法兰阀门	1.类型:闸阀,2.规格、压力等级:DN100,3.连接形式:法连连接,4.其他:含法兰片安装		个	1
9	031003003002	项	焊接法兰阀门	1.类型:止回阀,2.规格、压力等级:DN100,3.连接形式:法连连接,4.其他:含法兰片安装		个	1

图 4.5.1　设置分部工程

（2）套取定额

依据清单、图纸和常用的施工技术方案，套取定额。

① 消火栓铸铁管-胶圈接口。依据清单项目特征描述，室外铸铁给水管（胶圈接口）DN100，选择第十册定额子目 10-1-170，查询并填写信息价格。

② 消火栓镀锌钢管-卡箍连接。根据定额规则，消火栓钢管采用卡箍连接，套用水喷淋钢管相应子目，依据清单项目特征描述，室内镀锌钢管沟槽卡箍连接 DN100，选择第九册定额子目 9-1-18，查询并填写信息价格，结合图纸，确定管件形式。根据卡箍数量套取子目 9-1-26，计取管件安装费用，同时补充沟槽管件费用。

③ 消火栓镀锌钢管-螺纹连接。根据定额规则，消火栓钢管采用卡箍连接，套用消火栓镀锌钢管螺纹连接子目 9-1-33，查询并填写信息价格。图 4.5.2 为消火栓钢管清单组价。

造价分析 | 工程概况 | 分部分项 | 措施项目 | 其他项目 | 人材机汇总 | 费用汇总

整个项目
- 消火栓
- 自动喷淋
- 火灾自动报警

	编码	类别	名称	项目特征	规格型号	单位	工程量	单价	综合单价	综合合价
B1			消火栓							33705.61
1	030901002001	项	消火栓钢管	1.安装部位:室外埋地,2.材质、规格:球墨铸铁管 DN100,3.连接形式:橡胶圈接口方式连接		m	20.41		143.05	2919.65
	10-1-170	定	室外铸铁给水管(胶圈接口) 公称直径100mm以内			10m	2.041	365.83	1430.48	2919.61
	17110103@1	主	球墨铸铁管		DN100	m	20.6141	101.33		
	18010250@1	主	球墨铸铁管给水管件		DN100	个	2.18367	110.23		
2	030901002002	项	消火栓钢管	1.安装部位:室内,2.材质、规格:内外热浸镀锌钢管 DN100,3.连接形式:卡箍连接,机械三通DN100×DN100×DN65,弯头DN100×DN100,卡箍DN100		m	107.32		73.62	7900.9
	9-1-18	定	水喷淋钢管 管道安装(沟槽连接) 公称直径100mm以内			10m	10.732	459.4	422.5	4534.27
	17010131@1	主	内外热浸镀锌钢管		DN100	m	108.9298	7.42		
	18150328@1	主	沟槽直接头		DN100	套	17.890244	8.52		
	9-1-26	定	水喷淋钢管 管件安装(管件连接) 公称直径100mm以内			10个	4.1	512.14	458.16	1878.46
	18030103@1	主	卡箍		DN100	套	41.205	8.52		
	补充主材001@1	主	机械三通		DN100×DN100×DN65	个	9	30.52	30.52	274.68
	补充主材001@2	主	正三通		DN100×DN100×DN100	个	7	93.1	93.1	651.7
	补充主材001@3	主	弯头		DN100×DN100	个	10	56.21	56.21	562.1
3	030901002003	项	消火栓钢管	1.安装部位:室内,2.材质、规格:内外热浸镀锌钢管 DN65,3.连接形式:螺纹连接		m	18		57.41	1033.38
	9-1-33	定	消火栓钢管 镀锌钢管(螺纹连接) 公称直径65mm以内			10m	1.8	586.46	574.15	1033.47
	17030103@1	主	内外热浸镀锌钢管		DN65	m	18.09	7.42		
	18032515@1	主	内外热浸镀锌钢管接头管件		DN65	个	10.726	12.47		

图 4.5.2 消火栓钢管清单组价

④ 柔性防水套管-制作安装。根据定额规则，防水套管分别套取制作、安装定额子目，依据清单项目特征描述，柔性防水套管 DN100，按介质管道规格套取套管制作子目 10-11-47，套管安装子目 10-11-59，套管材料费计取一次，不重复计取。

⑤ 一般钢套管制作安装-穿楼板。根据定额规则，一般钢套管制作安装区分楼板或墙体部位套取定额子目，依据清单项目特征描述，一般钢套管 DN100 穿楼板，按介质管道规格套取子目 10-11-30，同时按照套管尺寸套取预留孔洞子目 10-11-182，查询并填写套管材料信息价格。

⑥ 一般钢套管制作安装-穿墙。根据定额规则，一般钢套管制作安装区分楼板或墙体部位套取定额子目，依据清单项目特征描述，一般钢套管 DN100 穿墙，按介质管道规格套取子目 10-11-30，同时按照套管尺寸套取预留孔洞子目 10-11-193，或根据工程实际，考虑机械钻孔（非预留孔洞）子目，查询并填写套管材料信息价格。图 4.5.3 为套管清单组价。

	编码	类别	名称	项目特征	规格型号	单位	工程量	单价	综合单价
5	031002003001	项	套管	1.名称、类型:柔性防水套管,2.材质:无缝钢管,3.规格:DN100,4.填料材质:按图纸设计说明		个	2		600.61
	10-11-47	定	柔性防水套管制作 介质管道公称直径100mm以内			个	2	575.61	502.99
	17070309-1	主	无缝钢管		D159*4.5	m	0.848	93.06	
	10-11-59	定	柔性防水套管安装 介质管道公称直径100mm以内			个	2	118.37	97.82
6	031002003002	项	套管	1.名称、类型:一般穿楼板钢套管,2.材质:焊接钢管,3.规格:DN100,4.填料材质:按图纸设计说明,5.预留孔洞:DN150		个	4		102.26
	10-11-30	定	一般钢套管制作安装 介质管道公称直径100mm以内			个	4	84.69	90.45
	17010271-1	主	焊接钢管		DN150	m	1.272	81	
	10-11-182	定	预留孔洞 混凝土楼板 公称直径150mm以内			10个	0.4	151.13	118.13
7	031002003003	项	套管	1.名称、类型:一般穿内墙钢套管,2.材质:焊接钢管,3.规格:DN100,4.填料材质:按图纸设计说明,5.预留孔洞:DN150		个	8		108.26
	10-11-30	定	一般钢套管制作安装 介质管道公称直径100mm以内			个	8	84.69	90.45
	17010271-1	主	焊接钢管		DN150	m	2.544	81	
	10-11-193	定	预留孔洞 混凝土墙体 公称直径150mm以内			10个	0.8	220.31	178

图 4.5.3 套管清单组价

⑦ 焊接法兰阀门-止回阀。根据定额规则，焊接法兰阀门，法兰另算。依据清单项目特征描述，焊接法兰阀门 DN100，套取子目 10-5-42，对 DN100 碳钢平焊法兰套取子目 10-5-142，查询并填写 DN100 止回阀、DN100 碳钢平焊法兰信息价格。

⑧ 法兰阀门-对夹式蝶阀。根据定额规则，对夹式蝶阀与管道连接时，管道端一副法兰另行计算。依据清单项目特征描述，对夹式阀门 DN100 套取子目 10-5-70，对 DN100 碳钢平焊法兰套取子目 10-5-142，查询并填写 DN100 对夹式蝶阀、DN100 碳钢平焊法兰信息价格。

⑨ 自动排气阀（组）。自动排气阀（组）套取定额时，分别计取自动排气阀和球阀（或截止阀）的安装费用。

依据清单项目特征描述，自动排气阀 DN20 套取子目 10-5-29，截止阀 DN20 套取子目 10-5-2，查询并填写 DN20 自动排气阀、DN20 截止阀信息价格。图 4.5.4 为阀门安装组价。

	编码	类别	名称	项目特征	规格型号	单位	工程量	单价	综合单价
9	031003003002	项	焊接法兰阀门	1.类型：止回阀；2.规格、压力等级：DN100；3.连接形式：法兰连接；4.其他：含法兰片安装		个	1		315.35
	10-5-42	定	法兰阀门安装 公称直径100mm以内			个	1	151.36	174.25
	19000201@2	主	止回阀		DN100	个	1	56.55	
	10-5-142	定	碳钢平焊法兰安装 公称直径100mm以内			副	1	135.03	141.1
	20010327@1	主	碳钢平焊法兰		DN100	片	2	17.15	
10	031003003003	项	焊接法兰阀门	1.类型：蝶阀；2.规格、压力等级：DN100；3.连接形式：法兰连接；4.其他：含法兰片安装		个	10		314.4
	10-5-70	定	对夹式蝶阀安装 公称直径100mm以内			个	10	145.52	173.3
	19070111	主	对夹式蝶阀		公称直径100mm以内	个	10	58.63	
	10-5-142	定	碳钢平焊法兰安装 公称直径100mm以内			副	10	135.03	141.1
	20010327	主	碳钢平焊法兰		公称直径100mm以内	片	20	17.15	
11	031003003004	项	焊接法兰阀门	1.类型：蝶阀；2.规格、压力等级：DN65；3.连接形式：法兰连接；4.其他：含法兰片安装		个	4		256.25
	10-5-40	定	法兰阀门安装 公称直径65mm以内			个	4	80.18	148.24
	19000201@4	主	蝶阀		DN65	个	4	86.02	
	10-5-140	定	碳钢平焊法兰安装 公称直径65mm以内			副	4	95.14	108.01
	20010327@2	主	碳钢平焊法兰		DN65	片	8	17.15	
12	031003001001	项	螺纹阀门	1.类型：自动排气阀；2.规格、压力等级：DN20		个	1		46.07
	10-5-29	定	自动排气阀安装 公称直径20mm以内			个	1	29.47	46.07
	22110111	主	自动排气阀					23.89	
13	031003001002	项	螺纹阀门	1.类型：截止阀；2.规格、压力等级：DN20；3.连接形式：螺纹链接		个	1		26.31
	10-5-2	定	螺纹阀门安装 公称直径20mm以内			个	1	24.69	26.31
	19000316@1	主	截止阀		DN20		1.01	7.17	

图 4.5.4 阀门安装组价

⑩ 消火栓安装。消火栓安装列项区分室内外，室内消火栓安装区分明装、暗装及试验消火栓，室外消火栓安装区分地下式、地上式。依据清单项目特征描述，室内明装消火栓 DN65 单栓，水带 25m，套取子目 9-1-77，查询并填写消火栓信息价格。试验用消火栓套取定额时，考虑压力表安装子目。图 4.5.5 为消火栓安装组价。

编码	类别	名称	项目特征	规格型号	单位	工程量	单价	综合单价
030901010001	项	室内消火栓	1.安装方式：明装；2.型号、规格：DN65 单栓；3.附件材质、规格：箱内设DN65*19毫米水枪一支，DN65毫米衬胶水龙带一条，长25米，消防栓口距地面为1.1米。		套	8		777.59
9-1-77	定	室内消火栓(明装)普通 公称直径 65mm以内 单栓			套	8	169.15	777.59
23030121	主	室内消火栓		(明装)普通 公称直径6…	套	8	414.51	

图 4.5.5 消火栓安装组价

⑪ 水泵接合器安装。根据定额规则，成套水泵接合器包括接合器本体及各类阀门，水泵接合器和各类阀门需单独计取安装费和材料费。依据清单项目特征描述，水泵接合器地上式 DN100，套取子目 9-1-97，查询并填写水泵接合器信息价格，见图 4.5.6。

⑫ 灭火器安装。根据定额规则，灭火器安装区分手提式和推车式，材料费另计。依据清单项目特征描述，手提式灭火器套取子目 9-1-99，查询并填写灭火器信息价格，见

图 4.5.6。

编码	类别	名称	项目特征	规格型号	单位	工程量	单价	综合单价
030901012001	项	消防水泵接合器	1.安装部位:水泵接合器,2.型号、规格:DN100		套	1		1611.25
9-1-97	定	消防水泵接合器 地上式 DN100			套	1	560.17	1611.25
23050101	主	消防水泵接合器		地上式 DN100	套	1	716.75	
030901013001	项	灭火器	1.形式:手提式磷酸铵盐干粉灭火器,2.规格、型号:MFABC3		具	8		45.55
9-1-99	定	灭火器 手提式			具	8	1.82	45.55
23010101@1	主	手提式磷酸铵盐干粉灭火器		MFABC3	个	8	44.25	

图 4.5.6 水泵接合器、灭火器安装组价

⑬ 管道除锈刷油。根据定额规则,手工和动力工具除锈按 St2 标准确定。若变更级别标准,如按 St3 标准定额乘以系数 1.1。另外定额不包括除微锈,发生时其工程量执行轻锈定额乘以系数 0.2(微锈标准:氧化皮完全紧附,仅有少量锈点)。依据清单项目特征描述,手工除锈套取子目 12-1-1,管道刷银粉漆两道套取子目 12-2-22、12-2-23,管道刷沥青漆两道套子目 12-2-14、12-2-15,查询并填写刷漆信息价格,见图 4.5.7。

编码	类别	名称	项目特征	规格型号	单位	工程量	单价	综合单价
031201001001	项	管道刷油	1.除锈级别:除微锈,2.油漆品种:银粉漆,3.涂刷遍数、漆膜厚度:2遍		m2	35.28		8.17
12-1-1 *0.2	换	手工除锈 管道 轻锈 除微锈 单价*0.2			10m2	3.528	11.84	8.64
12-2-22 + 12-2-…	换	管道刷油 银粉漆 第一遍 实际遍数(遍):2			10m2	3.528	76.83	73.18
13090101-1	主	银粉漆			kg	4.5864	13.86	
031201001002	项	管道刷油	1.除锈级别:除微锈,2.油漆品种:沥青漆,3.涂刷遍数、漆膜厚度:一遍		m2	6.46		11.8
12-1-1 *0.2	换	手工除锈 管道 轻锈 除微锈 单价*0.2			10m2	0.646	11.84	8.64
12-2-14 + 12-2-…	换	管道刷油 沥青漆 第一遍 实际遍数(遍):2			10m2	0.646	85.26	109.33
13310116-1	主	煤焦油沥青漆		L01-17	kg	3.4561	8.85	

图 4.5.7 管道除锈刷油组价

⑭ 管道支架制作安装及支架除锈刷油。根据定额规则,管道支架除锈执行一般钢结构除锈,以"100kg"为计量单位;管道支架刷油执行一般钢结构除锈,以"100kg"为计量单位。依据清单项目特征描述,管道支架制作安装按照单件重量设置在 5kg 以内考虑,分别套取子目 10-11-1、10-11-6,并计取支架材料费,管道支架除锈、刷油依据清单项目特征描述,套取子目 12-1-5、12-2-49、12-2-50、12-2-54、12-2-55,查询并填写红丹防锈漆和银粉漆的信息价格,见图 4.5.8。

编码	类别	名称	项目特征	规格型号	单位	工程量	单价	综合单价
031002001001	项	管道支架	1.材质:型钢,2.管架形式:非保温管架		kg	61.8		21.67
10-11-1	定	管道支架制作 单件重量5kg以内			100kg	0.618	1357.74	1494.68
01000101-1	主	型钢		综合	kg	64.89	4.336	
10-11-6	定	管道支架安装 单件重量5kg以内			100kg	0.618	844.7	672.27
031201003001	项	金属结构刷油	1.除锈级别:手工除轻锈,2.油漆品种:红丹防锈漆、银粉漆,3.结构类型:一般钢结构,4.涂刷遍数、漆膜厚度:各两遍		kg	61.8		2.01
12-1-5	定	手工除锈 一般钢结构 轻锈			100kg	0.618	68.54	52.01
12-2-49 + 12-2-50	换	金属结构刷油 一般钢结构 红丹防锈漆 第一遍 实际遍数(遍):2			100kg	0.618	84.78	88.96
13050143-1	主	醇酸防锈漆		C53-1	kg	1.30398	12.39	
12-2-54 + 12-2-55	换	金属结构刷油 一般钢结构 银粉漆 第一遍 实际遍数(遍):2			100kg	0.618	71.73	60.2
13090101-1	主	银粉漆			kg	0.38316	13.86	

图 4.5.8 支架制作安装及除锈刷油组价

⑮ 水灭火控制装置调试。根据定额规则,消火栓灭火系统按消火栓启泵按钮数量以"点"为计量单位,消火栓灭火系统调试套取定额 9-5-11,见图 4.5.9。

根据定额规则,自动喷水灭火系统调试按水流指示器数量以"点(支路)"为计量单位,自动喷水灭火系统调试套取定额 9-5-12,见图 4.5.10。

编码	类别	名称	项目特征	规格型号	单位	工程量	单价	综合单价
030905002001	项	水灭火控制装置调试	1.系统形式:水灭火系统调试		点	9		264.62
9-5-11	定	消火栓灭火系统			点	9	360.32	264.62

图 4.5.9　消火栓灭火系统调试

编码	类别	名称	项目特征	规格型号	单位	工程量	单价	综合单价
030905002002	项	水灭火控制装置调试	1.系统形式:水灭火系统调试		点	2		367.07
9-5-12	定	自动喷水灭火系统			点	2	495.36	367.07

图 4.5.10　自动喷水灭火系统调试

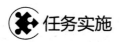
任务实施

完成专用宿舍楼消防给水工程工程量清单套价。

单元五
采暖工程 BIM 计量与计价

本单元结合专用宿舍楼采暖工程案例,学习施工图识读方法和步骤,根据造价岗位技能要求,进一步夯实业务基础知识,依据工程量计算规则,掌握手工算量方法,学习和运用广联达安装工程 BIM 算量软件对采暖工程项目进行建模取量、编制清单以及造价文件编制。通过教学实施和任务实践,熟练掌握图纸识读技巧、列项计算工程量以及使用 GQI2021、GCCP6.0 等软件解决工程实际问题。

 ## 学习准备

- 计量规范、计价规范、验收规范、标准图集、《河南省通用安装工程预算定额》(第十册)。
- 安装并能够运行 GQI、GCCP 等软件。
- 专用宿舍楼采暖工程图纸及课程相关资源。

 ## 学习目标

- 系统掌握采暖造价业务相关理论知识。
- 熟练识读采暖工程施工图,能够提取造价相关图纸信息。
- 掌握手工算量方法,能够运用 GQI 软件对工程进行建模取量、编制工程量清单。
- 掌握费用调整规则,能够运用 GCCP 软件编制造价文件。

 ## 学习要点

单元内容	学习重点	相关知识点
采暖工程业务相关理论知识	1. 理解系统形式、组成、功用 2. 掌握施工要求、验收标准	系统形式、工作原理、管道及附件、施工技术要求
施工图识读	1. 掌握识读方法,理解图纸所表达的信息 2. 能够提取图纸有关造价关键信息	图纸组成、图示内容
采暖工程 BIM 计量与计价	1. 使用 GQI 建模取量、编制清单 2. 使用 GCCP 编制造价文件	GQI 基础操作、费用调整、GCCP 基础操作、工程计价

5.1 采暖工程基础知识

整理、归纳采暖工程基础知识，了解设计及施工质量验收规范相关规定，制作思维导图。

基础知识涉及采暖系统的组成和形式，涉及管道和采暖装置的安装与质量检验，学习设计规范、图集、施工方案、施工组织设计及施工质量验收规范，了解新技术、新材料、新工艺、新设备在工程项目中的应用，并运用思维导图进行知识点梳理和总结，拓展和夯实对基础知识掌握的广度和深度。

5.1.1 采暖系统的组成和分类

采暖系统由热源、热网和散热设备三个主要部分组成。室内采暖系统（以热水采暖系统为例），一般由主立管、水平干管、支管、散热器、排气装置、阀门等组成。

热水由入口经主立管、供水干管、各支立管、散热器供水支管进入散热器，放出热量后经散热器回水支管、立管、回水干管流出系统。排气装置用于排除系统内的空气，阀门起调节和启闭作用。

热水采暖系统按照供水温度不同，分为低温热水采暖系统和高温热水采暖系统。室内低温热水采暖系统除了使用散热器采暖形式外，还常用地板辐射采暖的形式。

低温热水地板辐射采暖是指以温度不高于 60℃ 的热水为热媒，在加热管内循环流动，加热地板，通过地面以辐射和对流的传热方式向室内供热的供暖方式，主要由调节阀、过滤器、热计量表、集水器、分水器、排气阀、加热管等组成。加热管可采用 PE-X、PE-RT 塑料管材或铝塑复合管材，分水器、集水器（含连接件等）的材料宜为铜质。

采暖系统的相关分类如下：

（1）按热媒种类分类：热水采暖系统、蒸汽采暖系统、热风采暖系统。
（2）按循环动力分类：重力循环系统、机械循环系统。
（3）按供暖范围分类：局部采暖系统、集中采暖系统、区域采暖系统。
（4）按并联环路水的流程分类：同程式系统、异程式系统。
（5）按连接散热器的立管数量分类：单管系统、双管系统。
（6）按与散热器连接方式分类：垂直式系统、水平式系统。
（7）按供水和回水方式分类：上供下回式系统、上供上回式系统、下供下回式系统、下供上回式系统和中供式系统。

5.1.2 采暖系统的主要设备和部件

主要设备包括水泵（热水泵、补水泵等）、散热器（铸铁散热器、钢制散热器、光排管散热器、艺术造型散热器)、膨胀水箱、除污器、分水器、集水器等。

常用的装置和部件有排气装置(集气罐、自动排气阀、手动放气阀)、过滤器、补偿器、热计量装置、减压装置、阀门(平衡阀、调节阀、锁闭阀、温控阀、各类关断阀)等。

5.1.3 室内采暖系统安装的有关规定

(1) 焊接钢管的连接,管径小于或等于32mm,应采用螺纹连接;管径大于32mm,采用焊接。

(2) 采暖系统入口装置及分户热计量系统入户装置,应符合设计要求。安装位置应便于检修、维护和观察。

(3) 散热器支管长度超过1.5m时,应在支管上安装管卡。

(4) 管道、金属支架和设备的防腐及涂漆应附着良好,无脱皮、起泡、流淌和漏涂等缺陷。

(5) 散热器组对后,以及整组出厂的散热器在安装之前应作水压试验。试验压力如设计无要求时应为工作压力的1.5倍,但不小于0.6MPa。

(6) 地面下敷设的盘管埋地部分不应有接头,盘管隐蔽前必须进行水压试验,试验压力为工作压力的1.5倍,但不小于0.6MPa。

(7) 分、集水器型号、规格、公称压力及安装位置、高度等应符合设计要求;加热盘管管径、间距和长度应符合设计要求。

(8) 采暖系统安装完毕,管道保温之前应进行水压试验,试验压力应符合设计要求。

(9) 系统试压合格后,应对系统进行冲洗并清扫过滤器及除污器。

(10) 系统冲洗完毕应充水、加热,进行试运行和调试。

使用思维导图对采暖工程基础知识进行整理。

5.2 采暖工程施工图识读

思考并解决下列问题:
(1) 采暖工程施工图由哪些图纸构成?在图纸中反映出哪些工程信息?
(2) 采暖工程工程量统计包含哪些内容?在图纸中提取哪些算量相关的关键信息?
(3) 识读专用宿舍楼采暖工程施工图,归纳施工图识图方法和要点。

采暖工程施工图由文字部分和图示部分组成。文字部分包括设计施工说明、图纸目录、图例及设备材料表等,图示部分主要包括平面图、系统图和详图。在识图时,需要特别注意的是,不管什么图都不能和其他图割裂开单独来识读,而要根据要读取的信息、各部分图的特点,综合各部分图纸一起来看。

采暖工程量统计涉及散热器、管道、管道附件等,地暖系统还需考虑分集水器设置情况、地面做法等,识图时关注采暖系统形式、采暖设施、管道工艺及其他技术措施等。

5.2.1 采暖系统图纸表达

（1）图纸设计说明、目录、图例、主要设备材料表

采暖系统的施工设计说明一般包括以下内容：建筑物的采暖面积、热源的种类、热媒参数、系统总热负荷；系统形式、进出口压力差；各房间设计温度；采用散热器的型号及安装方式、系统形式；在施工图上无法表达的内容，如管道防腐、保温的做法等；所采用的管道材料及管道连接方式；在施工图上未作表示的管道附件安装情况，如在散热器支管与立管上是否安装阀门等；在安装和调整运转时应遵循的标准和规范；施工注意事项、施工验收应达到的质量要求等。识读采暖工程施工图时，要遵循先文字、后图形的原则。

（2）平面图

室内采暖平面图表示建筑各层供暖管道与设备的平面布置，内容包括：

① 建筑物的平面布置，其中应注明轴线、房间主要尺寸、指北针，必要时应注明房间名称。建筑各房间分布、门窗和楼梯间位置等，在图上应注明轴线编号、外墙总长尺寸、地面及楼板标高等与采暖系统施工安装有关的尺寸。

② 热力入口位置，供、回水总管管径。

③ 干、立、支管位置和走向，管径以及立管编号。

④ 散热器的类型、位置和数量。

⑤ 当平面图、剖面图中的局部要另绘详图时，应在平面图或剖面图中标注索引符号，标明详图编号及所在图纸号，或详图所在标准图或通用图图集号及图纸编号。

⑥ 主要设备或附件在平面上的位置。

⑦ 用细虚线画出的采暖地沟、过门地沟的位置。

（3）系统图

系统图以轴测投影法绘制，内容包括：

① 采暖管道的走向、空间位置、坡度、管径及变径的位置，管道之间的连接关系。

② 散热器与管道的连接方式，散热器数量。

③ 管路系统中阀门的位置、规格。

④ 集气罐的规格、安装形式。

⑤ 采暖系统编号、入口编号，其由系统代号和顺序号组成。

⑥ 竖向布置的垂直管道系统，标注有立管号。

（4）详图

在采暖平面图和系统图上表达不清楚、用文字也无法说明的地方，可用详图画出。详图是局部放大比例的施工图，也叫大样图。它能表示采暖系统节点与设备的详细构造及安装尺寸要求。

5.2.2 专用宿舍楼采暖工程图纸识读

（1）设计及施工说明

① 工程概况：专用宿舍楼，地上两层，每层层高 3.6m，热源由室外热网提供，采暖供回水干管设置在底层地沟，地沟内管道有保温设计要求，保温材料采用 30mm 厚离心玻璃棉，采暖系统采用低温热水地板辐射采暖，设计供、回水温度为 45℃、35℃，热力入口装置做法按照设计标准图集 12N1 第 13 页带热计量表热水供暖入口装置执行（图 5.2.1）。

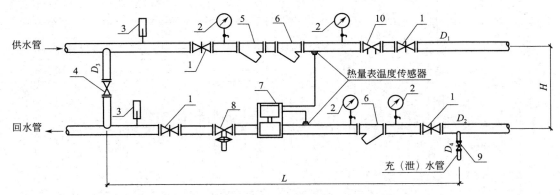

图 5.2.1 带热计量表热水供暖入口装置
1—闸阀；2—压力表；3—温度计；4—闸板阀；5—粗过滤器；6—细过滤器；
7—热量表；8—控制阀；9—闸板阀；10—静态水力平衡阀

② 管材：采暖系统干管、立管采用内外热镀锌钢管，DN≤80 采用螺纹连接，DN>80 采用法兰连接。地暖管道采用 PE-RT 耐高温聚乙烯塑料管，规格 dn20×2.3；分集水器和立管之间管道采用 PB 聚丁烯塑料管，规格 dn32×2.9。

③ 保温：楼地面绝热层采用聚苯乙烯泡沫塑料板，底层苯板厚度 30mm，其他层楼板苯板厚度 20mm。

④ 施工措施还包含对管道敷设、绝热层设置、分集水器、阀门附件安装、试压、冲洗、试运行等的技术要求。

（2）平面图

从平面图中，可识读出各楼层分集水器的位置、数量、安装方式（嵌墙暗装）。一层设置 4 环路分集水器 2 个，设置 5 环路分集水器 2 个，设置 6 环路分集水器 1 个，二层分集水器设置情况同一层。

此外，从平面图纸中，还可识读出分集水器每个回路的布置走向、回路管道长度、伸缩缝位置（图 5.2.2）等信息。

（3）详图

专用宿舍楼详图包括底层房间、卫生间的地面做法，二楼房间、卫生间的地面做法以及分集水安装要求。通过详图，分析出楼地面工程量要列项计算的内容。

（4）系统图

结合图集和设计施工说明，从系统图中可知：

① 热力入口装置，设置有对夹式蝶阀、压力表、温度计、闸阀、粗过滤器、精过滤器、热量表、平衡阀等。

② 干管在地沟敷设情况、管径标记、标高标记及管道支架的设置情况。

③立管的数量及阀门附件设置情况、排气阀安装位置、分集水器支管接口位置。

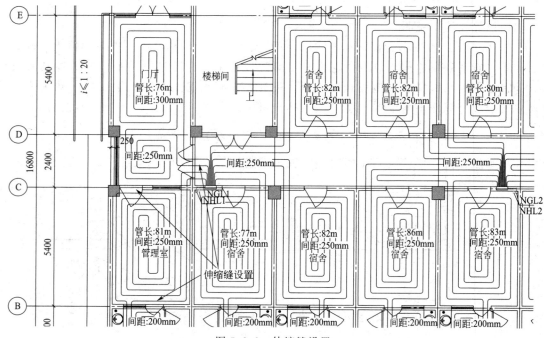

图 5.2.2 伸缩缝设置

任务实施

识读专用宿舍楼采暖工程图纸，使用思维导图对采暖系统组成、施工技术措施等内容进行归纳总结。

5.3 工程量计算规则及手工算量

思考并解决下列问题：
（1）采暖工程工程量统计都包括哪些内容？
（2）依据《河南省通用安装工程预算定额》（2016版），汇总工程量时需注意哪些内容？
（3）完成专用宿舍楼采暖工程工程量计算。

采暖工程工程量计算涉及室内外采暖管道及管件安装、管道管卡、支架、预留孔洞、套管、供暖器具、采暖设备、管道附件、管道刷油、防腐蚀、绝热等，计算时需考虑不同材质、不同规格。

统计工程量时，需考虑三个方面：一是明确采暖系统形式，划分计量范围，确定计量内容；二是列项计算并汇总工程量，应考虑相关工程量计算是否有关联性（如有不同防腐要求或绝热要求的同材质、同规格的管道等），考虑技术措施，预设工作内容，避免工程量统计漏项漏量；三是针对图样中未明确的内容，可依据标准图集、验收规范等进行合理设置，工程量计算时可做备注说明。

5.3.1 采暖管道工程量计算

(1) 定额工程量计算规则及说明

各类管道安装按室内外、材质、连接形式、规格分别列项,以"10m"为计量单位。定额中塑料管按公称外径表示,其他管道均按公称直径表示。

各类管道安装工程量,均按设计管道中心线长度,以"10m"为计量单位,不扣除阀门、管件、附件所占长度。有关说明具体如下:

① 管道安装项目中,均包括相应管件安装、水压试验及水冲洗工作内容。各种管件数量系综合取定,执行定额时,成品管件数量可依据设计文件及施工方案或参照《河南省通用安装工程预算定额》第十册附录"管道管件数量取定表"计算,定额中其他消耗量均不作调整。定额管件含量中不含与螺纹阀门配套的活接、对丝,其用量含在螺纹阀门安装项目中,如表 5.3.1 所示。

表 5.3.1 采暖室内镀锌钢管螺纹连接管件　　计量单位:个/10m

材料名称	公称直径/mm										
	15	20	25	32	40	50	65	80	100	125	150
三通	0.83	1.14	2.25	2.05	2.08	1.96	1.57	1.54	1.07	1.05	1.04
四通			0.03	0.51	0.73						
弯头	8.54	5.31	3.68	2.91	2.77	1.87	1.51	1.21	1.19	1.17	1.15
管箍	1.51	2.04	1.84	1.28	0.76	1.07	1.37	1.21	0.95	0.94	0.93
异径管		0.43	1.14	1.77	0.46	0.45	0.44	0.41	0.36	0.35	0.32
补芯		0.02	0.1	0.10	0.08	0.02					
对丝	1.83	1.72	0.91	0.68	0.32	0.23	0.04				
活接	0.14	1.41	0.62	0.46	0.2	0.08					
抱弯		0.38	1.19	0.92							
管堵	0.03	0.06	0.07	0.03							
合计	12.88	12.54	12.31	10.93	6.67	5.68	4.93	4.37	3.57	3.51	3.44

② 钢管焊接安装项目中均综合考虑了成品管件和现场煨制弯管、摔制大小头、挖眼三通。

③ 管道安装项目中,除室内直埋塑料管道中已包括管卡安装外,其他管道项目均不包括管道支架、卡、托钩等制作安装以及管道穿墙、楼板套管制作安装、预留孔洞、堵洞、打洞、凿槽等工作内容;发生时,应按《河南省通用安装工程预算定额》第十册第十一章相应项目另行计算。

④ 镀锌钢管(螺纹连接)项目适用于室内外焊接钢管的螺纹连接。

⑤ 采暖室内直埋塑料管道是指敷设于室内地坪下或墙内的由采暖分集水器连接散热器及管井内立管塑料采暖管段。直埋塑料管分别设置了热熔管件连接和无接口敷设两项定额项

目，不适用于地板辐射采暖系统管道。地板辐射采暖系统管道执行《河南省通用安装工程预算定额》第十册第七章相应项目。

⑥ 室内直埋塑料管包括充压隐蔽、水压试验、水冲洗以及地面划线标示工作内容。

（2）管道工程量计算

① DN65 管道。图 5.3.1 所示 DN65 管道有入户埋地和管沟两种敷设形式，管沟内供回水干管有 DN65、DN50、DN40 三种规格。DN65 和 DN50 变径位置设在连接供回水立管（NGL2、NHL2）的水平支管与干管的交界处。长度测量后计为 20.02m 和 19.90m，立管长度根据水平管段标高差为 1m。

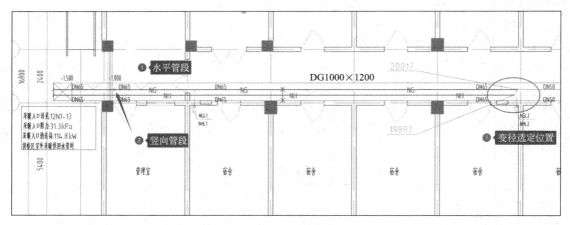

图 5.3.1　DN65 管道分析

② DN50、DN40 管道。DN50 敷设在管沟内，长度经测量后计为 28.8m。DN40 管道经图纸分析，有 3 个计算部位，如图 5.3.2 所示。

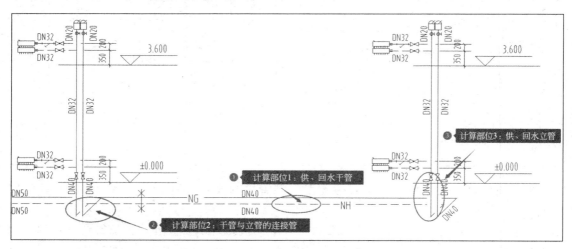

图 5.3.2　DN40 管道部位分析

DN40 管道工程量计算包括水平管段和竖向管段，长度经测量计为 10.66m、0.77m 和 0.52m，如图 5.3.3 所示。

③ PB 塑料管 dn32。连接分集水器和立管之间的管段采用聚丁烯（PB）塑料管，长度经测量计为 0.58m 和 0.41m，如图 5.3.4 所示。

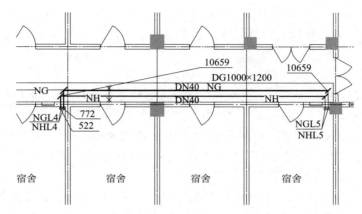

图 5.3.3 DN40 管道计算分析

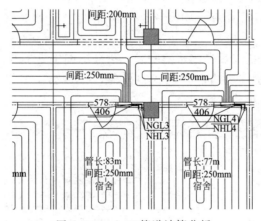

图 5.3.4 dn32 管道计算分析

④ PE-RT 塑料管 dn20。根据图纸说明,地暖盘管采用 PE-RT,耐高温聚乙烯管,管道外径 dn20,管道壁厚 2.3mm。

工程量计算完成后,将各条回路的长度求和进行统计,见表 5.3.2。

表 5.3.2 管道工程工程量计算书

序号	项目	定额单位	工程量	计算式
1	内外热镀锌钢管 DN65	10m	4.09	$(20.02+19.9+0.5\times2)/10$
2	内外热镀锌钢管 DN50	10m	2.88	$14.4\times2/10$
3	内外热镀锌钢管 DN40	10m	4.23	$[10.66\times2+(1.35+1.55)\times5+(0.77+0.52)\times5]/10$
4	内外热镀锌钢管 DN32	10m	3.6	$3.6\times2\times5/10$
5	内外热镀锌钢管 DN20	10m	2.11	$[(2.5+2.5-0.55-0.35)\times5+0.3\times2]/10$
6	PB 塑料管 dn32	10m	0.49	$(0.57+0.4)\times5/10$

5.3.2 地暖地面做法及分集水器工程量计算

(1) 定额工程量计算规则及说明

地板辐射采暖管道区分管道外径,按设计图示中心线长度计算,以"10m"为计量单位。

保护层（铝箔）、隔热板、钢丝网按设计图示尺寸计算实际铺设面积，以"10m^2"为计量单位。

边界保温带按设计图示长度以"10m"为计量单位。

热媒集配装置安装区分带箱、不带箱，按分支管环路数以"组"为计量单位。

有关说明具体如下：

① 地板辐射采暖塑料管道敷设项目包括了固定管道的塑料卡钉（管卡）安装、局部套管敷设及地面浇筑的配合用工。如工程要求固定管道的方式与定额不同时，固定管道的材料可按设计要求进行调整，其他不变。

② 地板辐射采暖的隔热板项目中的塑料薄膜，是指在接触土壤或室外空气的楼板与绝热层之间所铺设的塑料薄膜防潮层。如隔热板带有保护层（铝箔），应扣除塑料薄膜材料消耗量。地板辐射采暖塑料管道在跨越建筑物的伸缩缝、沉降缝时所铺设的塑料板条，应按照边界保温带安装项目计算，塑料板条材料消耗量可按设计要求的厚度、宽度进行调整。

成组热媒集配装置包括成品分集水器和配套供应的固定支架及与分支管连接的部件。固定支架如不随分集水器配套供应，需现场制作时，按照第十册第十一章相应项目另行计算。图 5.3.5 说明了分集水器安装子目。

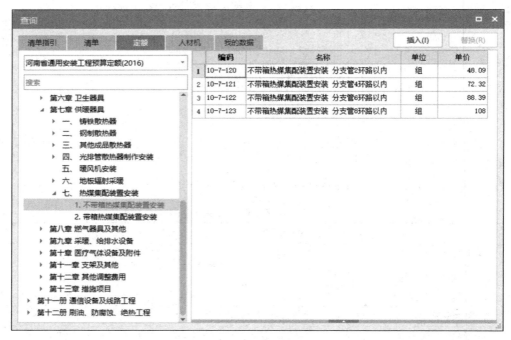

图 5.3.5　分集水器安装子目

（2）地面做法工程量计算

表 5.3.3 为地面做法工程量计算书。根据施工说明，计算内容包括保温层、防潮保护层、钢丝网和边界保温带，伸缩缝处按照定额规则合并计入边界保温带工程量中，可结合图 5.3.6 进行理解。

表 5.3.3 地面做法工程量计算书

序号	项目	定额单位	工程量	计算式
1	隔热层（30mm）	10m²	58.24	(86.68+25.14×2+12.03+20.64×21)/10
	隔热层（20mm）	10m²	58.67	(20.6×22+12.03+20.45+100.98)/10
2	铝箔保护层	10m²	116.91	[(86.68+25.14×2+12.03+20.64×21)+(20.6×22+12.03+20.45+100.98)]/10
3	钢丝网	10m	116.91	[(86.68+25.14×2+12.03+20.64×21)+(20.6×22+12.03+20.45+100.98)]/10
4	边界保温带+伸缩缝	10m	133.74	[(22.75×21+0.78×21+22.1×2+83.2+2.2×8+18.9+1.5−1.5×2)+(22.75×22+18.09+25.65+96.2+0.77×22+2.2×10+1.5)]/10
5	PE-RT 塑料管 dn20	10m	393	[(76+82+82+80+83+87+87+82+83+82+76+81+77+82+80+77+83+86+88+83+86+82+77+81)+(78+82+81+77+82+82+80+83+86+83+88+87+87+82+86+83+77+83+82+80+82+77+78+81)]/10

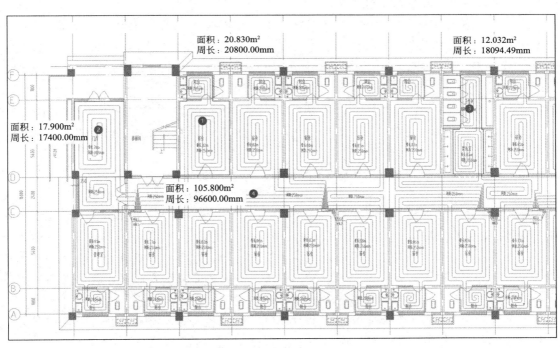

图 5.3.6 地面做法算量分析

（3）分、集水器工程量计算

根据定额规则，一层分集水器按回路数量进行统计，其中四回路的分集水器有 2 组，五回路的分集水器有 2 组，六回路的分集水器有 1 组。

读一读

《河南省通用安装工程预算定额》第十册《给排水、采暖、燃气工程》定额相关规定

（1）本册定额不包括以下内容：

① 工业管道、生产生活共用的管道，锅炉房、泵房、站类管道以及建筑物内加压泵间、空调制冷机房、消防泵房的管道，管道焊缝热处理、无损探伤，医疗气体管道执行《河南省通用安装工程预算定额》第八册"工业管道工程"相应项目。

② 本册定额未包括的采暖、给排水设备安装执行《河南省通用安装工程预算定额》第一册"机械设备安装工程"、《河南省通用安装工程预算定额》第三册"静置设备与工艺金属结构制作安装工程"等相应项目。

③ 给排水、采暖设备、器具等电气检查、接线工作，执行《河南省通用安装工程预算定额》第四册"电气设备安装工程"相应项目。

④ 刷油、防腐蚀、绝热工程执行《河南省通用安装工程预算定额》第十二册"刷油、防腐蚀、绝热工程"相应项目。

⑤ 本册凡涉及管沟、工作坑及井类的土方开挖、回填、运输、垫层、基础、砌筑、地沟盖板预制安装、路面开挖及修复、管道混凝土支墩的项目，以及混凝土管道、水泥管道安装执行《河南省市政工程预算定额》相关定额项目。

（2）下列费用可按系数分别计取：

① 操作高度增加费：定额中操作物高度以距楼地面3.6m为限，超过3.6m时，超过部分工程量按定额人工费乘以下表系数。

操作物高度/m	≤10	≤30	≤50
系数	1.1	1.2	1.5

② 在洞库、暗室，在已封闭的管道间（井）、地沟、吊顶内安装的项目，人工、机械乘以系数1.20。

（3）支架、套管工程量计算规则及说明：

① 管道、设备支架制作安装按设计图示单件重量，以"100kg"为计量单位。管道支架制作安装项目，适用于室内外管道的管架制作与安装。如单件质量大于100kg时，应执行设备支架制作安装相应项目。

② 成品管卡、阻火圈安装、成品防火套管安装，按工作介质管道直径，区分不同规格以"个"为计量单位。成品管卡安装项目，适用于与各类管道配套的立、支管成品管卡的安装。

③ 管道保护管制作与安装，分为钢制和塑料两种材质，区分不同规格，按设计图示管道中心线长度以"10m"为计量单位。

④ 预留孔洞、堵洞项目，按工作介质管道直径，分规格以"10个"为计量单位。

⑤ 管道水压试验、消毒冲洗按设计图示管道长度，分规格以"100m"为计量单位。水压试验项目仅适用于因工程需要而发生且非正常情况的管道水压试验。管道安装定额中已经包括了规范要求的水压试验，不得重复计算。因工程需要再次发生管道冲洗时，执行第十册第十一章消毒冲洗定额项目，同时扣减定额中漂白粉消耗量，其他消耗量乘以系数0.6。

⑥ 一般穿墙套管、柔性及刚性套管，按介质管道的公称直径执行定额子目。

刚性防水套管和柔性防水套管安装项目中，包括了配合预留孔洞及浇筑混凝土工作内容。一般套管制作安装项目，均未包括预留孔洞工作，发生时按第十册第十一章所列预留孔洞项目另行计算。

套管制作安装项目已包含堵洞工作内容。第十册第十一章所列堵洞项目，适用于管道在穿墙、楼板不安装套管时的洞口封堵。

⑦ 机械钻孔项目，区分混凝土楼板钻孔及混凝土墙体钻孔，按钻孔直径以"10个"为计量单位。

⑧ 剔堵槽沟项目，区分砖结构及混凝土结构，按截面尺寸以"10m"为计量单位。

任务实施

依据专用宿舍楼采暖图纸和工程量计算规则，完成采暖工程量计算书的编写。

5.4 采暖工程清单编制

了解采暖工程工程量列项计算的内容。
根据工程量计算规范，编制案例工程工程量清单。

编制工程量清单时，需明确图示计量范围和内容，依据规则按规格、材质、部位等条件列项，规范项目名称，明确清单单位，完善项目特征描述，完整、正确计算工程量，整理合并清单项目。

5.4.1 采暖工程量计算列项

列项项目包括有：热力入口装置、热力入口管道、供回水管道、管道附件（阀门、热计量表、自动排气阀、锁闭阀、过滤器等）、管道吊支架、管道及部件保温、钢套管及防水套管、散热器组对或成品散热器安装等。对于低温热水地板辐射采暖系统而言，需计算分集水器、地暖盘管、保温板、防潮层、钢丝网、保护层、边界保温带、套管、二次试压等。

汇总计算工程量时需考虑：地下、竖井或管廊等部分；超过定额规定的操作高度以上的部分以及定额已考虑过安装费用但未记材料的项目；阀门若采用法兰阀门，法兰另计等定额中的其他相关规定。

5.4.2 清单编制相关规定

采暖工程依据《通用安装工程工程量计算规范》编制清单时，采暖管道、支架、套管、管道附件、采暖设备等执行规范附录 K.1、K.2、K.3、K.6 等有关规定，管道、设备及支架除锈、刷油、保温除注明者外，执行附录 M 刷油、防腐蚀、绝热工程相关项目编码列项。

供暖器具工程量清单项目设置、项目特征描述的内容、计量单位及工程量计算规则，应按表 5.4.1 规定执行。

表 5.4.1　供暖器具工程量清单设置

项目编码	项目名称	项目特征	计量单位	工程量计算规则	工作内容
031005001	铸铁散热器	1. 型号、规格 2. 安装方式 3. 托架形式 4. 器具、托架除锈、刷油设计要求	片（组）	按设计图示数量计算	1. 组对、安装 2. 水压试验 3. 托架制作、安装 4. 除锈、刷油
031005002	钢制散热器	1. 结构形式 2. 型号、规格 3. 安装方式 4. 托架刷油设计要求	组（片）		1. 安装 2. 托架安装 3. 托架刷油
031005003	其他成品散热器	1. 材质、类型 2. 型号、规格 3. 托架刷油设计要求			
031005004	光排管散热器	1. 材质、类型 2. 型号、规格 3. 托架形式及做法 4. 器具、托架除锈、刷油设计要求	m	按设计图示排管长度计算	1. 制作、安装 2. 水压试验 3. 除锈、刷油
031005005	暖风机	1. 质量 2. 型号、规格 3. 安装方式	台	按设计图示数量计算	安装
031005006	地板辐射采暖	1. 保温层材质、厚度 2. 钢丝网设计要求 3. 管道材质、规格 4. 压力试验及吹扫设计要求	1. m² 2. m	1. 以平方米计量，按设计图示采暖房间净面积计算 2. 以米计量，按设计图示管道长度计算	1. 保温层及钢丝网铺设 2. 管道排布、绑扎、固定 3. 与分集水器连接 4. 水压试验、冲洗 5. 配合地面浇注
031005007	热媒集配装置	1. 材质 2. 规格 3. 附件名称、规格、数量	台	按设计图示数量计算	1. 制作 2. 安装 3. 附件安装
031005008	集气罐	1. 材质 2. 规格	个		1. 制作 2. 安装

注：1. 铸铁散热器，包括拉条制作安装。
2. 钢制散热器结构形式，包括钢制闭式、板式、壁板式、扁管式及柱式散热器等，应分别列项计算。
3. 光排管散热器，包括联管制作安装。
4. 地板辐射采暖，包括与分集水器连接和配合地面浇注用工。

采暖、空调水工程系统调试工程量清单项目设置、项目特征描述的内容、计量单位及工程量计算规则，应按表 5.4.2 执行。

表 5.4.2　采暖、空调水工程系统调试工程量清单设置

项目编码	项目名称	项目特征	计量单位	工程量计算规则	工作内容
031009001	采暖工程系统调试	1. 系统形式 2. 采暖（空调水）管道工程量	系统	按采暖工程系统计算	系统调试
031009002	空调水工程系统调试			按空调水工程系统计算	

注：1. 由采暖管道、阀门及供暖器具组成采暖工程系统。
2. 由空调水管道、阀门及冷水机组组成空调水工程系统。
3. 当采暖工程系统、空调水工程系统中管道工程量发生变化时，系统调试费用应作相应调整。

✱ 任务实施

编制专用宿舍楼采暖工程量清单，图 5.4.1 为部分示例。

工程名称：采暖工程　　　　标段：专用宿舍楼-安装工程　　　　第 1 页共 4 页

序号	项目编码	项目名称	项目特征描述	计量单位	工程量	金额/元 综合单价
		整个项目				
1	031005006001	地板辐射采暖	1. 保温层材质、厚度：聚苯乙烯泡沫塑料板 20mm 2. 钢丝网设计要求：钢丝敷设网 3. 管道材质、规格：PE-RT 耐高温聚乙烯管 4. 其他：含边界保温带安装，铝箔保护层安装	m	1967	
2	031005006002	地板辐射采暖	1. 保温层材质、厚度：聚苯乙烯泡沫塑料板 30mm 2. 钢丝网设计要求：钢丝敷设网 3. 管道材质、规格：PE-RT 耐高温聚乙烯管 4. 其他：含边界保温带安装，铝箔保护层安装	m	1967	
3	031001001001	镀锌钢管	1. 安装部位：室内 2. 介质：采暖供回水 3. 规格、压力等级：内外热浸镀锌钢管 DN65 4. 连接形式：螺纹连接	m	41.03	
4	031001001002	镀锌钢管	1. 安装部位：室内 2. 介质：采暖供回水 3. 规格、压力等级：内外热浸镀锌钢管 DN50 4. 连接形式：螺纹连接	m	28.8	
5	031001001003	镀锌钢管	1. 安装部位：室内 2. 介质：采暖供回水 3. 规格、压力等级：内外热浸镀锌钢管 DN40 4. 连接形式：螺纹连接	m	42.27	

图 5.4.1　专用宿舍楼采暖工程量清单（部分）

5.5 采暖工程 BIM 计量与计价

（1）专用宿舍楼采暖工程用 BIM 计量，编制工程量清单，编制招标控制价。
（2）某项目采暖工程用 BIM 计量，编制工程量清单，强化 BIM 造价软件应用。

在掌握图纸分析、算量分析以及 BIM 造价软件应用的基础上，独立或分组进行专用宿舍楼采暖工程算量建模操作，完善清单编制，主材价格借助广材助手或市场询价，编制工程造价文件。

5.5.1 图纸、算量分析

（1）图纸分析
使用 GQI 算量软件建模前，首先要清楚从图纸中读取下列与算量有关的信息：
① 楼层数、层高；
② 采暖系统形式；
③ 热力入口设置；
④ 管网布置走向；
⑤ 管道材质、规格、连接方式；
⑥ 分集水及地暖管道设置；
⑦ 采暖设备及装置安装、管道施工、地面做法及调试运行等技术措施。

（2）算量分析
采用 GQI 经典模式，对工程进行建模取量。
① 分集水器、管道附件等采用设备提量方法进行识别，管线部分采用直线命令直接绘制，绘制管道前，定义好管道构件，修改材质、连接方式、系统类型等属性，绘制管道前设置正确、合理的标高参数。
② 地暖管道可使用选择识别命令，对 CAD 识别选项"识别 CAD 弧最小直径"进行设置。也可以通过表格算量添加地暖管道各回路工程量。
③ 设置分集水器安装高度，各回路连接分集水器时，可将软件自动连接的管道删除，手动添加各回路连接管段。
④ 结合图纸，对管道跨过伸缩缝位置设置保护套管，对地沟内敷设的采暖管道进行保温、支架等有关设置，合理确定放气阀位置及连接管管径。
⑤ 保温层、钢丝网敷设可采用表格算量方法进行工程量统计。

5.5.2 GQI 算量软件操作

（1）新建单位工程，设置楼层
（2）导入图纸，定位图纸，进行手动分割

分割图纸时，选用分层模式（图 5.5.1），将一层采暖管线平面图和一层采暖平面图均设置在一层的不同分层下。

图 5.5.1　分层模式

（3）新建管道构件设置、绘制图元，汇总并查看工程量

分别设置供回水系统管道，根据图示管线标高，确定变径点位置，"直线命令"绘制供回水管道（图 5.5.2），地沟内管道设置保温，将立管区分地上、地下，便于管道保温设置。在实际工作中，管道工程量统计可不区分系统类型，见图 5.5.3、图 5.5.4。

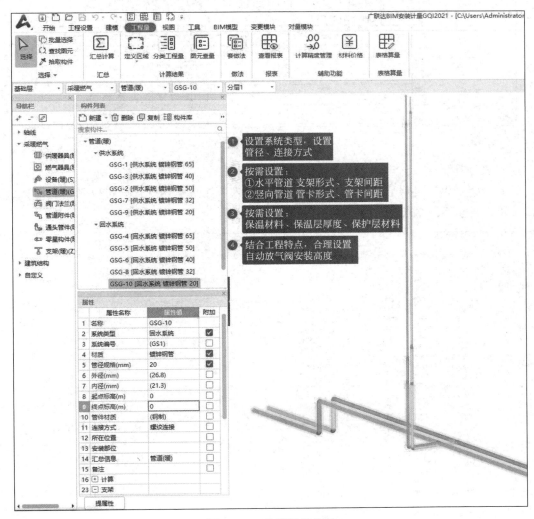

图 5.5.2　采暖管道绘制

图 5.5.3　采暖管道工程量汇总

图 5.5.4　采暖管道保温工程量汇总

（4）表格算量

针对分集水器、地暖管道、地面做法、阀门附件等工程量的统计，可以采用表格算量的办法，见图 5.5.5。

	楼层	名称	类型	材质	规格型号	系统类型	提取量表达式(单位: 片/组/套/台/个/m)	手工量表达式(单位: 片/组/套/台/个/m)	倍数	工程量 数量 [SL]	备注	核对
1	首层	地暖管道	地暖管道	PE-RT	dn20	供水系统		(76+82+82+80+83+87+87+83+...	1	3930.000		
2	首层	绝热板	绝热板	聚苯乙烯	30mm	供水系统		86.68+25.14*2+12.03+20.64*21	1	582.430		
3	首层	绝热板	绝热板	聚苯乙烯	20mm	供水系统		20.6*22+12.03+20.45+100.98	1	586.660		
4	首层	保护层	保护层	铝箔		供水系统		(86.68+25.14*2+12.03+20.64*21)+(2...	1	1169.090		
5	首层	钢丝网	钢丝网	钢丝网		供水系统		(86.68+25.14*2+12.03+20.64*21)+(2...	1	1169.090		
6	首层	边界保温带	边界保温带			供水系统		(22.75*21+0.78*21+22.1*2+83.2+2.2...	1	1337.410		
7	首层	分集水器	分集水器		4环路	供水系统		4	1	4.000		
8	首层	分集水器	分集水器		5环路	供水系统		4	1	4.000		
9	首层	分集水器	分集水器		6环路	供水系统		2	1	2.000		
10	首层	热力入口装置	热力入口装置		12N1-13	供水系统		1	1	1.000		
11	首层	钢制球阀	球阀	钢制	DN20	供水系统		2+2*5	1	12.000		
12	首层	钢制球阀	球阀	钢制	DN40	供水系统		2*5	1	10.000		
13	首层	锁闭阀	锁闭阀	钢制	DN25	供水系统		10*2	1	20.000		
14	首层	自动放气阀	自动放气阀	钢制	DN20	供水系统		2*5	1	10.000		
15	首层	过滤器	过滤器		DN25	供水系统		2*5	1	10.000		
16	首层	钢套管	普通钢制套管		DN32	供水系统		2*5	1	10.000	穿楼板	
17	首层	钢套管	普通钢制套管		DN32	供水系统		(25+22)*2	1	94.000	穿墙	
18	首层	预留孔洞	预留孔洞		DN32	供水系统		2*5	1	10.000	穿楼板	
19	首层	机械钻孔	机械钻孔		孔径≤63mm	供水系统		(25+22)*2	1	94.000	穿墙	
20	首层	柔性套管	柔性套管		200mm	供水系统		(21*2+2+4+6+8+6+4+4+4)+(22*2+...	1	164.000		
21	首层	柔性套管	柔性套管		800mm	供水系统		4*(4+4+2)+4*(5+5+2)+2*(6+6+2)	1	116.000		

图 5.5.5　表格算量

(5) 其他

① 地暖管道工程量。对于地暖管道工程量，可采用表格算量（图 5.5.6）的办法，将各回路标记长度进行相加汇总，图纸中各回路标记长度已考虑连接分集水器竖向管道的长度，不必重复计算。

图 5.5.6 识别地暖管道图元

② 楼地面做法。对于楼地面做法工程量，可采用表格算量的办法，若采用建模算量，可使用自定义面的方法进行设定计算，见图 5.5.7。

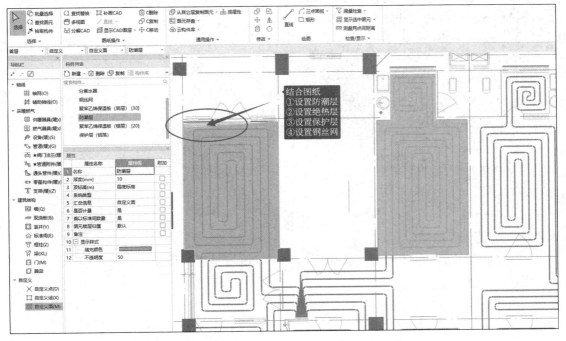

图 5.5.7 自定义面设定

③ 伸缩缝。结合图纸及规范相关规定，标记伸缩缝位置，计取地暖管道跨越伸缩缝设置的保护套管及伸缩缝填充材料工程量，见图 5.5.8。

图 5.5.8　伸缩缝设置

④ 套管、预留孔洞及机械钻孔。套管、预留孔洞及机械钻孔可选择表格算量的办法进行汇总统计，也可使用零星构件命令进行设置，如图 5.5.9 所示。套管、预留孔洞按介质管道规格进行统计，机械钻孔按实际孔径进行统计。

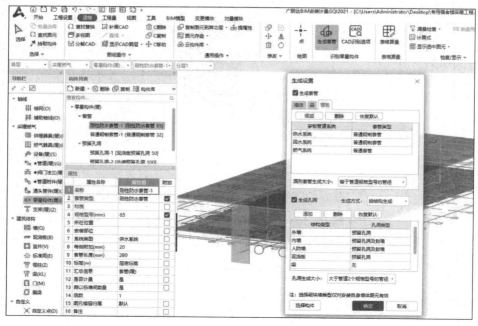

图 5.5.9　套管及预留孔洞设置

⑤ 采暖系统调试运行。

⑥ 集中套做法，如图 5.5.10 所示。汇总计算后，可使用 GQI 套取清单，进行项目特征描述，输出清单报表。

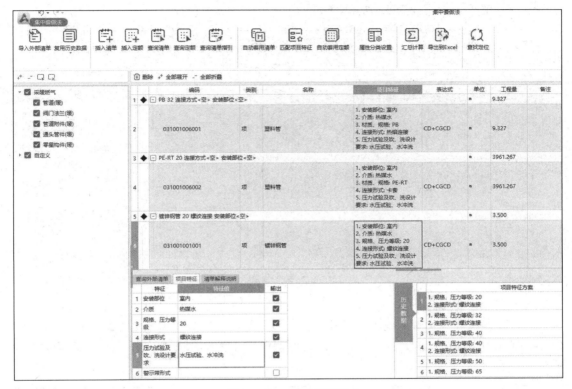

图 5.5.10 集中套做法

⑦ 导出分部分项工程量清单报表，如图 5.5.11 所示。

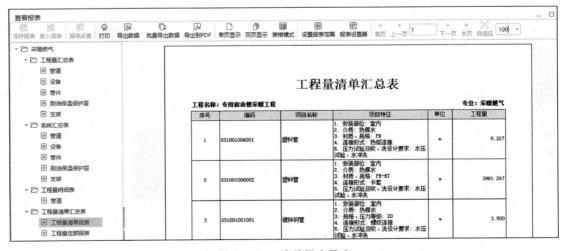

图 5.5.11 清单报表导出

5.5.3 GCCP 计价软件操作

① 新建单位工程预算文件。

② 导入清单，如图 5.5.12 所示。

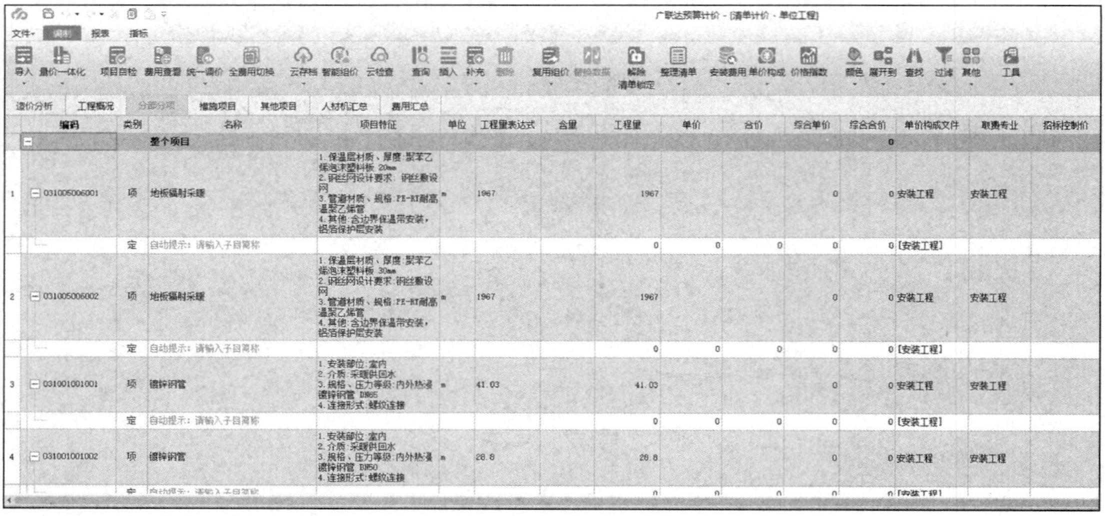

图 5.5.12 导入清单

③ 依据经批准和会审的施工图设计文件、施工组织设计文件和施工方案、《河南省通用安装工程预算定额》（2016 版）、最新材料市场信息价等，编制分部分项工程费用，如图 5.5.13 所示。

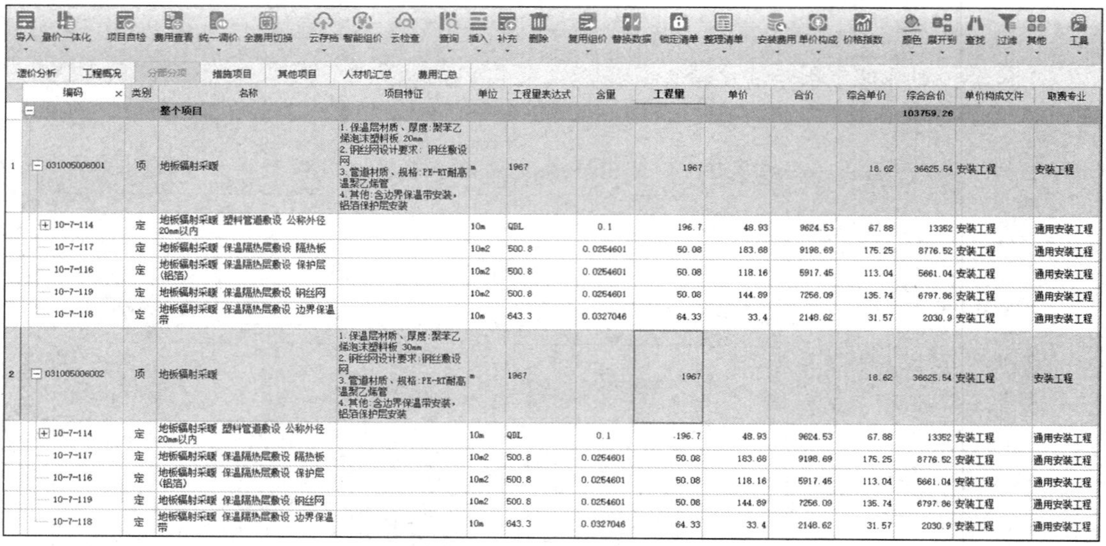

图 5.5.13 套取定额编制分部分项工程费用

④ 依据调差办法和增值税调整政策，完成采暖工程预算书的编制并输出报表，如图 5.5.14、图 5.5.15 所示。

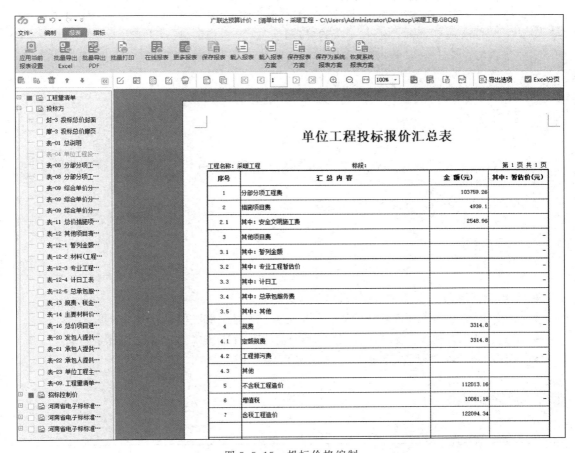

图 5.5.14　设置价格指数

图 5.5.15　投标价格编制

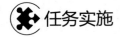

完成专用宿舍楼采暖工程 BIM 算量和造价文件编制。

单元六
动力及照明工程 BIM 计量与计价

本单元结合专用宿舍楼电气照明工程案例，学习施工图识读方法和步骤，根据造价岗位技能要求，进一步夯实业务基础知识，依据工程量计算规则，掌握手工算量方法，学习和运用广联达安装工程 BIM 算量软件对动力及照明工程项目进行建模取量、编制清单以及造价文件编制。通过教学实施和任务实践，熟练掌握图纸识读技巧、列项计算工程量以及使用 GQI2021、GCCP6.0 等软件解决工程实际问题。

 ## 学习准备

- ◆ 计量规范、计价规范、验收规范、标准图集、《河南省通用安装工程预算定额》(第四册)。
- ◆ 安装并能够运行 GQI、GCCP 等软件。
- ◆ 专用宿舍楼电气工程图纸及课程相关资源。

 ## 学习目标

- ◆ 系统掌握动力及照明工程造价业务相关理论知识。
- ◆ 熟练识读动力及照明工程施工图，能够提取造价相关图纸信息。
- ◆ 掌握手工算量方法，能够运用 GQI 软件对工程进行建模取量、编制工程量清单。
- ◆ 掌握费用调整规则，能够运用 GCCP 软件编制造价文件。

 ## 学习要点

单元内容	学习重点	相关知识点
动力及照明工程业务相关理论知识	1. 理解系统形式、组成、功用 2. 掌握施工要求、验收标准	系统形式、工作原理、管道及附件、施工技术要求
施工图识读	1. 掌握识读方法，理解图纸表达 2. 能够提取图纸有关造价关键信息	图纸组成、图示内容
动力及照明工程 BIM 计量与计价	1. 使用 GQI 建模取量、编制清单 2. 使用 GCCP 编制造价文件	GQI 基础操作、费用调整、GCCP 基础操作、工程计价

6.1 动力及照明工程基础知识

整理、归纳动力及照明工程基础知识，了解设计及施工质量验收规范相关规定，制作思维导图。

基础知识涉及动力及照明工程组成和形式，涉及配管配线和电气装置的安装与质量检验，学习设计规范、图集、施工方案、施工组织设计及施工质量验收规范，了解新技术、新材料、新工艺、新设备在工程项目中的应用，并运用思维导图进行知识点梳理和总结，拓展和夯实对基础知识掌握的广度和深度。

6.1.1 电力系统和用电负荷等级

（1）电力系统概念

电力系统是由发电厂、送变电线路、供配电所和用电等环节组成的电能生产与消费系统。它的功能是将自然界的一次能源通过发电动力装置转化成电能，再经输电、变电和配电将电能供应到各用户，如图 6.1.1 所示。为实现这一功能，电力系统在各个环节和不同层次还具有相应的信息与控制系统，对电能的生产过程进行测量、调节、控制、保护、通信和调度，以保证用户获得安全、优质的电能。

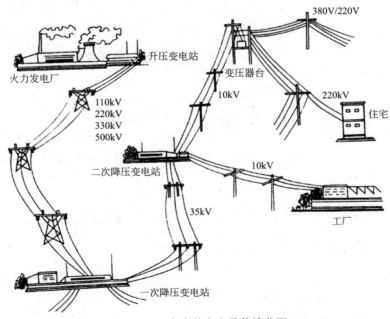

图 6.1.1　电力的产生及传输分配

(2) 电力用电负荷等级

电力用电负荷根据对供电可靠性的要求和中断供电对政治、经济所造成损失或影响的程度进行分级，可划分为一级负荷、二级负荷和三级负荷，如表 6.1.1 所示。

表 6.1.1　电力用电负荷等级

负荷等级	等级标准	
一级负荷	1. 中断供电将造成人身伤亡时； 2. 中断供电将在政治、经济上造成重大损失时； 3. 中断供电将影响有重大政治、经济意义的用电单位的正常工作 （当中断供电将发生中毒、爆炸和火灾等情况的负荷，以及特别重要场所的不允许中断供电的负荷，应视为特别重要的负荷）	重大设备损坏、重大产品报废、用重要原料生产的产品大量报废、国民经济中重点企业的连续生产过程被打乱需要长时间才能恢复等； 重要交通枢纽、重要通信枢纽、重要宾馆、大型体育场馆、经常用于国际活动的大量人员集中的公共场所等用电单位中的重要电力负荷
二级负荷	1. 中断供电将在政治、经济上造成较大损失时； 2. 中断供电将影响重要用电单位的正常工作	主要设备损坏、大量产品报废、连续生产过程被打乱需较长时间才能恢复、重点企业大量减产等；交通枢纽、通信枢纽等用电单位中的重要电力负荷，以及中断供电将造成大型影剧院、大型商场等较多人员集中的重要的公共场所秩序混乱
三级负荷	不属于一级和二级负荷者应为三级负荷	允许短时停电

6.1.2　动力及照明工程的组成

动力及照明工程包括的范围为：电源引入、控制设备、配电线路、照明器具。

（1）电源引入

电源引入需要有进户装置，进户装置即电源从室外低压配电线路接线入户的设施。进户线可通过墙上架立横担架空引入或电缆埋地引入。架空线路通常以进户线横担以前部分为外网安装工程，以后则属于室内照明工程。若采用电缆进线（一般为低压电缆进线），则以进户总配电箱为分界线，配电箱及以内属于照明工程范围。

（2）控制设备

电气照明控制设备主要是指照明配电箱、配电盘、配电板等。配电箱是用来接收和分配电能的装置，内设有保护装置（熔断器）、控制装置（开关）、计量配电装置（电表）、导线（通过接线端子或端子板固定）等。

（3）配电线路

在建筑物内敷设电线（缆），统称室内配线，分为明配线和暗配线。配线根据敷设方式分为导管（金属管、塑料管等）配线（又称配管配线）、瓷夹板配线、绝缘子配线、槽板（木槽板、塑料槽板）配线、护套线配线、线槽（金属线槽、塑料线槽）配线、钢索配线、塑料钢钉线卡配线等形式。

（4）照明器具

照明器具包括各种灯具、开关、插座及小型电器，如风扇、电铃等。

6.1.3　配管配线及施工技术要求

（1）配管配线

把绝缘导线穿入管内敷设，称为配管配线。这种配线方式比较安全可靠，可避免腐蚀气体的侵蚀或遭受机械损伤，更换电线方便，在工业与民用建筑中使用最为广泛。配管配线常使用的管子有水煤气钢管（又称焊接钢管，分镀锌和不镀锌两种，其管径以公称直径计算）、电线管（管壁较薄，管径以外径计算）、硬塑料管、半硬塑料管、塑料波纹管、软塑料管和软金属管等。

配管配线必须符合一定的要求，在此基础上还要包括管子选择、管子加工、管子敷设和穿线等几道工序。

（2）常用管线

① 电线管。电线管主要有水煤气管 RC、焊接钢管 SC（厚壁钢管）、电线管（薄壁钢管）、硬塑料管 PC 等。

② 电缆。电缆是一种多芯导线，即在一个绝缘软套内裹有多根相互绝缘的线芯，由缆芯、绝缘层、护层三部分组成。电缆头的制作就是对电缆连接处的特殊处理。电缆之间的连接头称为中间头，电缆与其他电气设备之间的连接称为终端头。

目前还有一种新型电缆称为预制分支电缆。预制分支电缆是将现场安装时的手工操作，移到工厂采用专用设备和工艺加工制作，运用普通电力电缆根据垂直（高层建筑竖井）或水平（住宅小区等）配电系统的具体要求和规定位置，进行分支连接而成。

电缆敷设方法有以下几种，如表 6.1.2 所示：

表 6.1.2　电缆敷设方法

方法	技术要求
埋地敷设	将电缆直接埋设在地下的敷设方法称为埋地敷设。埋地敷设的电缆必须使用铠装及防腐层保护的电缆，裸装电缆不允许埋地敷设。一般电缆沟深度不超过 0.9m，埋地敷设还需要铺砂及在上面盖砖或保护板。埋地敷设电缆的程序如下：测量画线→开挖电缆沟→铺砂→敷设电缆→盖砂→盖砖或保护板→回填土→设置标桩
电缆沿支架敷设	电缆沿支架敷设一般在车间、厂房和电缆沟内，在安装的支架上用卡子将电缆固定。电力电缆支架之间的水平距离为 1m，控制电缆为 0.8m。电力电缆和控制电缆一般可以同沟敷设，电缆垂直敷设一般为卡设，电力电缆卡距为 1.5m，控制电缆为 1.8m
电缆穿保护管敷设	将保护管预先敷设好，再将电缆穿入管内，一般管道内径不应小于电缆外径的 1.5 倍。用钢管作为保护管，单芯电缆不允许穿钢管敷设
电缆桥架敷设	电缆桥架是架设电缆的一种构架，通过电缆桥架把电缆从配电室或控制室送到用电设备。电缆桥架是由托盘、梯架的直线段、弯通、附件以及支吊架等构成，是用以支承电缆的连续性刚性结构系统的总称。电缆桥架的优点是制作工厂化、系列化，质量容易控制，安装方便，安装后的电缆桥架及支架整齐美观

③ 导线。导线主要分为绝缘导线和裸导线。具有绝缘包层的导线称为绝缘导线。裸导线是没有绝缘保护层的电线，主要由铝、铜、钢等材料制成。

（3）接线盒设置要求

当导管敷设遇下列情况时，中间宜增设接线盒或拉线盒，且盒子的位置应便于穿线：

① 导管长度每大于 40m，无弯曲。

② 导管长度每大于 30m，有 1 个弯曲。

③ 导管长度每大于 20m，有 2 个弯曲。

④ 导管长度每大于 10m，有 3 个弯曲。

在垂直敷设管路时，装设接线盒或拉线盒的距离尚应符合下列要求：

① 导线截面 50mm^2 及以下时，为 30m。

② 导线截面 70~95mm^2 时，为 20m。

③ 导线截面 120～240mm² 时，为 18m。

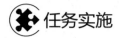

使用思维导图对采暖工程基础知识进行整理。

6.2 动力及照明工程施工图识读

思考并解决下列问题：
（1）电气工程施工图由哪些图纸构成？在图纸中反映出哪些工程信息？
（2）电气工程工程量统计包含哪些内容？在图纸中提取哪些算量相关的关键信息？
（3）识读专用宿舍楼电气工程施工图，归纳施工图识图方法和要点。

施工图是工程设计方案的呈现，是工程施工的主要依据，是进行投标报价的基础，是进行工程结算的依据，是编制施工方案、施工组织设计的基础。了解施工图组成、理解施工图示内容、熟悉方案技术措施，是开展 BIM 计量计价工作的前提。

建筑电气施工图通常由首页图（设计说明、图纸目录、图例、主要设备材料表）、动力及照明平面布置图、电气系统图（配电干线系统图、配电箱系统图）等图纸构成。

识读电气照明工程图纸时，需关注电源入户、电气控制设备、配电线路、照明器具及小电器等相关信息。

6.2.1 电气照明工程组成与图纸表达

1）电气照明工程组成

电气照明工程包括的范围为：电源引入、控制设备、配电线路和照明器具等。

（1）电源引入：电源引入需要有进户装置，进户装置即电源从室外低压配电线路接线入户的设施。进户线可通过墙上架立横担架空引入或电缆埋地引入。架空线路通常以进户线横担之前部分为外网安装工程，之后部分则属于室内动力及照明工程。若采用电缆进线，则以进户总配电箱为分界线，配电箱及以内属于室内电气照明工程范围。

（2）控制设备：电气照明控制设备主要是指照明配电箱、配电盘、配电板等。配电箱是用来接收和分配电能的装置，内设有保护装置、控制装置、计量配电装置、导线（通过接线端子或端子板固定）等。

（3）配电线路：在建筑物内敷设电线（缆），统称室内配线，分明配线和暗配线。配线根据敷设方式分为导管配线（即配管配线）、瓷夹板配线、绝缘子配线、槽板配线、护套线配线、线槽（金属线槽、塑料线槽）配线、钢索配线、塑料钢钉线卡配线等形式。

（4）照明器具：照明器具包括各种灯具、开关、插座及小型电器（如风扇、电铃）等。

2）电气照明施工图

（1）首页图：首页图中设计施工说明部分主要对供电电源来源、线路敷设方式、设备安装方式、施工技术措施等进行描述。图例既表达了图纸中使用的图形符号或文字符号的含义，又对电气设施安装位置的高度设置情况进行了说明。

（2）电气系统图：配电干线系统图表达了配电系统形式，配电箱在各楼层的设置情况以及配电箱之间的连接关系。配电箱系统图表达了某配电箱型号、各个回路的名称、用途、容量以及主要电气设备、开关元件及导线规格、型号等参数。

（3）电气平面图：表达了在该楼层中电气设备、元器件、桥架、配管及线缆敷设等内容，平面图还应注明各回路的编号等信息。

3）电气照明工程施工图的识图方法

图纸各自的用途不同，但相互之间是有联系并协调一致的，在识读时应根据需要，将各图纸结合起来识读，以达到对整个工程或分部项目全面了解的目的。在识图过程中，注意以下几点。

（1）熟悉电气图例符号，弄清图例、符号所代表的内容。

（2）针对一套电气施工图，一般应先按以下顺序阅读，然后再对某部分内容进行重点识读：

① 看标题栏及图纸目录，了解工程名称、项目内容、设计日期及图纸内容、数量等。

② 看设计说明，了解工程概况、设计依据等，了解图纸中未能表达清楚的各有关事项。

③ 看设备材料表，了解工程中所使用的设备、材料的型号、规格和数量。

④ 看系统图，了解系统基本组成、主要电气设备和元件之间的连接关系以及它们的规格、型号、参数等。

⑤ 看平面布置图，了解电气设备的规格、型号、数量及线路的起始点、敷设部位、敷设方式和导线根数等。平面图的阅读可按照以下顺序进行：电源进线→总配电箱→干线→支线→分配电箱→电气设备。

（3）抓住电气施工图要点进行识读：

① 在明确负荷等级的基础上，了解供电电源的来源、引入方式及路数。

② 了解电源的进户方式是由室外低压架空引入还是电缆直埋引入。

③ 明确各配电回路的相序、路径、管线敷设部位、敷设方式以及导线的型号和根数。

④ 明确电气设备、器件的平面安装位置。

6.2.2 专用宿舍楼电气照明图纸识读

（1）设计施工说明

专用宿舍楼用电三级负荷，220V/380V，配电采用放射式与树干式两种供电方式，供电进线采用电缆直埋，总配电箱和楼层配电箱均嵌墙暗装，安装高度分别为距地 1.5m 和 1.8m，进线电缆 YJV22，总配电箱和楼层配电箱之间采用 YJV 电缆，楼层配电箱至用户箱线路采用 BV 导线，穿阻燃 PVC 管 WC/CC 敷设。

（2）配电系统图

① 配电干线系统图。由图 6.2.1 可读出，1F 设置 JX1、1AL1、1AK1 配电箱，2F 设置

2AL1、2AK1、2CZX 配电箱，屋顶层设置 3AP-1 动力箱。系统采用放射式、树干式，JX1（进线箱）连接一、二层的照明配电箱、空调箱、屋顶动力配电箱及二层的插座箱。进线采用 YJV22-4×185，穿钢管 SC150，地面暗敷，埋深 0.8m。

② 配电箱系统图。由图 6.2.2 可读出，1AL1 配电箱进线采用 YJV-4×35+15，五芯电力电缆，穿钢管 SC40，墙内暗敷，接出 WL1～WL7 照明回路、WX1～WX11 插座回路和一条弱电装置电源供电回路，1AL1 配电箱嵌墙安装，箱体底部距地 1.8m，配电箱尺寸 500mm×600mm×150mm。

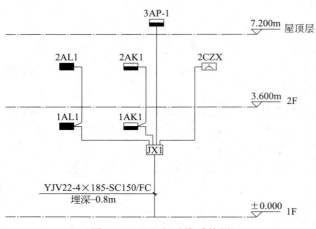

图 6.2.1 配电干线系统图

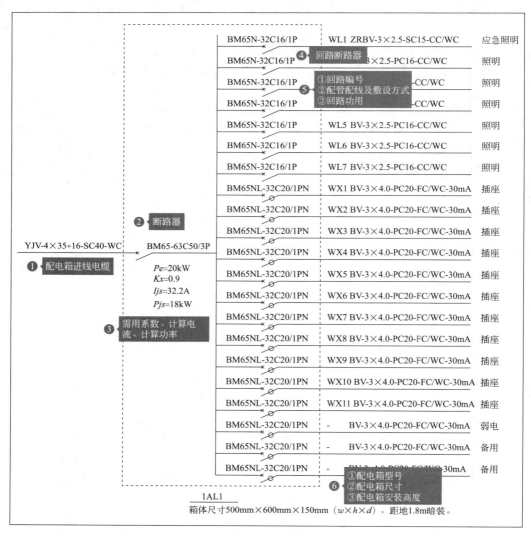

图 6.2.2 1AL1 配电箱系统图（局部）

(3) 动力及照明平面图

主要读取配电箱、开关、插座、灯具等电气设施的位置、桥架、线缆敷设情况以及对导管导线根数的分析判定。如图 6.2.3 所示，WL3 回路给 5 个宿舍照明供电，导线为 BV2.5，敷设方式有沿桥架敷设和导管敷设，导管在顶板和墙内暗敷，荧光灯和吸顶灯均吸顶安装，单联和双联开关安装高度距地 1.3m。

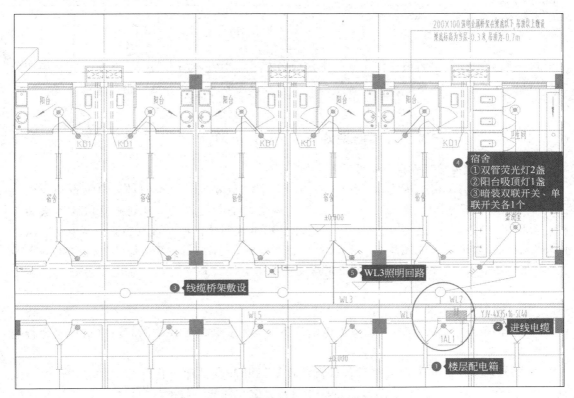

图 6.2.3 专用宿舍楼电气二层平面图（局部）

任务实施

识读专用宿舍楼电气图纸，使用思维导图进行归纳。

6.3 工程量计算规则及手工算量

（1）理解电气工程定额工程量计算规则，制作思维导图。
（2）手工计算专用宿舍楼电气工程工程量。

统计工程量时，需考虑三个方面。一是划分计量范围，初步确定工程量计算内容，依据定额计量规则，选用正确或合适的定额子目，根据工程实际考虑是否进行费用或定额系数调整等问题（如高层建筑增加费、操作高度施工增加费等）。二是结合工程特点，分列计算项目，便于关联项目工程量统计和计算（如有不同防腐要求或绝热要求的同材质、同规格的管道等），考虑技术措施，预设工作内容，避免工程量统计漏项漏量。三是针对图样中不明确的内容，可依据标准图纸、验收规范等进行合理设置，工程量统计时可做注明。

电气照明工程施工图预算使用到的定额内容在《河南省通用安装工程预算定额》第四册"电气设备安装工程"，本节主要介绍第四册"电气设备安装工程"定额中有关电缆敷设、配管配线、照明器具安装等相关内容。

6.3.1 电气设备安装工程手册说明

（1）"电气设备安装工程"定额适用范围

适用于工业与民用电压等级≤10kV变配电设备及线路安装、车间动力电气设备及电气照明器具、防雷及接地装置安装、配管配线、运输设备电气装置、电气调整试验等安装工程，包括：变压器、配电装置、母线、绝缘子、配电控制与保护及直流装置、蓄电池、发电机与电动机检查接线、金属构件、穿墙套板、滑触线、电缆、防雷接地装置、电压等级≤10kV架空输电线路、配管、配线、照明器具、低压电器设备、运输设备电气装置等安装及电气设备调试内容。

（2）"电气设备安装工程"定额不包括内容

① 电压等级＞10kV配电、输电、用电设备及装置安装。工程应用时，应执行电力行业相关定额。

② 电气设备及装置配合机械设备进行单体试运和联合试运工作内容。发电、输电、配电、用电分系统调试、整套启动调试、特殊项目测试与性能验收试验应单独执行第四册定额第十七章"电气设备调试工程"相应的定额。

（3）"电气设备安装工程"定额相关费用系数计取

① 操作高度增加费：安装高度距离楼面或地面＞5m时，超过部分工程量按定额人工费乘以系数1.1计算（已经考虑了超高因素的定额项目除外，如小区路灯、投光灯、氙气灯、烟囱或水塔指示灯、装饰灯具），电缆敷设工程、电压等级≤10kV架空输电线路工程不执行本条规定。

② 在地下室内（含地下车库）、暗室内、净高＜1.6m楼层、断面＜4m^2且＞2m^2隧道或洞内进行安装的工程，定额人工费乘以系数1.12。

③ 在管井内、竖井内、断面≤2m^2隧道或洞内、封闭吊顶天棚内进行安装的工程（竖井内敷设电缆项目除外），定额人工费乘以系数1.16。

6.3.2 配电、输电电缆敷设工程

1）有关说明

（1）桥架安装定额包括组对、连接、桥架开孔、隔板与盖板安装、接地、附件安装、修理等。定额不包括桥架支撑架安装。定额综合考虑了螺栓、焊接和膨胀螺栓三种固定方式，

实际安装与定额不同时不做调整。组合式桥架安装不含接地,按照实际接地方式计算。

① 梯式桥架安装定额是按照不带盖考虑的,若梯式桥架带盖,则执行相应的槽式桥架定额。

② 钢制桥架主结构设计厚度大于3mm时,执行相应安装定额的人工、机械乘以系数1.20。

③ 不锈钢桥架安装执行相应的钢制桥架定额乘以系数1.10。

④ 电缆桥架安装定额是按照厂家供应成品安装编制的,若现场需要制作桥架时,应执行第四册第七章"金属构件、穿墙套板安装工程"相关定额。

⑤ 槽盒安装根据材质与规格,执行相应的槽式桥架安装定额,其中人工、机械乘以系数1.08。

(2) 电力电缆敷设定额包括输电电缆敷设与配电电缆敷设项目,根据敷设环境执行相应定额。定额综合了裸包电缆、铠装电缆、屏蔽电缆等电缆类型,凡是电压等级小于或等于10kV电力电缆和控制电缆敷设不分结构形式及型号,一律按照相应的电缆截面和芯数执行定额。

① 输电电力电缆敷设环境分为直埋式、电缆沟(隧)道内、排管内、街码金具上。输电电力电缆起点为电源点或变(配)电站,终点为用户端配电站。

② 配电电力电缆敷设环境分为室内、竖井通道内。配电电力电缆起点为用户端配电站,终点为用电设备。室内敷设电力电缆定额综合考虑了用户区内室外电缆沟、室内电缆沟、室内桥架、室内支架、室内线槽、室内管道等不同环境敷设,执行定额时不做调整。

③ 预制分支电缆、控制电缆敷设定额综合考虑了不同的敷设环境,执行定额时不做调整。

④ 矿物绝缘电力电缆敷设根据电缆敷设环境与电缆截面执行相应的电力电缆敷设定额与接头定额。

⑤ 矿物绝缘控制电缆敷设根据电缆敷设环境与电缆芯数执行相应的控制电缆敷设定额与接头定额。

⑥ 电缆敷设定额中综合考虑了电缆布放费用,当电缆布放穿过高度大于20m的竖井时,需要计算电缆布放增加费。电缆布放增加费按照穿过竖井电缆长度计算工程量,执行竖井通道内敷设电缆相关定额乘以系数0.3。

⑦ 竖井通道内敷设电缆定额适用于单段高度大于3.6m的竖井。在单段高度小于或等于3.6m的竖井内敷设电缆时,应执行"室内敷设电力电缆"相关定额。

⑧ 预制分支电缆敷设定额中,包括电缆吊具、每个长度小于或等于10m分支电缆安装;不包括分支电缆头的制作安装,应根据设计图示数量与规格执行相应的电缆接头定额;每个长度大于10m分支电缆,应根据超出的数量与规格及敷设的环境执行相应的电缆敷设定额。

(3) 电力电缆敷设定额是按照三芯(包括三芯连地)编制的,电缆每增加一芯相应定额增加15%。单芯电力电缆敷设按照同截面电缆敷设定额乘以系数0.7,两芯电缆按照三芯电缆定额执行。截面400mm^{2}以上至800mm^{2}的单芯电力电缆敷设,按照400mm^{2}电力电缆敷设定额乘以系数1.35。截面800mm^{2}以上至1600mm^{2}的单芯电力电缆敷设,按照400mm^{2}电力电缆敷设定额乘以系数1.85。

(4) 电缆敷设定额中不包括支架的制作与安装,工程应用时,执行第四册第七章"金属构件、穿墙套板安装工程"相关定额。

2) 计算规则

(1) 开挖路面、修复路面根据路面材质与厚度，结合施工组织设计，按照实际开挖的数量以"m²"为计量单位。需要单独计算渣土外运工作量时，按照路面开挖厚度乘以开挖面积计算，不考虑松散系数。

(2) 直埋电缆沟槽挖填根据电缆敷设路径，除特殊要求外，按照表 6.3.1 规定以"m³"为计量单位。沟槽开挖长度按照电缆敷设路径长度计算。需要单独计算余土（余石）外运工程量时，按照直埋电缆沟槽挖填量 12.5% 计算。

表 6.3.1　直埋电缆沟槽土石方挖填计算表

项目	电缆根数	
	1～2 根	每增 1 根
每米沟槽挖方量/m³	0.45	0.153

注：1. 2 根以内电缆沟，按照上口宽度 600mm、下口宽度 400mm、深 900mm 计算常规土方量（深度按规范的最低标准）。
2. 每增加 1 根电缆，其宽度增加 170mm。
3. 土石方量从自然地坪挖起，若挖深大于 900mm 时，按照开挖尺寸另行计算。
4. 挖淤泥、流砂按照本表中数量乘以系数 1.5。

(3) 电缆沟揭、盖、移动盖板根据施工组织设计，以揭一次与盖一次或者移出一次与移回一次为计算基础，按照实际揭与盖或移出与移回的次数乘以其长度，以"m"为计量单位。

(4) 电缆保护管铺设根据电缆敷设路径，应区别不同敷设方式、敷设位置、管材材质、规格，按照设计图示敷设数量以"m"为计量单位，计算电缆保护管长度时，设计无规定者按照以下规定增加保护管长度。

① 横穿马路时，按照路基宽度两端各增加 2m。
② 保护管需要出地面时，弯头管口距地面增加 2m。
③ 穿过建（构）筑物外墙时，从基础外缘起增加 1m。
④ 穿过沟（隧）道时，从沟（隧）道壁外缘起增加 1m。

(5) 电缆保护管地下敷设，其土石方量施工有设计图纸的，按照设计图纸计算；无设计图纸的，沟深按照 0.9m 计算，沟宽按照保护管边缘每边各增加 0.3m 工作面计算。

(6) 电缆桥架安装根据桥架材质与规格，按照设计图示安装数量以"m"为计量单位。

(7) 组合式桥架安装按照设计图示安装数量以"片"为计量单位，组合式桥架不含桥架接地，根据设计接地套用相应项目；复合支架安装按照设计图示安装数量以"副"为计量单位。

(8) 电缆敷设根据电缆敷设环境与规格，按照设计图示单根敷设数量以"m"为计量单位，不计算电缆敷设损耗量。

① 竖井通道内敷设电缆长度按照电缆敷设在竖井通道垂直高度以"延长米"计算工程量。
② 预制分支电缆敷设长度按照敷设主电缆长度计算工程量。
③ 计算电缆敷设长度时，应考虑因波形敷设、弛度、电缆绕梁（柱）所增加的长度以及电缆与设备连接、电缆接头等必要的预留长度。预留长度按照设计规定计算，设计无规定时按表 6.3.2 计取。

表 6.3.2 设计无规定时预留长度的计取

序号	项目	预留长度（附加）	说明
1	电缆敷设弛度、波形弯度、交叉	2.50%	按电缆全长计算
2	电缆进入建筑物	2.0m	规范规定最小值
3	电缆进入沟内或吊架时引上（下）预留	1.5m	规范规定最小值
4	变电所进线、出线	1.5m	规范规定最小值
5	电力电缆终端头	1.5m	检修余量最小值
6	电缆中间接头盒	两端各留 2.0m	检修余量最小值
7	电缆进控制、保护屏及模拟盘等	高+宽	按盘面尺寸计算
8	高压开关柜及低压配电盘、柜	2.0m	盘下进出线
9	电缆至电动机	0.5m	从电机接线盒算起
10	厂用变压器	3.0m	从地坪起算
11	电缆绕过梁柱等增加长度	按实际计算	按被绕物的断面情况计算增加长度
12	电梯电缆与电缆架固定点	每处 0.5m	范围最小值

（9）电缆头制作与安装根据电压等级与电缆头形式及电缆截面，按照设计图示单根电缆接头数量以"个"为计量单位。

① 电力电缆和控制电缆均按照一根电缆有两个终端头计算。

② 电力电缆中间头按照设计规定计算；设计没有规定的以单根长度 400m 为标准，每增加 400m 计算一个中间头，增加长度小于 400m 时计算一个中间头。

（10）电缆防火设施安装根据防火设施的类型及材料，按照设计用量分别以不同计量单位计算工程量。

6.3.3 配管工程

（1）有关说明

① 配管定额中钢管材质是按照镀锌钢管考虑的，定额不包括采用焊接钢管刷油漆、刷防火漆或防火涂料、管外壁防腐保护以及接线箱、接线盒、支架的制作与安装。焊接钢管刷油漆、刷防火漆或涂防火涂料、管外壁防腐保护执行第十二册"刷油、防腐蚀、绝热工程"相应项目；接线箱、接线盒安装执行第四册第十三章"配线工程"相关定额；支架的制作与安装执行第四册第七章"金属构件、穿墙套板安装工程"相关定额。

② 工程采用镀锌电线管时，执行镀锌钢管定额计算安装费；镀锌电线管主材费按照镀锌钢管用量另行计算。

③ 工程采用扣压式薄壁钢导管（KBG）时，执行套接紧定式镀锌钢导管（JDG）定额计算安装费；扣压式薄壁钢导管（KBG）主材费按照镀锌钢管用量另行计算。计算导管主材费时，应包括管件费用。

④ 定额中刚性阻燃管为刚性 PVC 难燃线管，管材长度一般为 4m/根，管子连接采用专用接头插入法连接，接口密封；半硬质塑料管为阻燃聚乙烯软管，管子连接采用专用接头抹塑料胶后粘接。工程实际安装与定额不同时，执行定额不做调整。

⑤ 定额中可挠金属套管是指普利卡金属管（PULLKA），主要应用于混凝土内埋管及低

压室外电气配线管可挠金属套管规格如表 6.3.3 所示。

表 6.3.3　可挠金属套管规格表

规格	10#	12#	15#	17#	24#	30#	38#	50#
内径/mm	9.2	11.4	14.1	16.6	23.8	29.3	37.1	49.1
外径/mm	13.3	16.1	19	21.5	28.8	34.9	42.9	54.9

⑥ 配管定额是按照各专业间配合施工考虑的，定额中不考虑凿槽、刨沟、凿孔（洞）等费用。

⑦ 室外埋设配线管的土石方施工，参照第九章电缆沟沟槽挖填定额执行。室内埋设配线管的土石方原则上不单独计算。

⑧ 吊顶天棚板内敷设电线管根据管材介质执行"砖、混凝土结构明配"相应的定额。

（2）计算规则

① 配管敷设根据配管材质与直径，区别敷设位置、敷设方式，按照设计图示安装数量以"m"为计量单位。计算长度时，不计算安装损耗量，不扣除管路中间的接线箱、接线盒、灯头盒、开关盒、插座盒、管件等所占长度。

② 金属软管敷设根据金属管直径及每根长度，按照设计图示安装数量以"m"为计量单位。计算长度时，不计算安装损耗量。

③ 线槽敷设根据线槽材质与规格，按照设计图示安装数量以"m"为计量单位。计算长度时，不计算安装损耗量，不扣除管路中间的接线箱、接线盒、灯头盒、开关盒、插座盒、管件等所占长度。

6.3.4　配线工程

（1）有关说明

① 管内穿线定额包括扫管、穿线、焊接包头；绝缘子配线定额包括埋螺钉、钉木楞、埋穿墙管、安装绝缘子、配线、焊接包头；线槽配线定额包括清扫线槽、布线、焊接包头；导线明敷设定额包括埋穿墙管、安装瓷通、安装街码、上卡子、配线、焊接包头。

② 照明线路中导线截面面积大于 $6mm^2$ 时，执行"穿动力线"相关定额。

③ 接线箱、接线盒安装及盘柜配线定额适用于电压等级小于或等于 380V 电压等级用电系统。定额不包括接线箱、接线盒费用及导线与接线端子材料费。

④ 暗装接线箱、接线盒定额中槽孔按照事先预留考虑，不计算开槽、开孔费用。

（2）计算规则

① 管内穿线根据导线材质与截面面积，区别照明线与动力线，按照设计图示安装数量以"10m"为计量单位；管内穿多芯软导线根据软导线芯数与单芯软导线截面面积，按照设计图示安装数量以"10m"为计量单位。管内穿线的线路分支接头线长度已综合考虑在定额中，不得另行计算。

② 线槽配线根据导线截面面积，按照设计图示安装数量以"10m"为计量单位。

③ 塑料护套线明敷设根据导线芯数与单芯导线截面面积，区别导线敷设位置（木结构、砖混结构、沿钢索），按照设计图示安装数量以"10m"为计量单位。

④ 绝缘导线明敷设根据导线截面面积，按照设计图示安装数量以"10m"为计量单位。

⑤ 接线箱安装根据安装形式（明装、暗装）及接线箱半周长，按照设计图示安装数量以"个"为计量单位。

⑥ 接线盒安装根据安装形式（明装、暗装）及接线盒类型，按照设计图示安装数量以"个"为计量单位。

⑦ 盘、柜、箱、板配线根据导线截面面积，按照设计图示配线数量以"10m"为计量单位。配线进入盘、柜、箱、板时每根线的预留长度按照设计规定计算，设计无规定时按照表 6.3.4 规定计算。

表 6.3.4　配线进入盘、柜、箱、板的预留线长度表

序号	项目	预留长度	说明
1	各种开关、柜、板	宽+高	盘面尺寸
2	单独安装（无箱、盘）的铁壳开关、闸刀开关、启动器、母线槽进出线盒	0.3m	从安装对象中心算起
3	由地面管子出口引至动力接线箱	1.0m	从管口计算
4	电源与管内导线连接（管内穿线与软、硬母线接头）	1.5m	从管口计算
5	出户线	1.5m	从管口计算

⑧ 灯具、开关、插座、按钮等预留线，已分别综合在相应项目内，不另行计算。

6.3.5　照明器具安装工程

（1）有关说明

① 灯具引导线是指灯具吸盘到灯头的连线，除注明者外，均按照灯具自备考虑。如引导线需要另行配置时，其安装费不变，主材费另行计算。

② 小区路灯、投光灯、氙气灯、烟囱或水塔指示灯的安装定额，考虑了超高安装（操作超高）因素，其他照明器具的安装高度大于 5m 时，第四册规定另行计算超高安装增加费。

③ 装饰灯具安装定额考虑了超高安装因素，并包括脚手架搭拆费用。

④ 荧光灯具安装定额按照成套型荧光灯考虑，工程实际采用组合式荧光灯时，执行相应的成套型荧光灯安装定额乘以系数 1.1。

⑤ LED 灯安装根据其结构、形式、安装地点，执行相应的灯具安装定额。

⑥ 插座箱安装执行相应的配电箱定额。

（2）计算规则

① 普通灯具安装根据灯具种类、规格，按照设计图示安装数量以"套"为计量单位。

② 荧光灯具安装根据灯具安装形式、灯具种类、灯管数量，按照设计图示安装数量以"套"为计量单位。

✳ 任务实施

（1）梳理动力及照明工程算量规则，制作思维导图。

（2）计算专用宿舍楼动力及照明工程工程量。

6.4 动力及照明工程清单编制

了解动力及照明工程工程量列项计算的内容。
根据工程量计算规范,编制案例工程工程量清单。

编制工程量清单时,需明确图示计量范围和内容,依据规则按规格、材质、部位等条件列项,规范项目名称,明确清单单位,完善项目特征描述,完整、正确计算工程量,整理合并清单项目。

6.4.1 动力及照明工程量计算列项

列项项目包括有:变配电设备及母线、入户线缆及配管、桥架和吊支架、动力设备及照明用灯具、开关、插座、电缆敷设时考虑中间头、终端头、考虑各类预留长度的工程量、导线敷设时计算从配电箱接入接出的有无端子外部接线或端子头等、计算接线盒、灯具盒等。

汇总计算工程量时,需考虑超过定额规定的操作高度以上的部分,以及定额已考虑过安装费用但未记材料的项目等。

6.4.2 清单编制相关规定

电气照明工程依据《通用安装工程工程量计算规范》编制清单时,配电箱(柜)、照明器具、电缆、配管配线、电气调整试验等执行规范附录 D 有关规定编码列项。

(1) 部分控制设备及低压电器安装工程量清单设置见表 6.4.1。

表 6.4.1 控制设备及低压电器安装工程量清单设置(部分)

项目编码	项目名称	项目特征	计量单位	工程量计算规则	工作内容
030404016	控制箱	1. 名称 2. 型号 3. 规格 4. 基础形式、材质、规格 5. 接线端子材质、规格 6. 端子板外部接线材质、规格 7. 安装方式	台	按设计图示数量计算	1. 本体安装 2. 基础型钢制作、安装 3. 焊、压接线端子 4. 补刷(喷)油漆 5. 接地
030404017	配电箱				
030404018	插座箱	1. 名称 2. 型号 3. 规格 4. 安装方式			1. 本体安装 2. 接地

续表

项目编码	项目名称	项目特征	计量单位	工程量计算规则	工作内容
030404031	小电器	1. 名称 2. 型号 3. 规格 4. 接线端子材质、规格	个 (套、台)	按设计图示数量计算	1. 本体安装 2. 焊、压接线端子 3. 接线
030404032	端子箱	1. 名称 2. 型号 3. 规格 4. 安装部位	台		1. 本体安装 2. 接线
030404033	风扇	1. 名称 2. 型号 3. 规格 4. 安装方式	台		1. 本体安装 2. 调速开关安装
030404034	照明开关	1. 名称 2. 材质 3. 规格 4. 安装方式	个		1. 本体安装 2. 接线
030404035	插座				
030404036	其他电器	1. 名称 2. 规格 3. 安装方式	个 (套、台)		1. 安装 2. 接线

注：1. 控制开关包括：自动空气开关、刀型开关、铁壳开关、胶盖刀闸开关、组合控制开关、万能转换开关、风机盘管三速开关、漏电保护开关等。

2. 小电器包括：按钮、电笛、电铃、水位电气信号装置、测量表计、继电器、电磁锁、屏上辅助设备、辅助电压互感器、小型安全变压器等。

3. 其他电器安装指：规范 GB 50856—2013 附录 D 表 D.4 中未列的电器项目。

4. 其他电器必须根据电器实际名称确定项目名称，明确描述工作内容、项目特征、计量单位、计算规则。

5. 盘、箱、柜的外部进出电线预留长度见规范 GB 50856—2013 附录 D 表 D.15.7-3。

(2) 电缆安装工程量清单设置见表 6.4.2。

表 6.4.2　电缆安装工程量清单设置

项目编码	项目名称	项目特征	计量单位	工程量计算规则	工作内容
030408001	电力电缆	1. 名称 2. 型号 3. 规格 4. 材质 5. 敷设方式、部位 6. 电压等级（kV） 7. 地形	m	按设计图示尺寸以长度计算（含预留长度及附加长度）	1. 电缆敷设 2. 揭（盖）盖板
030408002	控制电缆				
030408003	电缆保护管	1. 名称 2. 材质 3. 规格 4. 敷设方式	m	按设计图示尺寸以长度计算	保护管敷设
030408004	电缆槽盒	1. 名称 2. 材质 3. 规格 4. 型号			槽盒安装
030408005	铺砂、盖保护板（砖）	1. 种类 2. 规格			1. 铺砂 2. 盖板（砖）

续表

项目编码	项目名称	项目特征	计量单位	工程量计算规则	工作内容
030408006	电力电缆头	1. 名称 2. 型号 3. 规格 4. 材质、类型 5. 安装部位 6. 电压等级（kV）	个	按设计图示数量计算	1. 电力电缆头制作 2. 电力电缆头安装 3. 接地
030408007	控制电缆头	1. 名称 2. 型号 3. 规格 4. 材质、类型 5. 安装方式			
030408008	防火堵洞		处	按设计图示数量计算	安装
030408009	防火隔板	1. 名称 2. 材质 3. 方式 4. 部位	m^2	按设计图示尺寸以面积计算	
030408010	防火涂料		kg	按设计图示尺寸以质量计算	
030408011	电缆分支箱	1. 名称 2. 型号 3. 规格 4. 基础形式、材质、规格	台	按设计图示数量计算	1. 本体安装 2. 基础制作、安装

注：1. 电缆穿刺线夹按电缆头编码列项。
2. 电缆井、电缆排管、顶管，应按现行国家标准《市政工程工程量计算规范》GB 50857 相关项目编码列项。
3. 电缆敷设预留长度及附加长度见规范 GB 50856—2013 附录 D 表 D.15.7-5。

（3）配管、配线工程量清单设置见表 6.4.3。

表 6.4.3 配管、配线工程量清单设置

项目编码	项目名称	项目特征	计量单位	工程量计算规则	工作内容
030411001	配管	1. 名称 2. 材质 3. 规格 4. 配置形式 5. 接地要求 6. 钢索材质、规格	m	按设计图示尺寸以长度计算	1. 电线管路敷设 2. 钢索架设（拉紧装置安装） 3. 预留沟槽 4. 接地
030411002	线槽	1. 名称 2. 材质 3. 规格			1. 本体安装 2. 补刷（喷）油漆

续表

项目编码	项目名称	项目特征	计量单位	工程量计算规则	工作内容
030411003	桥架	1. 名称 2. 型号 3. 规格 4. 材质 5. 类型 6. 接地方式	m	按设计图示尺寸以长度计算	1. 本体安装 2. 接地
030411004	配线	1. 名称 2. 配线形式 3. 型号 4. 规格 5. 材质 6. 配线部位 7. 配线线制 8. 钢索材质、规格		按设计图示尺寸以单线长度计算（含预留长度）	1. 配线 2. 钢索架设（拉紧装置安装） 3. 支持体（夹板、绝缘子、槽板等）安装
030411005	接线箱	1. 名称 2. 材质 3. 规格 4. 安装形式	个	按设计图示数量计算	本体安装
030411006	接线盒				

注：1. 配管、线槽安装不扣除管路中间的接线箱（盒）、灯头盒、开关盒所占长度。
2. 配管名称指电线管、钢管、防爆管、塑料管、软管、波纹管等。
3. 配管配置形式指明配、暗配、吊顶内、钢结构支架、钢索配管、埋地敷设、水下敷设、砌筑沟内敷设等。
4. 配线名称指管内穿线、瓷夹板配线、塑料夹板配线、绝缘子配线、槽板配线、塑料护套配线、线槽配线、车间带形母线等。
5. 配线形式指照明线路，动力线路，木结构，顶棚内，砖、混凝土结构，沿支架、钢索、屋架、梁、柱、墙，以及跨屋架、梁、柱。
6. 配线保护管遇到下列情况之一时，应增设管路接线盒和拉线盒：(1) 管长度每超过 30m，无弯曲；(2) 管长度每超过 20m，有 1 个弯曲；(3) 管长度每超过 15m，有 2 个弯曲；(4) 管长度每超过 8m，有 3 个弯曲。垂直敷设的电线保护管遇到下列情况之一时，应增设固定导线用的拉线盒：(1) 管内导线截面为 50mm^2 及以下，长度每超过 30m；(2) 管内导线截面为 70~95mm^2，长度每超过 20m；(3) 管内导线截面为 120~240mm^2，长度每超过 18m。在配管清单项目计量时，设计无要求时上述规定可以作为计量接线盒、拉线盒的依据。
7. 配管安装中不包括凿槽、刨沟，应按附录 D 表 D.13 相关项目编码列项。
8. 配线进入箱、柜、板的预留长度见附录 D 表 D.15.7-8。

（4）部分照明器具安装工程量清单设置见表 6.4.4。

表 6.4.4 照明器具安装工程量清单设置（部分）

项目编码	项目名称	项目特征	计量单位	工程量计算规则	工作内容
030412001	普通灯具	1. 名称 2. 型号 3. 规格 4. 类型	套	按设计图示数量计算	本体安装
030412002	工厂灯	1. 名称 2. 型号 3. 规格 4. 安装形式			

续表

项目编码	项目名称	项目特征	计量单位	工程量计算规则	工作内容
030412003	高度标志（障碍）灯	1. 名称 2. 型号 3. 规格 4. 安装部位 5. 安装高度	套	按设计图示数量计算	本体安装
030412004	装饰灯	1. 名称 2. 型号 3. 规格 4. 安装形式			
030412005	荧光灯				

注：1. 普通灯具包括圆球吸顶灯、半圆球吸顶灯、方形吸顶灯、软线吊灯、座灯头、吊链灯、防水吊灯、壁灯等。
2. 工厂灯包括工厂罩灯、防水灯、防尘灯、碘钨灯、投光灯、泛光灯、混光灯、密闭灯等。

（5）部分电气调整试验工程量清单设置见表 6.4.5。

表 6.4.5　电气调整试验工程量清单设置（部分）

项目编码	项目名称	项目特征	计量单位	工程量计算规则	工作内容
030414001	电力变压器系统	1. 名称 2. 型号 3. 容量（kV·A）	系统	按设计图示系统计算	系统调试
030414002	送配电装置系统	1. 名称 2. 型号 3. 电压等级（kV） 4. 类型			

✱ 任务实施

编制专用宿舍楼动力及照明工程量清单。

6.5　动力及照明工程 BIM 计量与计价

（1）完成专用宿舍楼电气照明工程 BIM 计量。
（2）使用 GCCP 编制工程量清单，编制招标控制价。

在掌握图纸分析、算量分析以及 BIM 造价软件应用的基础上，独立或分组进行专用宿舍楼电气工程算量建模操作，完善清单编制，编制工程造价文件。

6.5.1 图纸、算量分析

(1) 图纸分析

使用 GQI 算量软件建模前,首先要清楚从图纸中读取下列与算量有关的信息。
① 楼层数、层高。
② 配电形式及配电箱放置的位置。
③ 灯具、开关、插座布置位置。
④ 桥架布置。
⑤ 配管配线材质、规格、布置方式。
⑥ 照明电气设备及装置安装、线路施工及电气调试运行等技术措施。

(2) 算量分析

采用 GQI 经典模式,对工程进行建模取量。
① 点式构件识别,包括配电箱、灯具、开关、插座等。结合图例表正确设置灯具、开关、插座等属性参数,结合配电箱系统图,正确设置配电箱尺寸、安装方式及安装高度,正确计算配电箱预留线工程量。
② 在动力平面图和照明平面图中,识别桥架图元并进行不重复计算的设置,同样设置包括重复识别的配电箱。
③ 读取系统图,使用软件自带功能新建配管配线构件,使用"多回路/单回路"命令识别照明及动力回路图元。
④ 使用设置起点、选择起点命令将桥架内的敷设线路正确提量。
⑤ 桥架支架、电气系统调试等可利用表格输入进行工程量计算。

6.5.2 GQI 算量软件操作

① 新建单位工程,设置楼层,如图 6.5.1 所示。

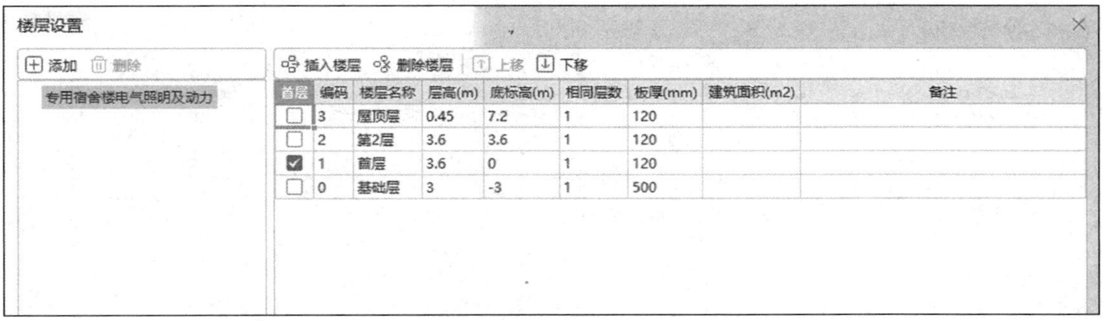

图 6.5.1 楼层设置

② 导入图纸,对图纸定位,并手动分割。
③ 识别动力系统配电箱、桥架、插座、照明系统灯具、开关等,如图 6.5.2、图 6.5.3 所示。

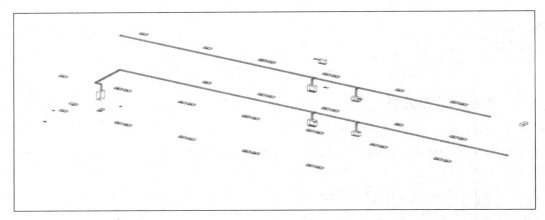

图 6.5.2　配电箱、桥架识别

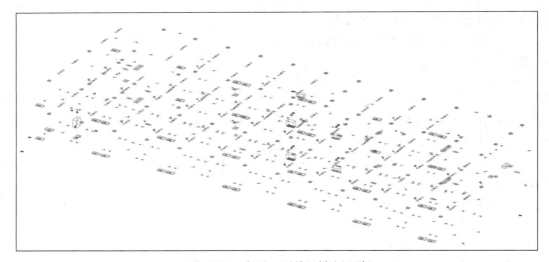

图 6.5.3　灯具、开关、插座识别

④ 提取配电箱、识别配管配线，如图 6.5.4、图 6.5.5 所示。

1	名称	回路编号	导线规格型号	导管规格型号	敷设方式	末端负荷	标高(m)	系统类型	配电箱信息
2	1AL1-WL1	WL1	ZRBV-3X2.5	SC15	CC/WC	应急照明	层顶标高	照明系统	1AL1
3	1AL1-WL2	WL2	BV-3X2.5	PC16	CC/WC	照明	层顶标高	照明系统	1AL1
4	1AL1-WL3	WL3	BV-3X2.5	PC16	CC/WC	照明	层顶标高	照明系统	1AL1
5	1AL1-WL4	WL4	BV-3X2.5	PC16	CC/WC	照明	层顶标高	照明系统	1AL1
6	1AL1-WL5	WL5	BV-3X2.5	PC16	CC/WC	照明	层顶标高	照明系统	1AL1
7	1AL1-WL6	WL6	BV-3X2.5	PC16	CC/WC	照明	层顶标高	照明系统	1AL1
8	1AL1-WL7	WL7	BV-3X2.5	PC16	CC/WC	照明	层顶标高	照明系统	1AL1
9	1AL1-WX1~WX11	WX1~WX11	BV-3X4.0	PC20	FC/WC	插座	层底标高	照明系统	1AL1

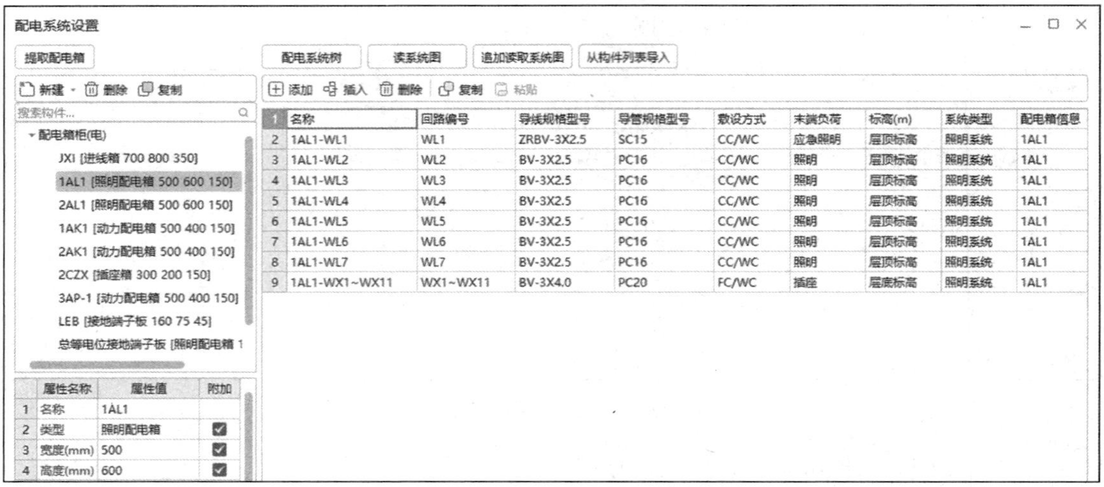

图 6.5.4　配电系统设置

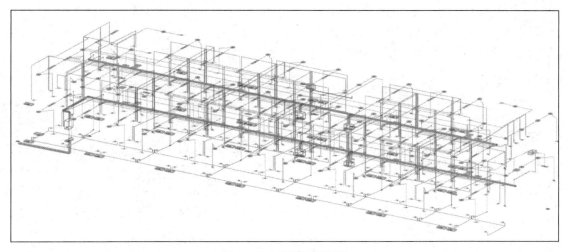

图 6.5.5 识别配管配线

⑤ 进行回路检查,如图 6.5.6 所示。

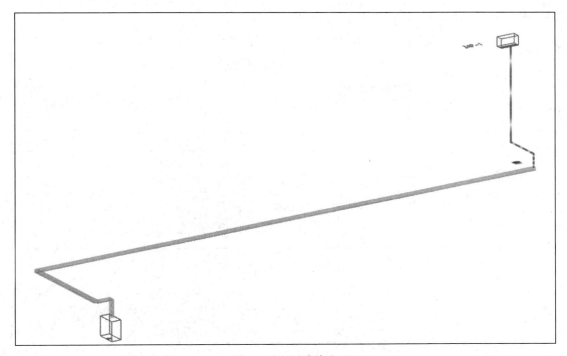

图 6.5.6 回路检查

⑥ 计算汇总,编制清单,如图 6.5.7 所示。
⑦ 核对工程量,导出清单报表,如图 6.5.8 所示。

6.5.3 GCCP 计价软件操作

① 新建单位工程预算文件。
② 导入清单,如图 6.5.9 所示。

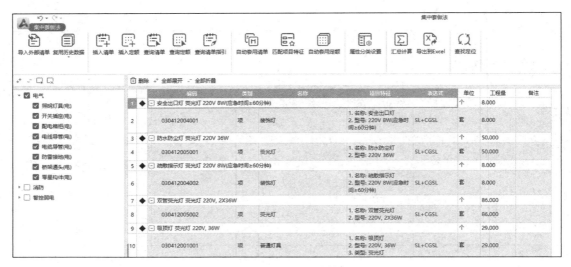

图 6.5.7 汇总计算

图 6.5.8 报表输出

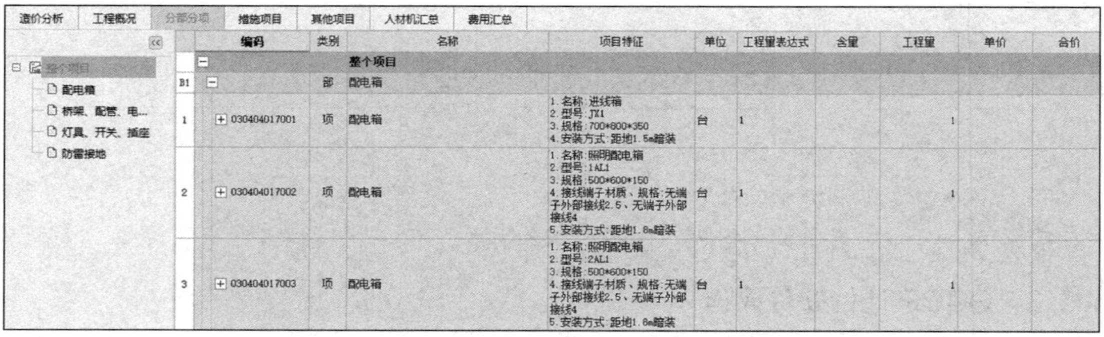

图 6.5.9 导入清单

③ 依据经批准和会审的施工图设计文件、施工组织设计文件和施工方案、《河南省通用

安装工程预算定额》(2016 版)、最新材料市场信息价等,编制分部分项工程费用,如图 6.5.10 所示。

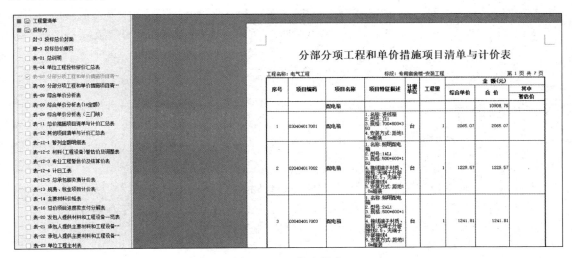

图 6.5.10 编制分部分项工程费用

④ 依据调差办法和增值税调整政策,完成采暖工程预算书的编制并输出报表,如图 6.5.11 所示。

图 6.5.11 输出报表

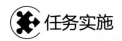任务实施

完成专用宿舍楼动力及照明工程 BIM 算量和造价文件编制。

单元七

防雷接地工程 BIM 计量与计价

本单元结合专用宿舍楼防雷接地工程案例，学习施工图识读方法和步骤，根据造价岗位技能要求，进一步夯实业务基础知识，依据工程量计算规则，掌握手工算量方法，学习和运用广联达安装工程 BIM 算量软件对防雷接地工程项目进行建模取量、清单编制以及造价文件编制。通过教学实施和任务实践，熟练掌握图纸识读技巧、列项计算工程量以及使用 GQI2021、GC-CP6.0 等软件解决工程实际问题。

 学习准备

- ◆ 计量规范、计价规范、验收规范、标准图集、《河南省通用安装工程预算定额》(第四册)。
- ◆ 安装并能够运行 GQI、GCCP 等软件。
- ◆ 专用宿舍楼防雷接地工程图纸及课程相关资源。

 学习目标

- ◆ 系统掌握防雷接地工程造价业务相关理论知识。
- ◆ 熟练识读防雷接地工程施工图，能够提取造价相关图纸信息。
- ◆ 掌握手工算量方法，能够运用 GQI 软件对工程进行建模取量、编制工程量清单。
- ◆ 掌握费用调整规则，能够运用 GCCP 软件编制造价文件。

 学习要点

单元内容	学习重点	相关知识点
相关理论知识	1. 理解系统形式、组成、功用 2. 掌握施工要求、验收标准	防雷接地系统设计方案、工程量计算规则
施工图识读	1. 掌握识读方法，理解图纸表达 2. 能够提取图纸有关造价关键信息	图纸组成、图示内容
防雷接地工程 BIM 计量与计价	1. 使用 GQI 建模取量、编制清单 2. 使用 GCCP 编制造价文件	GQI 基础操作、费用调整、GCCP 基础操作、工程计价

7.1 防雷接地工程基础知识

整理、归纳防雷接地工程基础知识,了解设计及施工质量验收规范相关规定,制作思维导图。

基础知识涉及防雷接地系统组成和形式,涉及接闪器、引下线、接地装置安装和接地电阻测试检验等,学习设计规范、图集、施工方案、施工组织设计及施工质量验收规范,了解新技术、新材料、新工艺、新设备在工程项目中的应用,并运用思维导图进行知识点梳理和总结,拓展和夯实对基础知识掌握的广度及深度。

7.1.1 建筑物的防雷分类

建筑物应根据其重要性、使用性质、发生雷电事故的可能性和后果,按防雷要求分为三类。

(1) 第一类防雷建筑物

指制造、使用或贮存炸药、火药、起爆药、军工用品等大量爆炸物质的建筑物;因电火花而引起爆炸,会造成巨大破坏和人身伤亡的建筑物等。

(2) 第二类防雷建筑物

指国家级重点文物保护的建筑物、国家级办公建筑物、大型展览和博览建筑物、大型火车站、国宾馆、国家级档案馆、大型城市的重要给水水泵房等特别重要的建筑物及对国民经济有重要意义且装有大量电子设备的建筑物等。

(3) 第三类防雷建筑物

指省级重点文物保护的建筑物及省级档案馆、预计雷击次数较多的工业建筑物、住宅、办公楼等一般性民用建筑物。

7.1.2 防雷系统安装方法及要求

属于防雷系统的有避雷网、避雷针、独立避雷针塔、引下线等。

(1) 避雷网安装

1) 沿混凝土块敷设。

① 混凝土块为一正方梯形体,在土建做屋面层之前按照图纸及规定的间距把混凝土块做好(混凝土块为预制),待土建施工完毕,混凝土块已基本牢固,然后将避雷带用焊接或用卡子固定于混凝土块的支架上;

② 在屋脊上水平敷设时,要求支座间距为1m,转弯处为0.5m。

2) 沿支架敷设。根据建筑物结构、形状的不同,分为沿天沟敷设、沿女儿墙敷设。所有防雷装置的各种金属件必须镀锌。水平敷设时要求支架间距为 1m，转弯处为 0.5m。

（2）避雷针安装

① 在烟囱上安装。根据烟囱的高度不同，一般安装 1～3 根避雷针，要求在引下线离地面 1.8m 处加断接卡子，并用角钢加以保护，避雷针应热镀锌。

② 在建筑物上安装。避雷针在屋顶上及侧墙上安装应参照有关标准进行施工。避雷针安装应包括底板、肋板、螺栓等。避雷针由安装施工单位根据图纸自行制作。

③ 在金属容器上安装。避雷针在金属容器顶上安装应按有关标准要求进行。

④ 避雷针（带）与引下线之间的连接应采用焊接或热剂焊（放热焊接）。

⑤ 避雷针（带）的引下线及接地装置使用的紧固件均应使用镀锌制品。当采用没有镀锌的地脚螺栓时应采取防腐措施。

⑥ 装有避雷针的金属筒体，当其厚度不小于 4mm 时，可作避雷针的引下线。筒体底部应至少有 2 处与接地体对称连接。

⑦ 建筑物上的避雷针或防雷金属网应和建筑物顶部的其他金属物体连接成一个整体。

⑧ 避雷针（网、带）及其接地装置应采取自下而上的施工程序。首先安装集中接地装置，后安装引下线，最后安装接闪器。

（3）独立避雷针塔安装

独立避雷针塔安装分为钢筋混凝土环形杆独立避雷针塔和钢筋结构独立避雷针塔两种。独立避雷针塔及其接地装置与道路或建筑物的出入口等的距离应大于 3m；当小于 3m 时，应采取均压措施或铺设卵石或沥青。独立避雷针塔的接地装置与接地网的地中距离不应小于 3m。

（4）引下线安装

引下线可采用扁钢和圆钢敷设，也可利用建筑物内的金属体。单独敷设时，必须采用镀锌制品，且其规格必须不小于下列规定：扁钢截面积为 48mm^2，厚度为 4mm；圆钢直径为 12mm。为了便于测量引下线的接地电阻，引下线沿外墙明敷时，宜在离地面 1.5～1.8m 处加断接卡子。暗敷时，断接卡可设在距地 300～400mm 的墙内的接地端子测试箱内。

（5）均压环安装

均压环是高层建筑为防侧击雷而设计的环绕建筑物周边的水平避雷带。

① 建筑物的均压环从哪一层开始设置、间隔距离、是否利用建筑物圈梁主钢筋等应由设计确定。如果设计不明确，当建筑物高度超过 30m 时，应在建筑物 30m 以上设置均压环。建筑物层高小于或等于 3m 的每两层设置一圈均压环，层高大于 3m 的每层设置一圈均压环。

② 均压环可利用建筑物圈梁的两条水平主钢筋（大于或等于 ϕ12mm），圈梁的主钢筋小于 ϕ12mm 的，可用四根水平主钢筋。用作均压环的圈梁钢筋应用同规格的圆钢接地焊接。没有圈梁的可敷设 40mm×4mm 扁钢作为均压环。

③ 用作均压环的圈梁钢筋或扁钢应与避雷引下线（钢筋或扁钢）连接，与避雷引下线连接形成闭合回路。

④ 在建筑物 30m 以上的金属门窗、栏杆等应用 ϕ10mm 圆钢或 25mm×4mm 扁钢与均压环连接。

7.1.3 接地系统安装方法及要求

接地系统包括接地极、户外接地母线、户内接地母线、接地跨接线、构架接地、防静电等。接地系统常用的材料有等边角钢、圆钢、扁钢、镀锌等边角钢、镀锌圆钢、镀锌扁钢、铜板、裸铜线、钢管等。

（1）接地极制作、安装

接地极制作、安装分为钢管接地极、角钢接地极、圆钢接地极、扁钢接地极、铜板接地极等。常用的为钢管接地极和角钢接地极。

① 接地极垂直敷设。根据图纸中的位置开沟，一般沟深为 0.8m，下口宽为 0.4m，上口宽为 0.5m。再将角钢或钢管接地极的一端削尖，将有尖的一头立放在已挖好的沟底上，垂直打入土沟内 2m 深，在沟底上部预留 50mm，将图纸规定的数量敷设完。再用扁钢将角钢接地极连接起来，即将接地极牢固地焊接在预留沟底上（50mm）的角钢接地极上（一般接地极长为 2.5m，垂直接地极的间距不宜小于其长度的 2 倍，通常为 5m），焊接处应涂沥青，最后回填土。

② 接地极水平敷设。水平埋设的接地体通常采用镀锌扁钢、镀锌圆钢等。镀锌扁钢的厚度应不小于 4mm，截面积不小于 $100mm^2$；镀锌圆钢的截面积不小于 $100mm^2$。水平接地体的长度，可根据施工条件和结构形式而定，一般为几米到几十米。水平接地体敷设于地下，距地面至少为 0.6m，且应在冻土层以下。如有多个接地体或接地网时，各接地体之间应保持 5m 以上的直线距离，埋入后的接地体周围应填土夯实。

③ 高土壤电阻率地区可采取降低接地电阻的措施：换土；对土壤进行处理，常用的材料有炉渣、木炭、电石渣、石灰、食盐等。

（2）户外接地母线敷设。

① 户外接地母线大部分采用埋地敷设。

② 接地线的连接采用搭接焊，其搭接长度是：扁钢为宽度的 2 倍（且至少 3 个棱边焊接）；圆钢为直径的 6 倍；圆钢与扁钢连接时，其长度为圆钢直径的 6 倍；扁钢与钢管或角钢焊接时，为了连接可靠，除应在其接触部位两侧进行焊接外，还应焊以由钢带弯成的弧形（或直角形）卡子，或直接用钢带弯成弧形（或直角形）与钢管（或角钢）焊接。

③ 回填土时，不应夹有石块、建筑材料或垃圾等；外取的土壤不得有较强的腐蚀性；在回填土时应分层夯实。

（3）户内接地母线敷设。

① 户内接地母线大多是明设，分支线与设备连接的部分大多数为埋设。

② 明设接地线支持件间的距离，在水平直线部分宜为 0.5～1.5m，垂直部分宜为 1.5～3m，转弯部分宜为 0.3～0.5m。

③ 接地线沿建筑物墙壁水平敷设时，离地面距离宜为 250～300mm；接地线与建筑物墙壁间的间隙宜为 10～15mm。

✱ 任务实施

使用思维导图对防雷接地工程基础知识进行整理。

7.2 防雷接地工程施工图识读

（1）专用宿舍楼防雷接地工程施工图由哪些图纸构成？在图纸中反映出哪些工程信息？

（2）防雷接地工程工程量计算包含哪些内容？在图纸中可提取哪些算量相关的关键信息？

（3）完成专用宿舍楼防雷接地工程图纸的识读任务。

防雷接地工程是建筑电气工程的重要组成，在电气施工图纸中，有关防雷接地系统的设计、施工及接地电阻测试做法会在电气设计和施工说明图纸中有所体现。防雷平面图反映出避雷带、避雷网的平面布置及施工做法，此外在屋面平面图中，还标识有引下线的位置，接地平面图反映防雷接地系统的接地做法，如：采用人工接地体，或建筑基础（基础梁）内钢筋等。

读图时，思考接闪器、引下线和接地体由什么构成，之间的连接是否可靠，是否满足建筑防雷等级设计要求，接地电阻是否满足接地要求，是否采取其他改善措施，接地电阻测试方法是什么。

7.2.1 防雷接地工程施工图的组成与识图方法

（1）防雷接地工程施工图组成

防雷接地工程是建筑电气工程的重要组成，在电气施工图纸中，有关防雷接地系统的设计、施工及接地电阻测试做法会在电气设计和施工说明图纸中有所体现。

建筑电气屋顶平面图反映出避雷带、避雷网的平面布置及施工做法，此外在屋面平面图中，还标识有引下线的位置。

建筑电气施工图纸中，基础接地平面图反映防雷接地系统的接地做法，如：采用人工接地体，或建筑基础（基础梁）内钢筋等。

（2）防雷接地施工图识读方法

识读防雷接地施工图，可从以下几个要点着手：

① 防雷接地分为三个部分——接闪器、引下线、接地体（接地极），从图纸中读取每一部分的工程做法；

② 接闪器由什么构成，是否满足要求；

③ 引下线由什么构成，是否满足要求；

④ 接地体由什么构成，是否满足要求；

⑤ 看三者之间的连接是否可靠，是否满足连续电气贯通；

⑥ 看是否采用热浸镀锌（防腐要求），接地电阻是否满足接地要求，是否采取其他改善措施，接地电阻测试方法是什么。

7.2.2 专用宿舍楼防雷接地系统图纸识读

(1) 电气设计施工说明

设计依据《建筑物防雷设计规范》(GB 50057—2010) 和其他有关国家及地方现行规定、规范和标准。

建筑物防雷等级为三级，防雷装置设计需满足防直击雷、雷电波侵入，设置总等电位联结。屋顶采用 $\phi 10mm$ 热镀锌圆钢做避雷带，屋顶避雷带连接线网格不大于 $20m\times 20m$ 或 $24m\times 16m$，利用建筑物钢筋混凝土柱子或剪力墙内对角两根 $\phi 16mm$ 或以上主筋通长连接作为引下线，引下线间距不大于 25m。所有外墙引下线在室外地面下 1m 处，引出一根 $40mm\times 4mm$ 热镀锌扁钢，扁钢伸出室外散水预留长度不小于 1m。接地极为建筑物基础底梁上的上下两层钢筋中的两根主筋通长连接形成的基础接地网。引下线上端与避雷带连接，下端与接地极连接。建筑物四角的外墙引下线在室外地面上 0.5m 处设测试卡子。突出屋面的所有金属构件、金属管道、金属屋面、金属屋架等均与避雷带可靠连接。室外接地凡焊接处均应刷沥青防腐。

本章所引用的工程防雷接地、电气设备的保护接地等的接地共用统一的接地极，接地电阻值要求为上述接地系统接地电阻最小值不大于 1Ω，实测不满足要求时增设人工接地极。

(2) 屋顶防雷平面图（图 7.2.1）

屋顶结构标高 7.2m，楼梯间屋顶结构标高 10.8m，结合建筑施工图确定女儿墙高。

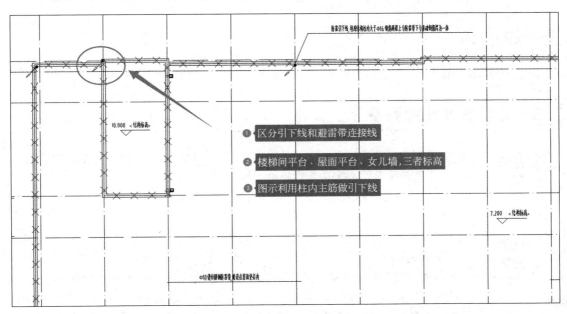

图 7.2.1 屋顶防雷平面图

(3) 基础接地平面图（图 7.2.2）

结合屋顶防雷平面图和基础接地平面图，确定引下线位置、根数。

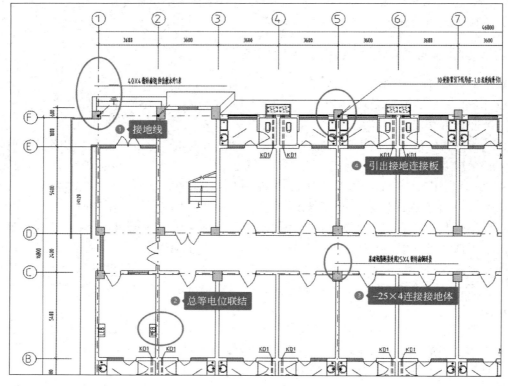

图 7.2.2 基础接地平面图

✱ 任务实施

识读专用宿舍楼防雷接地系统图纸，使用思维导图进行归纳。

7.3 工程量计算规则及手工算量

（1）理解电气工程定额中有关防雷接地部分工程量计算规则，制作思维导图。
（2）手工计算专用宿舍楼防雷接地工程工程量。

统计工程量时，需考虑三个方面。一是划分计量范围，初步确定工程量计算内容，依据定额计量规则，选用正确或合适的定额子目，根据工程实际考虑是否进行费用或定额系数调整等问题，如高层建筑增加费、操作高度施工增加费等。二是结合工程特点，分列计算项目，便于关联项目工程量统计和计算（如有不同防腐要求或绝热要求的同材质、同规格的管道等），考虑技术措施，预设工作内容，避免工程量统计漏项漏量。三是针对图样中不明确的内容，可依据标准图纸、验收规范等进行合理设置，工程量统计时可做注明。

7.3.1 防雷与接地装置安装工程有关说明

(1) 本章定额适用于建筑物与构筑物的防雷接地、变配电系统接地、设备接地以及避雷针（塔）接地等装置安装。

(2) 接地极安装与接地母线敷设定额不包括采用爆破法施工、接地电阻率高的土质换土、接地电阻测定工作。工程实际发生时，执行相关定额。

(3) 避雷针制作、安装定额不包括避雷针底座及埋件的制作与安装。工程实际发生时，应根据设计划分，分别执行相关定额。

(4) 避雷针安装定额综合考虑了高空作业因素，执行定额时不做调整。避雷针安装在木杆和水泥杆上时，包括了其避雷引下线安装。

(5) 独立避雷针安装包括避雷针塔架、避雷引下线安装，不包括基础浇筑。塔架制作执行第四册第七章"金属构件、穿墙套板安装工程"制作定额。

(6) 利用建筑结构钢筋作为接地引下线安装定额是按照每根柱子内焊接两根主筋编制的，当焊接主筋超过两根时，可按照比例调整定额安装费。防雷均压环是利用建筑物梁内主筋作为防雷接地连接线考虑的，每一梁内按焊接两根主筋编制，当焊接主筋数超过两根时，可按比例调整定额安装费。如果采用单独扁钢或圆钢明敷设作为均压环时，可执行户内接地母线敷设相应定额。

(7) 利用铜绞线作为接地引下线时，其配管、穿铜绞线执行同规格相关定额。

(8) 高层建筑物屋顶防雷接地装置安装应执行避雷网安装定额。避雷网安装沿折板支架敷设定额包括了支架制作与安装，不得另行计算。电缆支架的接地线安装执行"户内接地母线敷设"定额。

(9) 利用基础梁内两根主筋焊接连通作为接地母线时，执行"均压环敷设"定额。

(10) 户外接地母线敷设定额是按照室外整平标高和一般土质综合编制的，包括地沟挖填土和夯实，执行定额时不再计算土方工程量。户外接地沟挖深为 0.75m，每米沟长土方量为 $0.34m^3$。如设计要求埋设深度与定额不同时，应按照实际土方量调整。如遇有石方、矿渣、积水、障碍物等情况时应另行计算。

(11) 利用建（构）筑物梁、柱、桩承台等接地时，柱内主筋与梁、柱内主筋与桩承台跨接不另行计算，其工作量已经综合在相应的项目中。

(12) 本章定额不包括固定防雷接地设施所用的预制混凝土块制作（或购置混凝土块）与安装费用。工程实际发生时，执行《河南省房屋建筑与装饰工程预算定额》相应项目。

7.3.2 防雷与接地装置安装工程计算规则

(1) 避雷针制作根据材质及针长，按照设计图示安装成品数量以"根"为计量单位。

(2) 避雷针、避雷小短针安装根据安装地点及针长，按照设计图示安装成品数量以"根"为计量单位。

(3) 独立避雷针安装根据安装高度，按照设计图示安装成品数量以"基"为计量单位。

(4) 避雷引下线敷设根据引下线采取的方式，按照设计图示敷设数量以"m"为计量单位。

(5) 断接卡子制作安装按照设计规定装设的断接卡子数量以"套"为计量单位。检查井内接地的断接卡子安装按照每井一套计算。

(6) 均压环敷设长度按照设计需要作为均压接地梁的中心线长度以"m"为计量单位。

(7) 接地极制作与安装根据材质和土质，按照设计图示安装数量以"根"为计量单位。接地极长度按照设计长度计算，设计无规定时，每根按照2.5m计算。

(8) 避雷网、接地母线敷设按照设计图示敷设数量以"m"为计量单位。计算长度时，按照设计图示水平和垂直规定长度3.9%计算附加长度（包括转弯、上下波动、避绕障碍物、搭接头等长度），当设计有规定时，按照设计规定计算。

(9) 接地跨接线安装根据跨接线位置，结合规程规定，按照设计图示跨接数量以"处"为计量单位。户外配电装置构架按照设计要求需要接地时，每组构架计算一处；钢窗、铝合金窗按照设计要求需要接地时，每一樘金属窗计算一处。

(10) 桩承台接地根据桩连接根数，按照设计图示数量以"基"为计量单位。

(11) 电子设备防雷接地装置安装根据需要避雷的设备，按照个数计算工程量。

(12) 阴极保护接地根据设计采取的措施，按照设计用量计算工程量。

(13) 等电位装置安装根据接地系统布置，按照安装数量以"套"为计量单位。

(14) 接地网测试

① 工程项目连成一个母网时，按照一个系统计算测试工程量；单项工程或单位工程自成母网不与工程项目母网相连的独立接地网，单独计算一个系统测试工程量。

② 工厂、车间、大型建筑群各自有独立的接地网（按照设计要求），在最后将各接地网连在一起时，需要根据具体的测试情况计算系统测试工程量。

任务实施

(1) 梳理防雷接地工程算量规则，制作思维导图。

(2) 计算专用宿舍楼防雷接地工程工程量。

7.4 防雷接地工程清单编制

(1) 了解防雷接地工程工程量列项计算的内容。
(2) 根据工程量计算规范，编制案例工程工程量清单。

编制工程量清单时，需明确图示计量范围和内容，依据规则按规格、材质、部位等条件列项，规范项目名称，明确清单单位，完善项目特征描述，完整、正确计算工程量，整理合并清单项目。

7.4.1 防雷接地工程量计算列项

列项项目包括:计算接闪器(避雷器等)、引下线、接地母线、人工接地体、均压环等工程量;断接卡子及接地电阻测试点;采用柱内钢筋做引下线时,与避雷网和接地母线的焊接点;圈梁钢筋做均压环的焊接点;图示有要求的与金属部位焊接点、计算局部等电位箱或总等电位箱、接地装置测试项目等。

7.4.2 清单编制相关规定

防雷及接地装置工程量清单项目设置、项目特征描述的内容、计量单位及工程量计算规则,应按表7.4.1的规定执行。

表 7.4.1 防雷及接地装置(编码:030409)

项目编码	项目名称	项目特征	计量单位	工程量计算规则	工作内容
030409001	接地极	1. 名称 2. 材质 3. 规格 4. 土质 5. 基础接地形式	根(块)	按设计图示数量计算	1. 接地极(板、桩)制作、安装 2. 基础接地网安装 3. 补刷(喷)油漆
030409002	接地母线	1. 名称 2. 材质 3. 规格 4. 安装部位 5. 安装形式	m	按设计图示尺寸以长度计算(含附加长度)	1. 接地母线制作、安装 2. 补刷(喷)油漆
030409003	避雷引下线	1. 名称 2. 材质 3. 规格 4. 安装部位 5. 安装形式 6. 断接卡子、箱材质、规格			1. 避雷引下线制作、安装 2. 断接卡子、箱制作、安装 3. 利用主钢筋焊接 4. 补刷(喷)油漆
030409004	均压环	1. 名称 2. 材质 3. 规格 4. 安装形式			1. 均压环敷设 2. 钢铝窗接地 3. 柱主筋与圈梁焊接 4. 利用圈梁钢筋焊接 5. 补刷(喷)油漆
030409005	避雷网	1. 名称 2. 材质 3. 规格 4. 安装形式 5. 混凝土块标号			1. 避雷网制作、安装 2. 跨接 3. 混凝土块制作 4. 补刷(喷)油漆

续表

项目编码	项目名称	项目特征	计量单位	工程量计算规则	工作内容
030409006	避雷针	1. 名称 2. 材质 3. 规格 4. 安装形式、高度	根	按设计图示数量计算	1. 避雷针制作、安装 2. 跨接 3. 补刷（喷）油漆
030409007	半导体少长针消雷装置	1. 型号 2. 高度	套		本体安装
030409008	等电位端子箱、测试板	1. 名称 2. 材质 3. 规格	台（块）		
030409009	绝缘垫		m²	按设计图示尺寸以展开面积计算	1. 制作 2. 安装
030409010	浪涌保护器	1. 名称 2. 规格 3. 安装形式 4. 防雷等级	个	按设计图示数量计算	1. 本体安装 2. 接线 3. 接地
030409011	降阻剂	1. 名称 2. 类型	kg	按设计图示以质量计算	1. 挖土 2. 施放降阻剂 3. 回填土 4. 运输

注：1. 利用桩基础作接地极，应描述桩台下桩的根数，每桩台下需焊接柱筋根数，其工程量按柱引下线计算；利用基础钢筋作接地极按均压环项目编码列项。
2. 利用柱筋作引下线的，需描述柱筋焊接根数。
3. 利用圈梁筋作均压环的，需描述圈梁筋焊接根数。
4. 使用电缆、电线作接地线，应按 GB 50856—2013 附录 D.8、D.12 相关项目编码列项。
5. 接地母线、引下线、避雷网附加长度见表 7.4.2。

表 7.4.2　接地母线、引下线、避雷网附加长度

项目	附加长度	说明
接地母线、引下线、避雷网附加长度	3.9%	按接地母线、引下线、避雷网全长计算

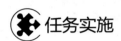

任务实施

编制专用宿舍防雷接地工程量清单。

7.5 防雷接地工程 BIM 计量与计价

（1）专用宿舍楼防雷接地工程用 BIM 计量，编制工程量清单，编制招标控制价。
（2）对某项目防雷接地工程计量，编制工程量清单，强化 BIM 造价软件应用。

在掌握图纸分析、算量分析以及 BIM 造价软件应用的基础上，独立或分组进行专用宿舍楼防雷接地工程算量建模操作，完善清单编制，主材价格借助广材助手或市场询价，编制工程造价文件。

7.5.1 图纸、算量分析

（1）图纸分析
使用 GQI 算量软件建模前，首先要从图纸中读取下列与算量有关的信息。
① 楼层数、层高；
② 建筑防雷等级、防雷设计内容；
③ 避雷带及避雷网设计方案是否满足建筑防雷等级设计；
④ 引下线设计方法是否满足建筑防雷等级设计；
⑤ 接地装置设计方法、接地电阻测试方法；
⑥ 等电位连接设计及做法。
（2）算量分析
采用 GQI 经典模式，对工程进行建模取量。
① 分析避雷带规格、位置及支撑卡设置，设置构件材质、标高参数等信息；
② 引下线采用柱内钢筋，合理设置引下线参数；
③ 基础梁内钢筋做接地体，断接处使用接地母线连接，增设人工接地极，连接人工接地极的接地母线应进行绘制，合理设置参数；
④ 接地电阻测试卡等可利用表格输入进行工程量计算。

7.5.2 GQI 算量软件操作

① 新建单位工程，进行楼层设置。
② 导入图纸，对图纸定位，并手动分割。
③ 结合图纸，设置防雷接地构件参数。
④ 绘制或识别避雷网、引下线及接地装置等图元，如图 7.5.1～图 7.5.3 所示。

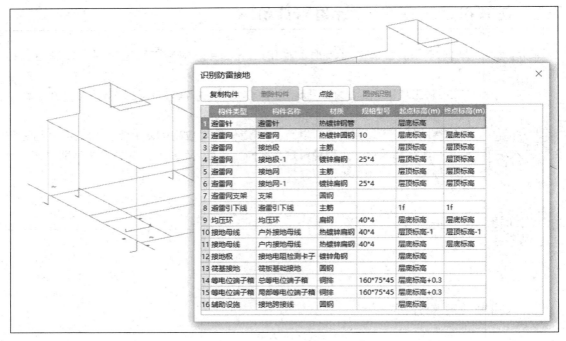

图 7.5.1 识别防雷接地

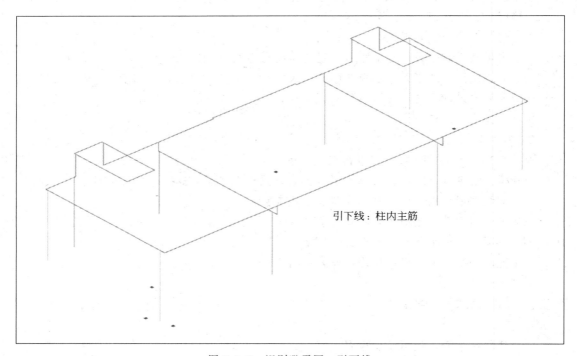

图 7.5.2 识别避雷网、引下线

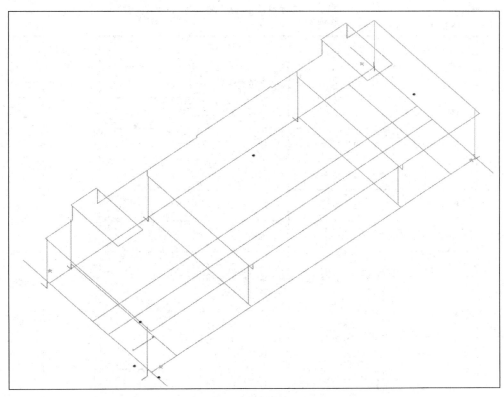

图 7.5.3　识别接地线

⑤ 计算汇总，编制清单，如图 7.5.4 所示。

图 7.5.4　汇总计算

⑥ 核对工程量，导出清单报表，如图 7.5.5 所示。

工程量清单汇总表

工程名称：专用宿舍楼　　　　　　　　　　　　　　　　　　　　　　　　　　　　专业：电气

序号	编码	项目名称	项目特征	单位	工程量
57	030408007001	控制电缆头	1. 规格：KVV-4×1.5	个	2.000
58	030408006001	电力电缆头	1. 规格：YJV22-4×185	个	1.000
59	030408006002	电力电缆头	1. 规格：YJV-4×35+16	个	2.000
60	030408006003	电力电缆头	1. 规格：YJV-4×35+16	个	4.000
61	030408006004	电力电缆头	1. 规格：YJV-4×50+25	个	6.000
62	030408006005	电力电缆头	1. 规格：YJV-5×6	个	2.000
63	030409005001	避雷网	1. 名称：避雷网 2. 材质：热镀锌圆钢 3. 规格：10	m	226.856
64	030409005002	避雷网	1. 名称：接地极-1 2. 材质：镀锌扁钢 3. 规格：25×4	m	1.802
65	030409005003	避雷网	1. 名称：接地网 2. 材质：主筋	m	312.202
66	030409005004	避雷网	1. 名称：接地网-1 2. 材质：镀锌扁钢 3. 规格：25×4	m	2.621
67	030409003001	避雷引下线	1. 名称：避雷引下线 2. 材质：主筋	m	72.522
68	030409002001	接地母线	1. 名称：户内接地母线 2. 材质：热镀锌扁钢 3. 规格：40×4	m	4.058
69	030409002002	接地母线	1. 名称：户外接地母线 2. 材质：热镀锌扁钢 3. 规格：40×4	m	13.729
70	030409001001	接地极	1. 名称：接地电阻检测卡子 2. 材质：镀锌角钢	根/块	4.000
71	030411006001	接线盒	1. 名称：JXH-1 2. 规格：86mm×86mm	个	365.000
72	030411006002	接线盒	1. 名称：JXH-2 2. 规格：86mm×86mm	个	195.000

图 7.5.5　报表输出

7.5.3　GCCP 计价软件操作

① 新建单位工程预算文件。

② 导入清单，如图 7.5.6 所示。

	编码	类别	名称	项目特征	单位	工程量表达式	含量	工程量	单价	合价
B1			防雷接地							
1	030409005001	项	避雷网	1. 名称：避雷网 2. 材质：Φ10镀锌圆钢 3. 安装形式：明设在女儿墙上	m	192.783		192.78		
2	030409005002	项	避雷网	1. 名称：避雷网 2. 材质：Φ10镀锌圆钢 3. 安装形式：暗设在屋面垫层内	m	55.476		55.48		
3	030409003001	项	避雷引下线	1. 名称：避雷引下线 2. 材质：主内主筋 3. 安装部位：防雷引下线，利用结构柱内大于Φ16钢筋两根上与防雷带下与基础钢筋焊为一体 4. 断接卡子、箱材质、规格：断接卡子 5. 其他：焊接点	m	85.198		85.2		
4	030409004001	项	均压环	1. 名称：接地网 2. 材质：接地极为建筑物基础底梁上的上下两层钢筋中的两根主筋通长连接形成的基础接地网。	m	334.53		334.53		
5	030409002001	项	接地母线	1. 名称：户内接地母线 2. 材质：镀锌扁钢 3. 规格：25×4 4. 安装部位：基础钢筋断接处用25X4镀锌扁钢连接	m	10.26		10.26		
6	030409002002	项	接地母线	1. 名称：户外接地母线 2. 材质：镀锌扁钢 3. 规格：40×4 4. 安装部位：基础钢筋断接处用25X4镀锌扁钢连接	m	19.74		19.74		
7	030409008001	项	等电位端子箱、测试板	1. 名称：总等电位端子箱（MEB） 2. 规格：甲方自选	台	1		1		
8	030409008002	项	等电位端子箱、测试板	1. 名称：局部等电位端子箱（LEB） 2. 规格：甲方自选	台	44		44		

图 7.5.6　导入清单

③ 依据经批准和会审的施工图设计文件、施工组织设计文件和施工方案、《河南省通用安装工程预算定额》（2016 版）、最新材料市场信息价等，编制分部分项工程费用，如图 7.5.7 所示。

	编码	类别	名称	项目特征	单位	工程量表达式	含量	工程量	单价	合价	综合单价
B1			防雷接地								
1	030409005001	项	避雷网	1. 名称：避雷网 2. 材质：Φ10镀锌圆钢 3. 安装形式：明设在女儿墙上	m	192.783		192.78			34.23
	4-10-45	定	避雷网安装 沿折板支架敷设		m	QDL	1	192.78	35.55	6853.33	34.23
	01090517@1	主	镀锌圆钢		m		1.05	202.419	7.32	1481.71	
2	030409005002	项	避雷网	1. 名称：避雷网 2. 材质：Φ10镀锌圆钢 3. 安装形式：暗设在屋面垫层内	m	55.476		55.48			20.93
	4-10-44	定	避雷网安装 沿混凝土块敷设		m	QDL	1	55.48	17.82	988.65	20.93
	01090517@1	主	镀锌圆钢		m		1.05	58.254	7.32	426.42	
3	030409003001	项	避雷引下线	1. 名称：避雷引下线 2. 材质：主内主筋 3. 安装部位：防雷引下线，利用结构柱内大于Φ16钢筋两根上与防雷带下与基础钢筋焊为一体 4. 断接卡子、箱材质、规格：断接卡子 5. 其他：焊接点	m	85.198		85.2			21.79
	4-10-42	定	避雷引下线敷设 利用建筑结构钢筋引下		m	QDL	1	85.2	13.82	1177.46	11.05
	4-10-43	定	避雷引下线敷设 断接卡子制作安装		套	4	0.0469484	4	44.89	179.56	32.69
	4-10-47	定	避雷网安装 柱主筋与圈梁钢筋焊接		处	20	0.2347418	20	51.83	1036.6	39.23
4	030409004001	项	均压环	1. 名称：接地网 2. 材质：接地极为建筑物基础底梁上的上下两层钢筋中的两根主筋通长连接形成的基础接地网。	m	334.53		334.53			4.65
	4-10-46	定	避雷网安装 均压环敷设 利用圈梁钢筋		m	QDL	1	334.53	5.87	1963.69	4.65
5	030409002001	项	接地母线	1. 名称：户内接地母线 2. 材质：镀锌扁钢 3. 规格：25×4 4. 安装部位：基础钢筋断接处用25X4镀锌扁钢连接	m	10.26		10.26			37.46

图 7.5.7　分部分项费用编制

④ 依据调差办法和增值税调整政策调整价格指数（图 7.5.8），完成采暖工程预算书的

编制并输出报表。

图 7.5.8　价格指数调整

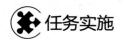 任务实施

完成专用宿舍楼防雷接地工程 BIM 算量和造价文件编制。

单元八
火灾自动报警系统 BIM 计量与计价

本单元结合专用宿舍楼火灾自动报警系统案例，学习施工图识读方法和步骤，根据造价岗位技能要求，进一步夯实业务基础知识，依据工程量计算规则，掌握手工算量方法，学习和运用广联达安装工程 BIM 算量软件对火灾自动报警系统进行建模取量、编制清单以及造价文件编制。通过教学实施和任务实践，熟练掌握图纸识读技巧、列项计算工程量以及使用 GQI2021、GCCP6.0 等软件解决工程实际问题。

 学习准备

- ◆ 计量规范、计价规范、验收规范、标准图集、《河南省通用安装工程预算定额》（第四册）。
- ◆ 安装并能够运行 GQI、GCCP 等软件。
- ◆ 专用宿舍楼火灾自动报警系统图纸及课程相关资源。

 学习目标

- ◆ 系统掌握消防（电）造价业务相关理论知识。
- ◆ 熟练识读火灾自动报警系统施工图，能够提取造价相关图纸信息。
- ◆ 掌握手工算量方法，能够运用 GQI 软件对工程进行建模取量、编制工程量清单。
- ◆ 掌握费用调整规则，能够运用 GCCP 软件编制造价文件。

 学习要点

单元内容	学习重点	相关知识点
相关理论知识	1. 理解系统形式、组成、功用 2. 掌握施工要求、验收标准	火灾自动报警系统设计方案、工程量计算规则
施工图识读	1. 掌握识读方法，理解图纸表达 2. 能够提取图纸有关造价关键信息	图纸组成、图示内容
火灾自动报警系统 BIM 计量与计价	1. 使用 GQI 建模取量、编制清单 2. 使用 GCCP 编制造价文件	GQI 基础操作、费用调整、GCCP 基础操作、工程计价

8.1 火灾自动报警系统基础知识

整理、归纳火灾自动报警及消防联动系统基础知识，了解设计及施工质量验收规范相关规定，制作思维导图。

基础知识涉及自动报警及消防联动系统组成和形式，涉及火灾探测、报警和联动控制设施的安装及检测等，学习设计规范、图集、施工方案、施工组织设计及施工质量验收规范，了解新技术、新材料、新工艺、新设备在工程项目中的应用，并运用思维导图进行知识点梳理和总结，拓展和夯实对基础知识掌握的广度和深度。

8.1.1 火灾自动报警系统组成

火灾报警系统由三部分组成，即火灾探测器、报警器和联动控制。

火灾探测器将火灾发生初期所产生的烟、热、光转变成电信号，送入报警器；报警器将收到的报警电信号显示和传递；联动控制由一系列控制系统组成，如灭火、防排烟、广播、消防通信等。

8.1.2 火灾自动报警系统设备

（1）火灾探测器

1）火灾探测器的组成

通常由传感元件、电路、固定部件和外壳四部分组成。

① 传感元件。它的作用是将火灾燃烧的特征物理量转换成电信号。凡是对烟雾、温度、辐射光和气体浓度等敏感的传感元件都可使用。它是探测器的核心部分。

② 电路。它的作用是将传感元件转化所得的电信号进行放大并处理成火灾报警控制器所需要的信号，通常由转换电路、抗干扰电路、保护电路、指示电路和接口电路等组成。

③ 固定部件和外壳。其作用是将传感元件、电路印刷板、接插件、确认灯等连成一体，防止阳光、灰尘、气流、高频电磁波等干扰和机械力的破坏。

2）火灾探测器的类型

① 按信息采集类型分为感烟探测器、感温探测器、火焰探测器、特殊气体探测器；

② 按设备对现场信息采集原理分为离子型探测器、光电型探测器、线型探测器；

③ 按设备在现场的安装方式分为点式探测器、缆式探测器、红外光束探测器；

④ 按探测器与控制器的接线方式分为总线制、多线制；总线制又分编码的和非编码的，而编码的又分电子编码和拨码开关编码。拨码开关编码又叫拨码编码，它又分为二进制编

码、三进制编码。

3）火灾探测器的设置与布局

① 探测区域内的每个房间至少应设置一只火灾探测器；

② 感烟、感温探测器的保护面积和保护半径应按表 8.1.1 确定。

表 8.1.1　感烟、感温探测器的保护面积和保护半径

火灾探测器的种类	地面面积 S/m^2	房间高度 h/m	一只探测器的保护面积 A 和保护半径 R					
			屋顶坡度					
			$\theta \leqslant 15°$		$15 < \theta \leqslant 30°$		$\theta > 30°$	
			A/m^2	R/m	A/m^2	R/m	A/m^2	R/m
感烟探测器	$S \leqslant 80$	$h \leqslant 12$	80	6.7	80	7.2	80	8.0
	$S > 80$	$6 < h \leqslant 12$	80	6.7	100	8.0	120	9.9
		$h \leqslant 6$	60	5.8	80	7.2	100	9.0
感温探测器	$S \leqslant 30$	$h \leqslant 8$	30	4.4	30	4.9	30	5.5
	$S > 30$	$h \leqslant 8$	20	3.6	30	4.9	40	6.3

（2）火灾报警控制器

火灾报警控制器是能够为火灾探测器供电，并能接收、处理及传递探测点的火警电信号，发出声、光报警信号，同时显示及记录火灾发生的部位和时间，向联动控制器发出联动通信信号的报警控制装置。

（3）联动控制器

联动控制器除具有普通火灾控制器功能外，还要有：

① 切断火灾发生区域的正常供电电源，接通消防电源；

② 能启动消火栓灭火系统的消防泵，能启动自动喷水灭火系统的喷淋泵并显示状态；

③ 能打开雨淋灭火系统的控制阀，启动雨淋泵；能打开气体或化学灭火系统的容器阀，能在容器阀动作之前手动急停，并显示状态；

④ 能控制防火卷帘门的半降、全降；能控制平开防火门，显示所处的状态；

⑤ 能关闭空调送风系统的送风机；能开防排烟系统的排烟机，显示状态；

⑥ 能控制常用电梯，使其自动降至首层；

⑦ 能使受其控制的火灾应急广播、应急照明系统工作；

⑧ 能使相关的疏散、诱导指示设备、警报装置进入工作状态。

（4）火灾现场报警装置

① 手动报警按钮。它是由现场人工确认火灾后，手动输入报警信号的装置。

② 声、光报警器。火警时可发出声、光报警信号。其工作电压由外控电源提供，由联动控制器的配套执行器件（继电器盒、远程控制器或输出控制模块）来控制。

③ 警笛、警铃。火警时可发出声报警信号（变调音）。同样由联动控制器输出控制信号驱动现场的配套执行器件完成对警笛、警铃的控制。

（5）消防通信设备

① 消防广播。

② 消防电话。消防电话应为独立的消防通信网络系统。消防控制室应设置消防专用电话总机。重要场所应设置电话分机，分机应为免拨号式的。

8.1.3 消防联动系统及关键器件

(1) 消防联动系统框架

火灾自动报警与消防联动系统框架见图 8.1.1。

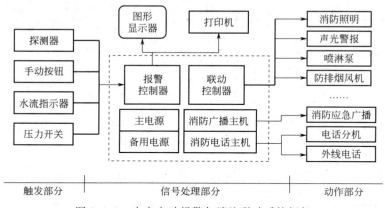

图 8.1.1 火灾自动报警与消防联动系统框架

(2) 消防联动系统关键器件

1) 模块

模块的作用有：

① 信号转换和传输。即把开关信号转换成数字信号，并传递给报警控制器。例如：水流指示器、压力开关的动作是开关信号，需经模块转换成数字信号，报警控制器才能识别。

② 控制消防设备。通常情况下，消防设备（如风阀、卷帘门等）不具备识别数字信号的能力，模块就担当了"翻译"的角色，并且报警控制器传出来的指令都是信号级别的（24V，5~20mA），不足以驱动消防设备，模块可以提供较大电流驱动一些小型消防设备，如广播切换模块、非消防电源脱扣模块等。

2) 短路隔离器

总线回路中，一旦某一点发生短路，整个报警控制器将无法正常工作。为了避免报警控制器陷入瘫痪，总线上每一个支路的起点处都要装设一个短路隔离器。所谓"短路隔离器"，是一种特殊的模块，当支路发生短路故障时，隔离器内部的继电器吸合，将隔离器所连接的支路完全断开，从而保证总线上其他支路器件的正常工作。

3) 火灾显示盘

这是一种警报装置，多装于楼层电梯门边或楼梯门边的墙上，用于接收探测器发出的火灾报警信号，显示火灾位置，发出声光警报。

4) 声光警报器

这是一种警报装置，当发生火情时能发出声或光报警，但没有显示屏，不能显示发生火灾的楼层和位置。

任务实施

使用思维导图对火灾自动报警系统基础知识进行整理。

8.2 火灾报警系统施工图识读

（1）火灾自动报警系统施工图由哪些图纸构成？在图纸中反映出哪些工程信息？
（2）火灾自动报警系统工程量计算包含哪些内容？在图纸中提取哪些算量关键信息？
（3）完成专用宿舍楼火灾自动报警系统图纸的识读任务。

火灾报警系统由三部分组成，即火灾探测器、报警器和联动控制。火灾探测器将火灾发生初期所产生的烟、热、光转变成电信号，送入报警器；报警器将收到的报警电信号显示和传递；联动控制由一系列控制系统组成，如灭火、防排烟、广播、消防通信等。

火灾自动报警系统施工图是建筑电气施工图的重要组成部分，包括火灾自动报警系统图和火灾自动报警平面图。

火灾自动报警系统图反映系统的基本组成、设备和元件（控制器、探测器、报警按钮、报警器、模块、水流指示器、信号阀等）之间的相互关系。火灾自动报警平面图反映报警装置的平面布置，线路敷设的平面走向，线路导管中布线情况等。

8.2.1 火灾自动报警系统施工图的组成与识图方法

火灾自动报警系统施工图是现代建筑电气施工图的重要组成部分，包括火灾自动报警系统图和火灾自动报警平面图。

火灾自动报警系统图反映系统的基本组成、设备和元件之间的相互关系。由图可知在各层装有感烟、感温探测器及手动报警按钮、报警电铃、控制模块、输入模块、水流指示器、信号阀等的情况。

火灾自动报警平面图反映报警装置的平面布置，线路敷设的平面走向，线路导管中布线情况等。

8.2.2 专用宿舍楼火灾自动报警系统图纸识读

（1）设计施工说明

专用宿舍楼工程选用区域火灾报警控制系统，区域型火灾报警控制器设置于一层管理室，消防端子箱设于二层管理室，安装形式为明装。消防设施设置有专用电话、火灾探测器、手动报警器等，消防报警信号引至消防控制中心，并显示报警部位。

在宿舍与公共空间处设感烟探测器，在各层出入口设手动报警按钮、消防电话插孔及声光报警装置；报警线路进线后引至区域型火灾报警控制器所，后沿金属线槽引至二层接线端子箱；报警线路经区域型火灾报警控制器引至消防控制室。

消防报警线路、消防广播、消防电话等均穿 SC20 管于建筑物墙、地面、顶板暗敷设，并应敷设在不燃烧体的结构层内，且保护厚度不宜小于 30mm。

表 8.2.1 火灾报警系统电缆表

图例	名称	表示方式
——S——	报警总线	NHRVS-2×1.5 SC15 CC
——D——	电源线	NHBV-2×2.5 SC20 CC
——FH——	报警电话线、消防直通电话线	NHRVS-2×1.0 SC15 FC，WC
——B——	紧急广播线	NHRVV-3×1.5 SC15 CC，WC
SI	短路隔离器	

表 8.2.1 所示报警总线采用耐火型铜芯绝缘双绞软线（NHRVS），报警信号线截面积 $1.5mm^2$，穿钢管 SC15，沿天花板暗敷。电源线采用耐火型铜芯导线（NHBV），截面积 $2.5mm^2$，穿钢管 SC20，沿天花板暗敷。紧急广播线采用耐火塑料绝缘塑料护套线（NHRVV）。电话线采用耐火双绞线（NHRVS）。

(2) 火灾自动报警系统图

由图 8.2.1 可知，区域报警控制器设置在一层管理室内，通过弱电桥架（消防金属线槽 100mm×100mm），将火灾报警线路从一层控制室接出，至二层消防端子线、广播端子箱，线路连接的报警装置有短路隔离器、烟感探测器、声光报警器、带电话插孔的手报按钮、消防广播、报警电话、模块等。

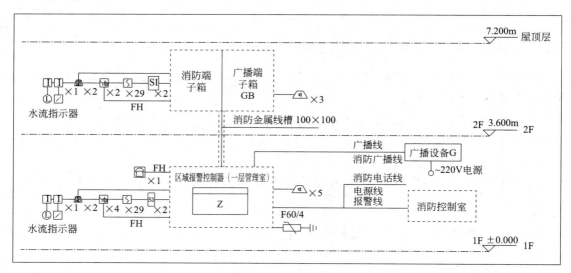

图 8.2.1 火灾自动报警系统图

(3) 火灾自动报警平面图（图 8.2.2）

标准宿舍房间设置烟感探测器，走廊位置除设置有烟感探测器外，还设置消防广播、带电话插孔的手报按钮等。

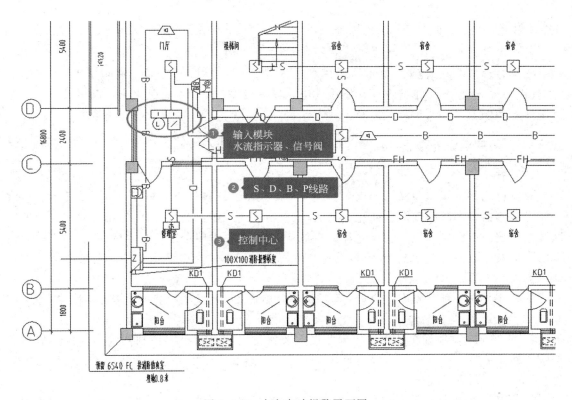

图 8.2.2 火灾自动报警平面图

任务实施

识读专用宿舍火灾报警系统图纸，使用思维导图进行归纳。

8.3 工程量计算规则及手工算量

（1）理解消防工程定额中有关火灾自动报警系统部分工程量计算规则，制作思维导图。
（2）手工计算专用宿舍楼火灾自动报警系统工程量。

统计工程量时，需考虑三个方面。一是划分计量范围，初步确定工程量计算内容，依据定额计量规则，选用正确或合适的定额子目，根据工程实际考虑是否进行费用或定额系数调整等问题（如高层建筑增加费、操作高度施工增加费等）。二是结合工程特点，分列计算项目，便于关联项目工程量统计和计算（如有不同防腐要求或绝热要求的同材质、同规格的管道等），考虑技术措施，预设工作内容，避免工程量统计漏项漏量。三是针对图样中不明确的内容，可依据标准图纸、验收规范等进行合理设置，工程量统计时可做注明。

火灾自动报警系统施工图预算使用到的定额内容主要在第九册"消防工程"、第四册"电气设备安装工程",本节主要介绍第九册"消防工程"定额中有关火灾自动报警系统、配管配线、照明器具安装等相关内容。

8.3.1 火灾自动报警系统

(1) 有关说明

火灾自动报警系统包括点型探测器、线型探测器、按钮、消防警铃、声光报警器、空气采样型探测器、消防报警电话插孔(电话)、消防广播(扬声器)、消防专用模块(模块箱)、区域报警控制箱、联动控制箱、远程控制箱(柜)、火灾报警系统控制主机、联动控制主机、消防广播及电话主机(柜)、火灾报警控制微机、备用电源及电池主机柜、报警联动控制一体机的安装工程。

① 安装定额中箱、机是以成套装置编制的,柜式及琴台式均执行落地式安装相应项目。

② 闪灯执行声光报警器。

③ 电气火灾监控系统:报警控制器按点数执行火灾自动报警控制器安装;探测器模块按输入回路数量执行多输入模块安装;剩余电流互感器执行相关电气安装定额;温度传感器执行线型探测器安装定额。

④ 火灾自动报警系统不包括事故照明及疏散指示控制装置安装内容,执行第四册"电气设备安装工程"相应项目。

⑤ 火灾报警控制微机安装中不包括消防系统应用软件开发内容。

(2) 计算规则

① 自动报警系统调试区分不同点数,根据集中报警器台数按系统计算。自动报警系统包括各种探测器、报警器、报警按钮、报警控制器组成的报警系统,其点数按具有地址编码的器件数量计算。火灾事故广播、消防通信系统调试按消防广播喇叭及音箱、电话插孔和消防通信的电话分机的数量分别以"10只"或"部"为计量单位。

② 自动喷水灭火系统调试按水流指示器数量以"点(支路)"为计量单位;消火栓灭火系统按消火栓启泵按钮数量以"点"为计量单位;消防水炮控制装置系统调试按水炮数量以"点"为计量单位。

③ 防火控制装置调试按设计图示数量计算。

④ 气体灭火系统装置调试按调试、检验和验收所消耗的试验容量总数计算,以"点"为计量单位。气体灭火系统调试,是由七氟丙烷、IG541、二氧化碳等组成的灭火系统,按气体灭火系统装置的瓶头阀以点计算。

⑤ 电气火灾监控系统调试按模块点数执行自动报警系统调试相应子目。

8.3.2 消防系统调试

(1) 有关说明

① 消防系统调试内容包括自动报警系统调试、水灭火控制装置调试、防火控制装置联动调试、气体灭火系统装置调试等工程。

系统调试是指消防报警和防火控制装置灭火系统安装完毕且连通，并达到国家有关消防施工验收规范、标准，进行的全系统检测、调整和试验。

② 定额中不包括进行气体灭火系统调试试验时采取的安全措施，应另行计算。

③ 自动报警系统装置包括各种探测器、手动报警按钮和报警控制器；灭火系统控制装置包括消火栓、自动喷水、七氟丙烷、二氧化碳等固定灭火系统的控制装置。

④ 切断非消防电源的点数以执行切除非消防电源的模块数量确定点数。

（2）计算规则

① 自动报警系统调试区分不同点数根据集中报警器台数按系统计算。自动报警系统包括各种探测器、报警器、报警按钮、报警控制器组成的报警系统，其点数按具有地址编码的器件数量计算。火灾事故广播、消防通信系统调试按消防广播喇叭及音箱、电话插孔和消防通信的电话分机的数量分别以"10只"或"部"为计量单位。

② 自动喷水灭火系统调试按水流指示器数量以"点（支路）"为计量单位；消火栓灭火系统按消火栓启泵按钮数量以"点"为计量单位；消防水炮控制装置系统调试按水炮数量以"点"为计量单位。

③ 防火控制装置调试按设计图示数量计算。

④ 电气火灾监控系统调试按模块点数执行自动报警系统调试相应子目。

(1) 梳理火灾报警系统算量规则，制作思维导图。
(2) 计算专用宿舍楼火灾报警系统工程量。

8.4 火灾自动报警系统清单编制

 根据工程量计算规范，编制案例工程工程量清单。

 编制工程量清单时，需明确图示计量范围和内容，依据规则按规格、材质、部位等条件列项，规范项目名称，明确清单单位，完善项目特征描述，完整、正确计算工程量，整理合并清单项目。

8.4.1 火灾自动报警系统工程量计算列项

列项项目包括：消防控制设备、感温感烟探测器、消防广播及声光报警相关的项目、层显设备、线缆及导线的敷设和桥架、线槽、配管等。

8.4.2 清单编制相关规定

依据《通用安装工程工程量计算规范》编制清单时，火灾自动报警、消防系统调试等执行规范附录 J.4、J.5 等有关规定编码列项，如表 8.4.1、表 8.4.2 所示。

表 8.4.1 火灾自动报警系统（编码：030904）

项目编码	项目名称	项目特征	计量单位	工程量计算规则	工作内容
030904001	点型探测器	1. 名称 2. 规格 3. 线制 4. 类型	个	按设计图示数量计算	1. 底座安装 2. 探头安装 3. 校接线 4. 编码 5. 探测器调试
030904002	线型探测器	1. 名称 2. 规格 3. 安装方式	m	按设计图示长度计算	1. 探测器安装 2. 接口模块安装 3. 报警终端安装 4. 校接线
030904003	按钮	1. 名称 2. 规格	个	按设计图示数量计算	1. 安装 2. 校接线 3. 编码 4. 调试
030904004	消防警铃				
030904005	声光报警器				
030904006	消防报警电话插孔（电话）	1. 名称 2. 规格 3. 安装方式	个（部）		
030904007	消防广播（扬声器）	1. 名称 2. 功率 3. 安装方式	个		
030904008	模块（模块箱）	1. 名称 2. 规格 3. 类型 4. 输出形式	个（台）		
030904009	区域报警控制箱	1. 多线制 2. 总线制 3. 安装方式 4. 控制点数量 5. 显示器类型	台	按设计图示数量计算	1. 本体安装 2. 校接线、摇测绝缘电阻 3. 排线、绑扎、导线标识 4. 显示器安装 5. 调试
030904010	联动控制箱				
030904011	远程控制箱（柜）	1. 规格 2. 控制回路			
030904012	火灾报警系统控制主机	1. 规格、线制 2. 控制回路 3. 安装方式			1. 安装 2. 校接线 3. 调试
030904013	联动控制主机				
030904014	消防广播及对讲电话主机（柜）				
030904015	火灾报警控制微机（CRT）	1. 规格 2. 安装方式			1. 安装 2. 调试

续表

项目编码	项目名称	项目特征	计量单位	工程量计算规则	工作内容
030904016	备用电源及电池主机（柜）	1. 名称 2. 容量 3. 安装方式	套	按设计图示数量计算	1. 安装 2. 调试
030904017	报警联动一体机	1. 规格、线制 2. 控制回路 3. 安装方式	台		1. 安装 2. 校接线 3. 调试

注：1. 消防报警系统配管、配线、接线盒均应按 GB 50856—2013 附录 D 电气设备安装工程相关项目编码列项。
2. 消防广播及对讲电话主机包括功放、录音机、分配器、控制柜等设备。
3. 点型探测器包括火焰、烟感、温感、红外光束、可燃气体探测器等。

表 8.4.2 消防系统调试（编码：030905）

项目编码	项目名称	项目特征	计量单位	工程量计算规则	工作内容
030905001	自动报警系统调试	1. 点数 2. 线制	系统	按系统计算	系统调试
030905002	水灭火控制装置调试	系统形式	点	按控制装置的点数计算	调试
030905003	防火控制装置调试	1. 名称 2. 类型	个（部）	按设计图示数量计算	
030905004	气体灭火系统装置调试	1. 试验容器规格 2. 气体试喷	点	按调试、检验和验收所消耗的试验容器总数计算	1. 模拟喷气试验 2. 备用灭火器贮存容器切换操作试验 3. 气体试喷

注：1. 自动报警系统，包括各种探测器、报警器、报警按钮、报警控制器、消防广播、消防电话等组成的报警系统；按不同点数以"系统"计算。
2. 水灭火控制装置，自动喷洒系统按水流指示器数量以"点（支路）"计算；消火栓系统按消火栓启泵按钮数量以"点"计算；消防水炮系统按水炮数量以"点"计算。
3. 防火控制装置，包括电动防火门、防火卷帘门、正压送风阀、排烟阀、防火控制阀、消防电梯等防火控制装置；电动防火门、防火卷帘门、正压送风阀、排烟阀、防火控制阀等调试以"个"计算，消防电梯以"部"计算。
4. 气体灭火系统调试，是由七氟丙烷、IG541、二氧化碳等组成的灭火系统；按气体灭火系统装置的瓶头阀以"点"计算。

任务实施

（1）编制专用宿舍楼火灾报警系统工程量清单。
（2）编制某食堂火灾报警系统招标工程量清单。

8.5 火灾自动报警系统 BIM 计量与计价

（1）对专用宿舍楼火灾报警系统 BIM 计量，编制工程量清单，编制招标控制价。
（2）对某项目火灾报警系统 BIM 计量，编制工程量清单，强化 BIM 造价软件应用。

在掌握图纸分析、算量分析以及 BIM 造价软件应用的基础上,独立或分组进行专用宿舍楼火灾报警系统算量建模操作,完善清单编制,主材价格借助广材助手或市场询价,编制工程造价文件。

8.5.1 图纸、算量分析

(1) 图纸分析

使用 GQI 算量软件建模前,首先要从图纸中读取下列与算量有关的信息。

① 楼层数、层高;
② 接闪器形式、材质、规格、设置位置等;
③ 引下线形式、材质、规格、设置位置、数量等;
④ 接地装置形式、材质、规格、施工做法等;
⑤ 接地电阻测试形式、测试要求等;
⑥ 其他相关信息。

(2) 算量分析

采用 GQI 经典模式,对工程进行建模取量。

① 合理设置标高参数。接地极(基础梁)高度设置,结合结构施工图,进行合理设定,接闪器(避雷带)在女儿墙高度设置,结合建筑施工图,进行合理设定,沿屋面垫层敷设,结合电气屋顶施工图结构标高进行设定。突出屋面楼梯间屋面高度,结合建筑施工图进行合理设定。

② 点式构件识别,包括等电位联结、接地电阻测试点等。本项目中,点式构件包括总等电位联结箱,对于柱内钢筋引出的电阻测试点采用表格输入的方法进行工程量统计。

③ 线式构件识别。设置构件参数,识别或绘制避雷带、引下线、接地线等。

④ 检查。核检计算设置中对于避雷带、引下线、接地线预留量的设置是否正确。

8.5.2 GQI 算量软件操作

① 新建单位工程,设置楼层,如图 8.5.1 所示。

图 8.5.1 楼层设置

② 导入图纸，定位图纸，进行手动分割。
③ 设置构件参数。
④ 识别探测器、桥架、配管配线等图元，如图 8.5.2、图 8.5.3 所示。

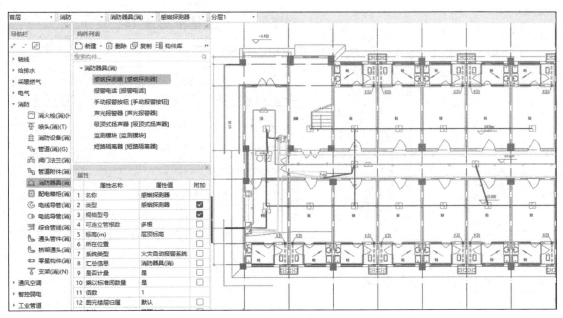

图 8.5.2　识别消防器具

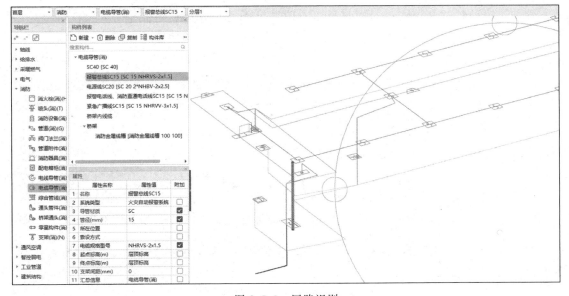

图 8.5.3　回路识别

⑤ 计算汇总，编制清单，如图 8.5.4 所示。
⑥ 核对工程量，导出清单报表。

图 8.5.4　汇总计算

8.5.3　GCCP 计价软件操作

① 新建单位工程预算文件。

② 导入清单。

③ 依据经批准和会审的施工图设计文件、施工组织设计文件和施工方案、《河南省通用安装工程预算定额》（2016 版）、最新材料市场信息价等，编制分部分项工程费用，如图 8.5.5 所示。

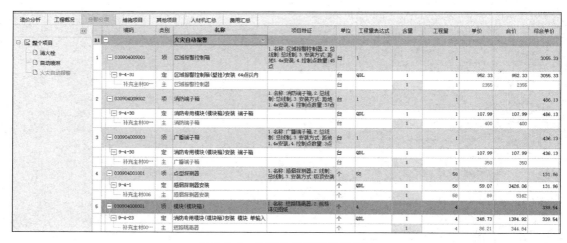

图 8.5.5　分部分项工程费用编制

④ 依据调差办法和增值税调整政策，调整价格指数，如图 8.5.6 所示。

⑤ 完成消防报警系统工程预算书的编制并输出报表，如图 8.5.7 所示。

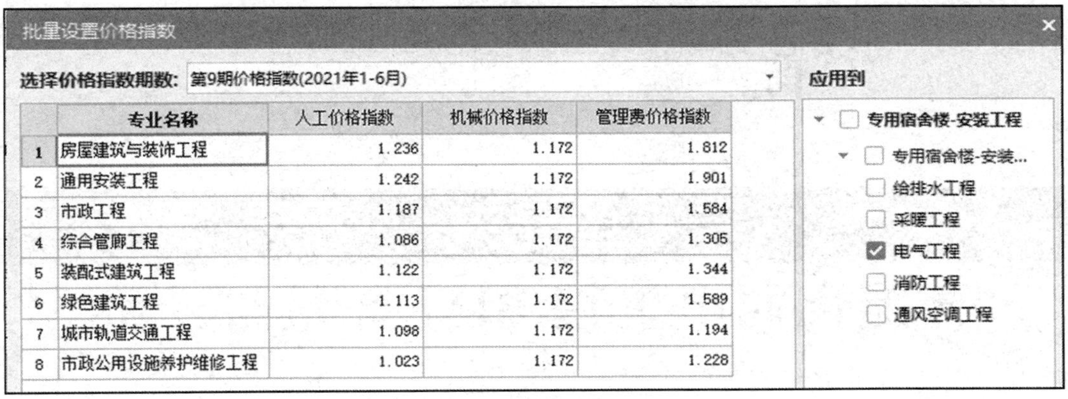

图 8.5.6 价格指数调整

分部分项工程和单价措施项目清单与计价表

工程名称：消防工程　　　　　　　　标段：专用宿舍楼-安装工程　　　　　　　　第 6 页共 7 页

序号	项目编码	项目名称	项目特征描述	计量单位	工程量	金额（元）		
						综合单价	合价	其中 暂估价
8	030904003001	按钮	1. 名称：手动报警按钮 2. 安装方式：距地 1.4m 安装	个	6	168.43	1010.58	
9	030904005001	声光报警器	1. 名称：声光报警器 2. 安装方式：距地 2.5m 安装	个	4	172.92	691.68	
10	030904007001	消防广播（扬声器）	1. 名称：吸顶式扬声器 2. 安装方式：吸顶安装	个	8	174.75	1398	
11	030411003001	桥架	1. 名称：消防竖直桥架 2. 规格：100×100	m	3.6	30.72	110.59	
12	030413001001	铁构件	1. 名称：桥架支架 2. 材质：一般铁构件	kg	1.8	17.45	31.41	

图 8.5.7 报表输出

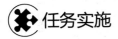
任务实施

完成专用宿舍楼火灾报警系统 BIM 算量和造价文件编制。

单元九
智能化弱电工程 BIM 计量与计价

本单元结合专用宿舍楼智能化工程案例,学习施工图识读方法和步骤,根据造价岗位技能要求,进一步夯实业务基础知识,依据工程量计算规则,掌握手工算量方法,学习和运用广联达安装工程 BIM 算量软件对弱电系统进行建模取量、编制清单以及造价文件编制。通过教学实施和任务实践,熟练掌握图纸识读技巧、列项计算工程量以及使用 GQI2021、GCCP6.0 等软件解决工程实际问题。

 ## 学习准备

- ◆ 计量规范、计价规范、验收规范、标准图集、《河南省通用安装工程预算定额》(第五册)。
- ◆ 安装并能够运行 GQI、GCCP 等软件。
- ◆ 专用宿舍楼电气工程图纸及课程相关资源。

 ## 学习目标

- ◆ 系统掌握楼宇智能化工程相关理论知识。
- ◆ 熟练识读弱电系统施工图,能够提取造价相关图纸信息。
- ◆ 掌握手工算量方法,能够运用 GQI 软件对工程进行建模取量、编制工程量清单。
- ◆ 掌握费用调整规则,能够运用 GCCP 软件编制造价文件。

 ## 学习要点

单元要点	学习重点	相关知识点
相关理论知识	1. 理解系统形式、组成、功用 2. 掌握施工要求、验收标准	楼宇智能化系统设计方案、工程量计算规则
施工图识读	1. 掌握识读方法,理解图纸表达 2. 能够提取图纸有关造价关键信息	图纸组成、图示内容
楼宇智能化工程 BIM 计量与计价	1. 使用 GQI 建模取量、编制清单 2. 使用 GCCP 编制造价文件	GQI 基础操作、费用调整、GCCP 基础操作、工程计价

9.1 智能化弱电工程基础知识

整理、归纳楼宇智能化工程基础知识，了解设计及施工质量验收规范相关规定，制作思维导图。

基础知识涉及建筑智能化系统组成和形式，涉及通信、网络、电视等系统设施安装和线路敷设等，学习设计规范、图集、施工方案、施工组织设计及施工质量验收规范，了解新技术、新材料、新工艺、新设备在工程项目中的应用，并运用思维导图进行知识点梳理和总结，拓展和夯实对基础知识掌握的广度及深度。

智能建筑是以建筑物为平台，兼备信息设施系统、信息化应用系统、建筑设备管理系统、公共安全系统等，集结构、系统、服务、管理及其优化组合为一体，向人们提供安全、高效、便捷、节能、环保、健康的建筑环境。

9.1.1 网络工程

网络工程是集语音、数据、图像、监控设备、综合布线于一体的系统工程，它是通信、计算机网络以及智能大厦的基础。

（1）网络传输介质

常见的网络传输介质有双绞线、同轴电缆、光纤等。网络信息还利用无线电系统、微波无线系统和红外技术等传输。

（2）网卡

网卡是主机和网络的接口，用于提供与网络之间的物理连接，一般根据接口总线与传输速率等条件来选择。

（3）集线器

集线器（HUB）是对网络进行集中管理的重要工具，是各分支的汇集点。HUB 是一个共享设备，其实质是一个中继器，而中继器的主要功能是对接收到的信号进行再生放大，以扩大网络的传输距离。HUB 组网灵活，它处于网络的一个星型结点，对结点相连的工作站进行集中管理，不让出问题的工作站影响整个网络的正常运行。

（4）交换机

交换机是网络节点上话务承载装置、交换级、控制和信令设备以及其他功能单元的集合体。交换机能把用户线路、电信电路和（或）其他要互联的功能单元根据单个用户的请求连接起来。根据工作位置的不同，其可以分为广域网交换机和局域网交换机。

（5）路由器

路由器是连接因特网中各局域网、广域网的设备。它根据信道的情况自动选择和设定路由，以最佳路径、按前后顺序发送信号的设备，广泛用于各种骨干网内部连接、骨干网间互联和骨干网与互联网互联互通业务。路由器具有判断网络地址和选择 IP 路径的功能，能在多网络互联环境中建立灵活的连接，可用完全不同的数据分组和介质访问方法连接各种子网。路由器只接受源站或其他路由器的信息，属网络层的一种互联设备。

路由器分本地路由器和远程路由器。本地路由器是用来连接网络传输介质的，如光纤、同轴电缆、双绞线；远程路由器是用来连接远程传输介质的，并要求相应的设备，如电话线要配调制解调器，安装无线要有无线接收机、发射机。

（6）服务器

服务器是指局域网中运行管理软件以控制对网络或网络资源（磁盘驱动器、打印机等）进行访问的计算机，并能够为在网络上的计算机提供资源，使其犹如工作站那样进行操作。其通常分为文件服务器、数据库服务器和应用程序服务器。

（7）网络防火墙

网络防火墙是位于计算机和它所连接的网络之间的软件或硬件，是在内部网和外部网之间、专用网与公共网之间界面上构造的保护屏障。防火墙主要由服务访问规则、验证工具、包过滤和应用网关 4 个部分组成。

9.1.2 有线电视系统

有线电视系统用同轴电缆、光缆或其组合作为信号传输介质，传输图像信号、声音信号和控制信号。这些信号在封闭的线缆中传输，不向空间辐射电磁波，所以称为闭路电视系统。

有线电视系统（图 9.1.1）一般由天线、前端装置、传输干线和用户分配网络组成。而系统规模的大小决定了所用设备与器材的多少。

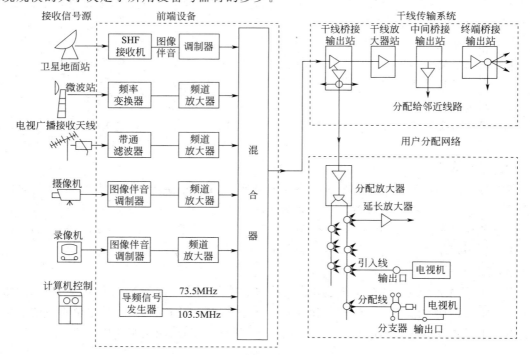

图 9.1.1 有线电视系统

(1) 信号源

有线电视的信号源可以是录像机、DVD、摄像机等，也可以是通过开路接收电视广播、微波传输、卫星电视等的空中电视信号。

(2) 前端设备

前端设备的作用是把经过处理的各路信号进行混合，把多路（套）电视信号转换成一路含有多套电视节目的宽带复合信号，然后经过分支、分配、放大等处理后变成高电平宽带复合信号，送往干线传输分配部分的电缆始端。

(3) 干线传输系统

其作用是把前端设备输出的宽带复合信号进行传输，并分配到用户终端。在传输过程中根据信号电平的衰减情况合理设置电缆补偿放大器，以弥补线路中无源器件对信号电平的衰减。干线传输系统分配部分除电缆以外，还有干线放大器、均衡器、分支器、分配器等设备。

(4) 用户分配系统

用户分配系统的作用是把干线传输系统提供的信号电平合理地分配给各个用户，比较大的子系统还装有支线放大器。用户分配系统的主要部件有分支器、分配器、终端电阻、支线放大器等设备。电视用户可以通过连接线把电视机与用户盒相连，来接收全部电视节目。

(5) 用户部分

用户部分是闭路电视系统的末端，包括电视机（监视器）和用户线，是显示闭路电视信号的终端设备。

9.1.3 音频和视频通信系统

(1) 电话通信系统的组成

电话通信系统由用户终端设备、电话传输系统和电话交换设备三大部分组成。

① 用户终端设备：用来完成信号的发送和接收，设备主要有电话机、传真机及计算机终端等。

② 电话传输系统：按传输媒介分为有线传输（电缆、光纤等）和无线传输（短波、微波中继、卫星通信等）。有线传输按传输信息工作方式又分为模拟传输和数字传输两种。

模拟传输是将信息转换成与之相应大小的电流模拟量进行传输，普通电话采用模拟语音信息传输。数字传输则是将信息按数字编码方式转换成数字信号进行传输，数字传输具有抗干扰能力强、保密性高及电路集成化等优点，程控电话交换采用数字传输信息。

在有线传输的电话通信系统中，传输线路有用户线和中继线之分。用户线是指用户与交换机之间的线路。两台交换机之间的线路称为中继线。

③ 电话交换设备：现在广泛采用程控交换机作为电话交换设备。程控是把计算机的存储程序控制技术应用到电话交换设备中。这种控制方式是预先把电话交换功能编制成相应的程序，并把这些程序和相关的数据都存入存储器内。当用户呼叫时，由处理机根据程序所发出的指令来控制交换机的运行，以完成接续功能。

(2) 电话通信系统安装

电话通信系统安装一般包括数字程控用户交换机、配线架、交接箱、分线箱（盒）及传输线等设备器材安装。目前，用户交换机与市电信局连接的中继线一般均用光缆，建筑内的传输线用性能优良的双绞线电缆。

（3）扩声和音响系统的组成

扩声和音响系统由信号源设备、信号的处理和放大设备、扬声器系统组成。

（4）视频会议系统

视频会议系统是一种互动式的多媒体通信。它利用图像处理技术、计算机技术及通信技术，进行点与点之间或多点之间双向视频、音频、数据等信息的实时通信。视频会议系统是由视频会议终端 VCT、数字传输网络、多点控制单元 MCU 等部分构成。

视频会议电视终端设备 VCT 由视频/音频输入接口、视频/音频输出接口、视频编解码器、音频编解码器、附加信息终端设备、系统控制复用设备、网络接口和信令等部分所组成。终端设备主要完成会议电视的发送和接收任务。

9.1.4 综合布线系统

综合布线是一种模块化的、灵活性极高的建筑物内或建筑群之间的信息传输通道，通过它可使话音设备、数据设备、交换设备及各种控制设备与信息管理系统连接起来，同时也使这些设备与外部通信网络相连。它还包括建筑物外部网络或电信线路的连接点与应用系统设备之间的所有线缆及相关的连接部件。综合布线由不同系列和规格的部件组成，其中包括：传输介质、相关连接硬件（如配线架、连接器、插座、插头、适配器）以及电气保护设备等。

综合布线系统由以下环节组成：工作区子系统、配线子系统、干线子系统、管理间子系统、设备间子系统、建筑群子系统，如图 9.1.2 所示。

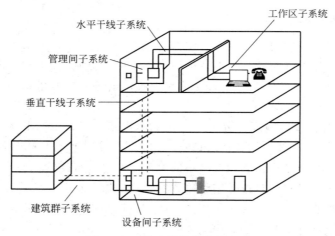

图 9.1.2 综合结构化布线系统

根据一栋单体建筑网络信息传递方向顺序，综合布线系统可划分成：进户→设备间子系统→垂直主干线子系统→楼层管理间子系统→水平干线子系统→工作区子系统。

任务实施

使用思维导图对楼宇智能化工程基础知识进行整理。

9.2 智能化弱电工程施工图识读

（1）楼宇智能化工程涉及哪些方面？各系统都由哪些部分组成？
（2）专用宿舍楼弱电工程都由哪些图纸组成？
（3）电话和网络布线系统工程量计算包含哪些内容？在图纸中提取哪些算量关键信息？

常见的楼宇智能化系统有网络通信系统、音视频通信系统、安全防范系统、综合布线系统等。
专用宿舍楼电气工程图纸，除动力及照明、防雷与接地工程外，还有弱电工程。弱电工程包括电话系统、网络布线系统、消防报警系统等，图纸包括有设计施工说明、弱电系统图、弱电平面图等。

9.2.1 设计及施工说明

（1）电话系统
① 市政电话电缆先由室外引入一层电话总接线箱，再由总接线箱引至各层接线箱。
② 电话电缆及电话线分别选用 HYA 型和 RVS 型分别穿钢管、PVC 管敷设。电话干线电缆在地面内暗敷上引时敷设在墙内。
③ 电话支线沿墙及楼板暗敷。
（2）网络布线系统
① 由室外引来的数据网线至一层网络设备箱，再由网络设备箱引出四芯多模光纤配线给各层配线箱。
② 网络电缆进线穿钢管埋地暗敷，从网络配线箱引至计算机插座的线路采用 UTP-5，网线穿 PVC 管沿墙及楼板暗敷。

9.2.2 专用宿舍楼弱电系统图识读

如图 9.2.1 所示，一、二层分别设置楼层接线箱（弱电配线箱），进线穿管 SC100（电话线）、S40（网线），房间设置电话插座、网络插座，线缆从接线箱中接出，200mm×100mm 线槽敷设，跨楼层接线箱网线、电话线穿管 SC40，敷设方式沿墙暗敷（WC）。

9.2.3 专用宿舍楼弱电平面图识读

如图 9.2.2 所示，一层弱电箱距地 0.5m 安装，线缆通过桥架、吊顶内敷设，桥架规格 200mm×100mm，材质金属，安装高度 −0.7～−0.3m，自行确定标高，宿舍设置网络插座 2 个、电视插座 1 个，插座安装高度距地 0.3m，桥架至插座，线缆穿管 PC20，阳台卫生间处设置 LEB 等电位联结箱，C 轴与 2 轴处设置 SC40 立管沿墙暗敷至二层弱电箱。

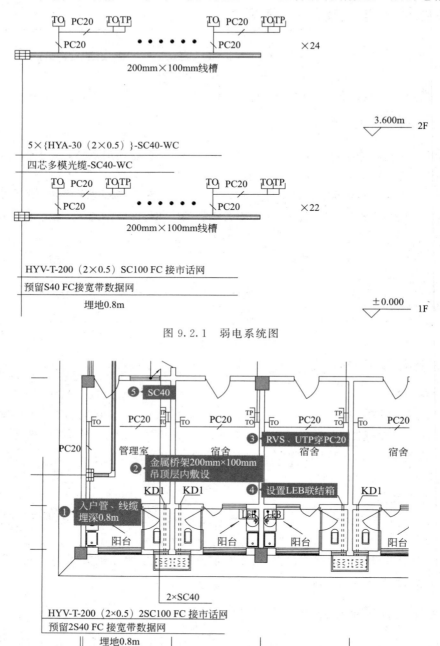

图 9.2.1　弱电系统图

图 9.2.2　弱电平面图

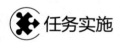任务实施

识读专用宿舍楼弱电系统图纸，使用思维导图进行归纳。

9.3 工程量计算规则及手工算量

（1）理解建筑智能化工程定额中有关综合布线系统、音视频系统、安全防范系统部分工程量计算规则，制作思维导图。
（2）手工计算专用宿舍楼弱电部分工程量。

统计工程量时，需考虑三个方面。一是划分计量范围，初步确定工程量计算内容，依据定额计量规则，选用正确或合适的定额子目，根据工程实际考虑是否进行费用或定额系数调整等问题（如高层建筑增加费、操作高度施工增加费等）。二是结合工程特点，分列计算项目，便于关联项目工程量统计和计算（如有不同防腐要求或绝热要求的同材质、同规格的管道等），考虑技术措施，预设工作内容，避免工程量统计漏项漏量。三是针对图样中不明确的内容，可依据标准图纸、验收规范等进行合理设置，工程量统计时可做注明。

楼宇智能化工程施工图预算使用到的定额内容分布在第四册"电气设备安装工程"、第五册"建筑智能化工程"，本节主要介绍第五册"建筑智能化工程"定额中有关综合布线系统、音视频系统、安全防范系统、智能建筑防雷接地系统安装等相关内容。

9.3.1 有线电视、卫星接收系统工程

（1）有关说明
① 有线电视、卫星接收系统工程内容包括有线广播电视、卫星电视、闭路电视系统设备的安装调试工程，但不包括：同轴电缆敷设、电缆头制作等项目，发生时执行综合布线系统工程相关定额；监控设备等项目执行安全防范系统工程相关定额。
② 所有设备按成套设备购置考虑，在安装时如再需额外材料按实计算。

（2）计算规则
① 前端射频设备安装、调试，以"套"为计量单位。
② 卫星电视接收设备、光端设备、有线电视系统管理设备安装、调试，以"台"为计量单位。
③ 干线传输设备、分配网络设备安装、调试，以"个"为计量单位。
④ 数字电视设备安装、调试，以"台"为计量单位。

9.3.2 音频、视频系统工程

（1）有关说明
① 音频、视频系统工程包括各种扩声系统工程、公共广播系统工程以及视频系统工程，但不包括：设备固定架、支架的制作、安装。

② 布线施工是在土建管道、桥架等满足施工条件下进行的。
③ 线阵列音箱安装按单台音箱重量分别套用定额子目。
④ 有关传输线缆敷设，执行综合布线系统工程有关定额。

（2）计算规则

① 信号源设备安装，以"只"为计量单位。
② 卡座、CD机、VCD/DVD机、DJ搓盘机、MP3播放机安装，以"台"为计量单位。
③ 耳机安装，以"副"为计量单位。
④ 调音台、周边设备、功率放大器、音箱、机柜、电源和会议设备安装，以"台"为计量单位。
⑤ 扩声设备级间调试，以"个"为计量单位。
⑥ 公共广播、背景音乐系统设备安装，以"台"为计量单位。
⑦ 公共广播、背景音乐，分系统调试、系统测量、系统调试、系统试运行，以"系统"为计量单位。

9.3.3 安全防范系统工程

（1）有关说明

① 安全防范系统工程内容包括入侵探测、出入口控制、巡更、电视监控、安全检查、停车场管理等设备安装工程。
② 安全防范系统工程中的显示装置等项目执行音频、视频系统工程相关定额。
③ 安全防范系统工程中的服务器、网络设备、工作站、软件、存储设备等项目执行计算机及网络系统工程相关定额。跳线制作、安装等项目执行综合布线系统工程相关定额。
④ 有关场地电气安装工程部分执行第四册"电气设备安装工程"相关子目。

（2）计算规则

① 入侵探测设备安装、调试，以"套"为计量单位。
② 报警信号接收机安装、调试，以"系统"为计量单位。
③ 出入口控制设备安装、调试，以"台"为计量单位。
④ 巡更设备安装、调试，以"套"为计量单位。
⑤ 电视监控设备安装、调试，以"台"为计量单位。
⑥ 防护罩安装，以"套"为计量单位。
⑦ 摄像机支架安装，以"套"为计量单位。
⑧ 安全检查设备安装，以"台"或"套"为计量单位。
⑨ 停车场管理设备安装，以"台（套）"为计量单位。
⑩ 安全防范分系统调试及系统工程试运行，均以"系统"为计量单位。

9.3.4 智能建筑设备防雷接地

（1）有关说明

① 智能建筑设备防雷接地内容包括电涌保护器及等电位连接，配电箱电涌保护器、信号电涌保护器、智能检测系统工程的安装和调试。
② 防雷、接地装置按成套供应考虑。

③ 有关电涌保护器布放电源线缆等项目执行第四册"电气设备安装工程"相关定额。
(2) 计算规则
① 电涌保护器安装、调试,以"台"为计量单位。
② 信号电涌保护器安装、调试,以"个"为计量单位。
③ 智能检测型 SPD 安装,以"台"为计量单位。
④ 智能检测 SPD 系统配套设施安装、调试,以"套"为计量单位。
⑤ 等电位连接,以"处"为计量单位。

任务实施

(1) 梳理楼宇智能化工程算量规则,制作思维导图。
(2) 计算专用宿舍楼弱电系统工程量。

9.4 智能化弱电工程清单编制

(1) 了解智能化弱电工程列项计算工程量内容。
(2) 根据工程量计算规范,编制案例工程工程量清单。

编制工程量清单时,需明确图示计量范围和内容,依据规则按规格、材质、部位等条件列项,规范项目名称,明确清单单位,完善项目特征描述,完整、正确计算工程量,整理合并清单项目。

9.4.1 智能化弱电工程量计算列项

列项项目包括:综合布线机柜、机架、接线箱(盒)、电视电话插座、双绞线缆、大多数电缆、光缆、信息插座、光纤设备、双绞线测试、光纤测试、前端机柜、前端设备、同轴电缆、电视分配网络、终端调试、音视频系统设备、音视频系统调试、入侵探测设备、报警控制器、监控设备、安全防范系统调试等。

9.4.2 清单编制相关规定

楼宇智能化工程依据《通用安装工程工程量计算规范》编制清单时,综合布线系统、安全防范系统等执行规范附录 E.2、E.7 等有关规定编码列项,如表 9.4.1、表 9.4.2 所示。

表 9.4.1 综合布线系统工程（编码：030502）（部分）

项目编码	项目名称	项目特征	计量单位	工程量计算规则	工作内容
030502001	机柜、机架	1. 名称 2. 材质 3. 规格 4. 安装方式	台	按设计图示数量计算	1. 本体安装 2. 相关固定件的连接
030502002	抗震底座	1. 名称 2. 材质 3. 规格 4. 安装方式	个	按设计图示数量计算	1. 本体安装 2. 底盒安装
030502003	分线接线箱（盒）				
030502004	电视、电话插座	1. 名称 2. 安装方式 3. 底盒材质、规格			
030502005	双绞线缆	1. 名称 2. 规格 3. 线缆对数 4. 敷设方式	m	按设计图示尺寸以长度计算	1. 敷设 2. 标记 3. 卡接
030502006	大对数电缆				
030502007	光缆				

表 9.4.2 安全防范系统工程（编码：030507）

项目编码	项目名称	项目特征	计量单位	工程量计算规则	工作内容
030507001	入侵探测设备	1. 名称 2. 类别 3. 探测范围 4. 安装方式	套	按设计图示数量计算	1. 本体安装 2. 单体调试
030507002	入侵报警控制器	1. 名称 2. 类别 3. 路数 4. 安装方式			
030507003	入侵报警中心显示设备	1. 名称 2. 类别 3. 安装方式	套		
030507004	入侵报警信号传输设备	1. 名称 2. 类别 3. 功率 4. 安装方式			
030507005	出入口目标识别设备	1. 名称 2. 规格	台	按设计图示数量计算	1. 本体安装 2. 单体调试
030507006	出入口控制设备				
030507007	出入口执行机构设备	1. 名称 2. 类别 3. 规格			
030507008	监控摄像设备	1. 名称 2. 类别 3. 安装方式			

续表

项目编码	项目名称	项目特征	计量单位	工程量计算规则	工作内容
030507009	视频控制设备	1. 名称 2. 类别 3. 路数 4. 安装方式	台（套）	按设计图示数量计算	1. 本体安装 2. 单体调试
030507010	音频、视频及脉冲分配器				
030507011	视频补偿器	1. 名称 2. 通道量			
030507012	视频传输设备	1. 名称 2. 类别 3. 规格			
030507013	录像设备	1. 名称 2. 类别 3. 规格 4. 存储容量、格式			
030507014	显示设备	1. 名称 2. 类别 3. 规格	1. 台 2. m^2		
030507015	安全检查设备	1. 名称 2. 规格 3. 类别 4. 程式 5. 通道数	台（套）	1. 以台计量，按设计图示数量计算 2. 以平方米计量，按设计图示面积计算	1. 本体安装 2. 单体调试
030507016	停车场管理设备	1. 名称 2. 类别 3. 规格			
030507017	安全防范分系统调试	1. 名称 2. 类别 3. 通道数	系统	按设计内容	各分系统调试
030507018	安全防范全系统调试	系统内容			1. 各分系统的联动、参数设置 2. 全系统联调
030507019	安全防范系统工程试运行	1. 名称 2. 类别			系统试运行

9.4.3 相关问题及说明

土方工程，应按现行国家标准《房屋建筑与装饰工程工程量计算规范》(GB 50854—2013) 相关项目编码列项。

开挖路面工程，应按现行国家标准《市政工程工程量计算规范》(GB 50857—2013) 相关项目编码列项。

配管工程、线槽、桥架、电气设备、电气器件、接线箱（盒）、电线、接地系统、凿（压）槽、打孔、打洞、人孔、手孔、立杆工程，应按 GB 50856—2013 附录 D 电气设备安装工程相关项目编码列项。

机架等项目的除锈、刷油应按 GB 50856—2013 附录 M 刷油、防腐蚀、绝热工程相关项目编码列。

由国家或地方检测验收部门进行的检测验收应按 GB 50856—2013 附录 N 措施项目相关项目编码列项。

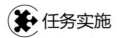 任务实施

编制专用宿舍楼弱电工程量清单。

9.5 智能化弱电工程 BIM 计量与计价

（1）对专用宿舍楼弱电工程 BIM 计量，编制工程量清单，编制招标控制价。
（2）对某项目弱电工程计量，编制工程量清单，强化 BIM 造价软件应用。

在掌握图纸分析、算量分析以及 BIM 造价软件应用的基础上，独立或分组进行专用宿舍楼弱电工程算量建模操作，完善清单编制，主材价格借助广材助手或市场询价，编制工程造价文件。

9.5.1 图纸、算量分析

（1）图纸分析

使用 GQI 算量软件建模前，首先要从图纸中读取下列与算量有关的信息。
① 楼层数、层高；
② 弱电设计范围、内容；
③ 弱电配线箱、信息插座及安装方式和高度；
④ 桥架布置、安装方式及高度；
⑤ 配管配线材质、规格、布置方式；
⑥ 弱电系统调试等技术措施。

（2）算量分析

采用 GQI 经典模式，对工程进行建模取量。

① 点式构件识别，包括弱电配电箱、等电位联结箱、信息插座等。图示未标明信息，进行合理化设置，如桥架放置标高。配线箱安装距地 0.5m，信息插座安装距地 0.3m，均为安装（自定义）。

② 弱电箱之间，跨楼层 SC40，使用布置立管。

③ 线缆正确设置，桥架至信息插座 PC20，敷设方式 FC/WC（自定义）。

④ 使用设置起点、选择起点命令将桥架内的敷设线路正确提量。

⑤ 桥架支架、电气系统调试等可利用表格输入进行工程量计算。

9.5.2 GQI 算量软件操作

① 新建单位工程，设置楼层，如图 9.5.1 所示。

首层	编码	楼层名称	层高(m)	底标高(m)	相同层数	板厚(mm)	建筑面积(m2)	备注
☐	3	屋顶层	0.45	7.2	1	120		
☐	2	第2层	3.6	3.6	1	120		
☑	1	首层	3.6	0	1	120		
☐	0	基础层	3	-3	1	500		

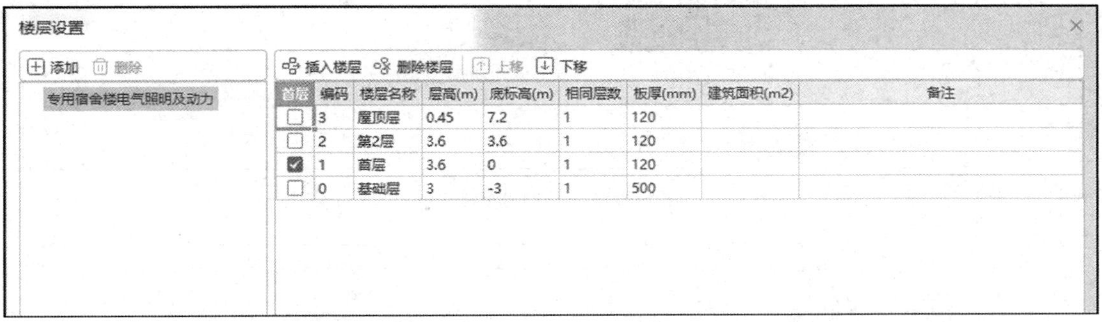

图 9.5.1 楼层设置

② 导入图纸，对图纸定位，手动分割。

③ 识别弱电配线箱、桥架、网络插座、电话插座、LEB 联结箱等，进行设备提量，如图 9.5.2 所示。

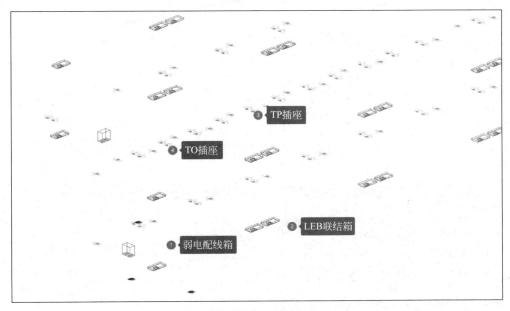

图 9.5.2 设备提量

④ 识别配管配线，进行回路识别，如图 9.5.3 所示。

⑤ 回路检查，如图 9.5.4 所示。

⑥ 计算汇总，编制清单，如图 9.5.5 所示。

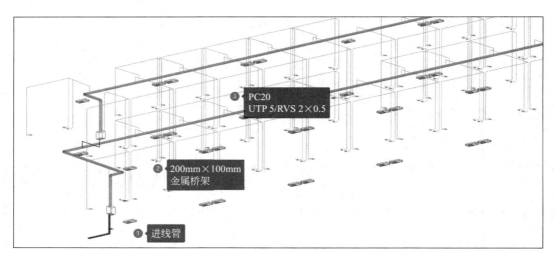

图 9.5.3　回路识别

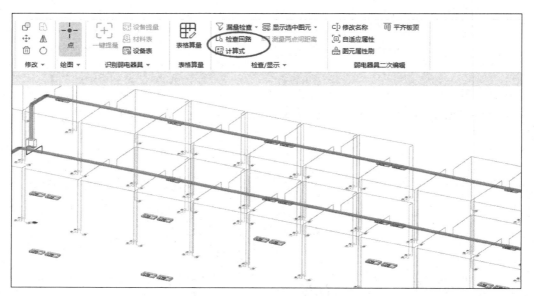

图 9.5.4　回路检查

	编码	类别	名称	项目特征	表达式	单位	工程量
1	◆ 电话插座 插座 KGT01 综合布线系统					个	43.000
2	030502004001	项	电视、电话插座	1. 名称: 电话插座	SL+CGSL	个	43.000
4	◆ 网络插座 插座 KGT02 综合布线系统					个	86.000
5	030502012001	项	信息插座	1. 名称: 网络插座 2. 规格: KGT02	SL+CGSL	个/块	86.000
7	◇ 弱电配线箱 综合布线配线架 600*500*300 敷设方式<空> 综合布线系统					个	2.000
8	◇ PC 20 敷设方式<空> 弱电系统					m	736.923
9	◆ SC 100 敷设方式<空> 综合布线系统					m	6.000
10	030408003001	项	电缆保护管	1. 材质: SC 2. 规格: 100	CD+CGCD	m	6.000
12	◆ SC 40 敷设方式<空> 综合布线系统					m	11.397
13	030408003002	项	电缆保护管	1. 材质: SC 2. 规格: 40	CD+CGCD	m	11.397
15	◆ 弱电金属桥架 200*100 敷设方式<空> 综合布线系统					m	96.005

图 9.5.5　汇总计算

⑦ 核对工程量,导出清单报表,如图9.5.6所示。

工程量清单汇总表

工程名称:专用宿舍楼　　　　　　　　　　　　　　　　　　　　　　专业:智控弱电

序号	编码	项目名称	项目特征	单位	工程量
1	030502004001	电视、电话插座	1. 名称:电话插座	个	43.000
2	030502012001	信息插座	1. 名称:网络插座 2. 规格:KGT02	个/块	86.000
3	030408003001	电缆保护管	1. 材质:SC 2. 规格:100	m	6.000
4	030408003002	电缆保护管	1. 材质:SC 2. 规格:40	m	11.397
5	030411003001	桥架	1. 规格:200×100 2. 材质:弱电金属桥架	m	96.005

图 9.5.6　报表输出

9.5.3　GCCP 计价软件操作

(1) 新建智能化弱电工程,导入外部清单。

(2) 组价分析。

① 配管。本工程配管有焊接钢管(SC)、硬质阻燃塑料管(PC)、金属软管,结合施工做法,考虑埋地和暗敷不同的敷设方式,分别列项,将管道刷油和暗埋管道剔槽工作内容并入配管清单的项目特征中,如图9.5.7、图9.5.8所示。

	编码	类别	名称	项目特征	单位	工程量表达式	含量	工程量	单价
			整个项目						
1	030411001001	项	配管	1.名称:钢管 2.材质:焊接钢管 3.规格:SC100 4.配置形式:埋地 5.包含管道刷油	m	6.8		6.8	
	4-12-74	定	镀锌钢管敷设 埋地敷设 公称直径 DN≤100		10m	QDL	0.1	0.68	470.98
	17030103@1	主	焊接钢管		m		10.3	7.004	0
	12-2-3	定	管道刷油 防锈漆 第一遍		10m2	3.14*0.1*6.8	0.0314	0.21352	40.67
	13050153-1	主	酚醛防锈漆		kg		1.31	0.279711	0
2	030411001002	项	配管	1.名称:钢管 2.材质:焊接钢管 3.规格:SC100 4.配置形式:埋地 5.包含管道刷油 6.包含二次结构齿槽、齿孔(洞)及恢复		1		1	
	4-12-42	定	镀锌钢管敷设 砖、混凝土结构暗配 公称直径DN≤100		10m	QDL	0.1	0.1	539.64
	17030103@1	主	焊接钢管		m		10.3	1.03	0
	12-2-3	定	管道刷油 防锈漆 第一遍		10m2	3.14*0.1*1	0.0314	0.0314	40.67
	13050153-1	主	酚醛防锈漆		kg		1.31	0.041134	0
	10-11-160	定	剔堵槽、沟 砖结构 宽mm*深mm 120*150		10m	QDL	0.1	0.1	438.89

图 9.5.7　配管清单组价 1

② 线缆。本工程电话干线采用大对数电缆,根据清单项目特征描述,套取定额时考虑管内穿放和桥架内布放敷设方式,如图9.5.9所示。

本工程网络干线采用四芯多模光缆,根据清单项目特征描述,套取定额时考虑管内穿放和桥架内布放敷设方式,如图9.5.10所示。

5	030411001005	项	配管	1.名称:塑料管 2.材质:刚性阻燃塑料管 3.规格:PC25 4.配置形式:暗配 5.包含二次结构凿槽、凿孔（洞）及恢复	m		262.15		262.15	
	4-12-134	定	刚性阻燃管敷设 砖、混凝土结构暗配 外径25mm		10m	QDL	0.1	26.215		112.5
	29060143@1	主	刚性阻燃管		m		10.6	277.879		0
	5-2-1	定	凿砖槽管径≤40mm		m	QDL	1	262.15		20.73
6	030411001006	项	配管	1.名称:塑料管 2.材质:刚性阻燃塑料管 3.规格:PC20 4.配置形式:暗配 5.包含二次结构凿槽、凿孔（洞）及恢复	m		197.4		197.4	
	4-12-133	定	刚性阻燃管敷设 砖、混凝土结构暗配 外径20mm		10m	QDL	0.1	19.74		105.14
	29060143@2	主	刚性阻燃管		m		10.6	209.244		0
	5-2-1	定	凿砖槽管径≤40mm		m	QDL	1	197.4		20.73

图 9.5.8　配管清单组价 2

8	030502006001	项	大对数电缆	1.名称:通信电缆 2.规格:HYA-200(2*0.5) 3.敷设方式:穿管	m		9.8		9.8	
	5-2-33	定	大对数线缆 管内穿放 ≤200对		m	QDL	1	9.8		9.77
	28430451@1	主	通信电缆		m		1.02	9.996		0
9	030502006002	项	大对数电缆	1.名称:通信电缆 2.规格:HYA-30(2*0.5) 3.敷设方式:穿管	m		2.93*5+11		25.65	
	5-2-31	定	大对数线缆 管内穿放 ≤50对		m	QDL	1	25.65		4.47
	28430451@2	主	通信电缆		m		1.02	26.163		0
10	030502006003	项	大对数电缆	1.名称:通信电缆 2.规格:HYA-30(2*0.5) 3.敷设方式:桥架	m		52.9		52.9	
	5-2-39	定	大对数线缆 桥架内布放 ≤50对		m	QDL	1	52.9		4.07
	28430451@2	主	通信电缆		m		1.025	54.2225		0

图 9.5.9　电话线缆组价

11	030502007001	项	光缆	1.名称:四芯多模光缆 2.规格:4芯 3.敷设方式:穿管	m		2.93+2.2		5.13	
	5-2-45	定	光缆 管内穿放 ≤12芯		m	QDL	1	5.13		2.34
	28250101	主	光缆		m		1.02	5.2326		0
12	030502007002	项	光缆	1.名称:四芯多模光缆 2.规格:4芯 3.敷设方式:桥架	m		2.93+2.2		5.13	
	5-2-53	定	光缆 桥架内布放 ≤12芯		m	QDL	1	5.13		1.97
	28250101	主	光缆		m		1.02	5.2326		0

图 9.5.10　网络线缆组价

结合图纸，接终端信息插座的网线采用 UTP5 网线，电话线采用 RVS 双绞线，套取定额时，考虑布线敷设方式，如图 9.5.11 所示。

15	030502005001	项	双绞线缆	1.名称:网线 2.规格:UTP5 3.敷设方式:穿管	m		764.03		764.03	
	5-2-42	定	双绞线缆 管内穿放 ≤4对		m	QDL	1	764.03		2.5
	28031437@1	主	网线		m		1.05	802.2315		0
16	030502005002	项	双绞线缆	1.名称:网线 2.规格:UTP5 3.敷设方式:桥架	m		2305.94		2305.94	
	5-2-44	定	双绞线缆 桥架内布放 ≤4对		m	QDL	1	2305.94		2.23
	28031437@1	主	网线		m		1.05	2421.237		0
17	030411004001	项	配线	1.名称:电话线 2.配线形式:穿管 3.型号:RVS(2*0.5)	m		370.05		370.05	
	4-13-38	定	穿多芯软导线 二芯 单芯导线截面≤0.75mm²		10m	QDL	0.1	37.005		11.73
	28030301@1	主	铜芯多股绝缘电线		m		10.8	399.654		0
18	030411004002	项	配线	1.名称:电话线 2.配线形式:桥架 3.型号:RVS(2*0.5)	m		1192.57		1192.57	
	4-13-95	定	线槽配线 导线截面≤2.5mm²		10m	QDL	0.1	119.257		15.22
	28031431@1	主	绝缘电线		m		10.5	1252.1985		0

图 9.5.11　配线组价

③ 桥架及桥架支架。桥架根据桥架形式、规格尺寸、材质套取对应的定额子目。桥架支架套取一般铁构件制作及安装定额，如图 9.5.12 所示。

20	030411003001	项	桥架	1. 名称:桥架 2. 规格:200*100 3. 材质:型钢	m		95.97		95.97	
	4-9-65	定	钢制槽式桥架安装 宽+高≤400mm		10m	QDL	0.1		9.597	380.92
	29010106@1	主	电缆桥架		m			10.1	96.9297	0
21	030413001001	项	铁构件	1. 名称:桥架支吊架	kg		84.34		84.34	
	4-7-5	定	一般铁构件制作		t	QDL/1000	0.001		0.08434	10174.74
	01090103-1	主	圆钢		kg			80	6.7472	4.411
	01130101-1	主	扁钢		kg			220	18.5548	0
	01210109-1	主	角钢		kg			750	63.255	4.094
	4-7-6	定	一般铁构件安装		t	QDL/1000	0.001		0.08434	7213.59

图 9.5.12　桥架及桥架支架组价

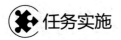任务实施

完成专用宿舍楼弱电工程 BIM 算量和造价文件编制。

单元十
通风与空调工程 BIM 计量与计价

本单元结合专用宿舍楼通风与空调工程案例，学习施工图识读方法和步骤，根据造价岗位技能要求，进一步夯实业务基础知识，依据工程量计算规则，掌握手工算量方法，学习和运用广联达安装工程 BIM 算量软件对弱电系统进行建模取量、编制清单以及造价文件编制。通过教学实施和任务实践，熟练掌握图纸识读技巧、列项计算工程量以及使用 GQI2021、GCCP6.0 等软件解决工程实际问题。

 学习准备

- 计量规范、计价规范、验收规范、标准图集、《河南省通用安装工程预算定额》（第七册）。
- 安装并能够运行 GQI、GCCP 等软件。
- 专用宿舍楼电气工程图纸及课程相关资源。

 学习目标

- 系统掌握通风与空调工程相关理论知识。
- 熟练识读通风空调系统施工图，能够提取造价相关图纸信息。
- 掌握手工算量方法，能够运用 GQI 软件对工程进行建模取量、编制工程量清单。
- 掌握费用调整规则，能够运用 GCCP 软件编制造价文件。

 学习要点

单元内容	学习重点	相关知识点
相关理论知识	1. 理解系统形式、组成、功用 2. 掌握施工要求、验收标准	通风与空调工程系统形式、工程量计算规则
施工图识读	1. 掌握识读方法，理解图纸表达 2. 能够提取图纸有关造价关键信息	图纸组成、图示内容
通风与空调工程 BIM 计量与计价	1. 使用 GQI 建模取量、编制清单 2. 使用 GCCP 编制造价文件	GQI 基础操作、费用调整、GCCP 基础操作、工程计价

10.1 通风与空调工程基础知识

 整理、归纳通风与空调工程基础知识，了解设计及施工质量验收规范相关规定，制作思维导图。

 基础知识涉及通风空调系统、冷热源系统、防排烟等系统的形式、组成，管路及设备安装技术措施和检验等。学习设计规范、图集、施工方案、施工组织设计及施工质量验收规范，了解新技术、新材料、新工艺、新设备在工程项目中的应用，并运用思维导图进行知识点梳理和总结，拓展和夯实对基础知识掌握的广度及深度。

10.1.1 通风工程

建筑通风的任务是改善室内温度、湿度、洁净度和流速，保证人们的健康以及生活和工作的环境条件。工业通风的任务是控制生产过程中产生的粉尘、有害气体、高温、高湿，创造良好的生产环境和大气环境。

（1）通风系统的组成

通风系统分为送风系统和排风系统。送风系统是将清洁空气送入室内，排风系统是排除室内的污染气体。

（2）通风方式

1）自然通风

自然通风是利用室内外风压差或温差所形成的热压，使室内外空气进行交换的通风方式。其适于在居住建筑、普通办公楼、工业厂房（尤其是高温车间）中使用。

自然通风具有经济、节能、简便易行、无须专人管理、无噪声等优点，在选择通风措施时应优先采用。但难以保证用户对进风温度、湿度及洁净度等方面的要求，不能对排除的污浊空气进行净化处理。受自然条件的影响，通风量不宜控制，通风效果不稳定。

2）机械通风

机械通风是借助通风机所产生的动力使空气流动的通风方式，包括机械送风和排风。机械通风的空气流动速度和方向可以方便地控制，因此比自然通风更加可靠。但机械通风系统比较复杂，风机需要消耗电能，一次性投资和运行管理费用比较高。

3）局部通风

局部通风分为局部送风和局部排风。

局部送风是将干净的空气直接送至室内人员所在的地方，以改善每位工作人员的局部环境，使其达到要求的标准，而并非使整个空间环境达到该标准。

局部排风是在产生污染物的地点直接将污染物捕集起来，经处理后排至室外。当污染物集中于某处时，局部排风是最有效的治理污染物对环境危害的通风方式。

4）全面通风

全面通风也称为稀释通风，是利用清洁的空气稀释室内空气中有害物，降低浓度，同时将污染空气排出室外。对于散发热、湿或有害物质的车间或其他房间，当不能采用局部通风或采用局部通风仍达不到卫生标准要求时，应辅以全面通风。全面通风可分为稀释通风、单向流通风、均匀流通风和置换通风等。

5）除尘系统

工业建筑的除尘系统是一种局部机械排风系统。用吸尘罩捕集工艺过程产生的含尘气体，在风机的作用下，含尘气体沿风道被输送到除尘设备，将粉尘分离出来，净化后的气体排至大气，再对粉尘进行收集与处理。除尘分为就地除尘、分散除尘和集中除尘三种形式。

6）净化系统

有害气体的净化方法主要有四种：燃烧法、吸收法、吸附法和冷凝法。

7）事故通风系统

事故通风的室内排风口应设在有害气体或爆炸危险物质散发量可能最大的地点。事故通风不设置进风系统补偿，一般不进行净化。

8）建筑防火防排烟系统

为了将火灾控制在一定的范围内，避免火势的蔓延，利用防火门、防火窗、防火卷帘、消防水幕等分隔设施将整个建筑从平面到空间划分为若干个相对较小的区域，这些区域就是防火分区。

为了控制烟气流动，可以利用挡烟垂壁、隔墙或从顶棚下突出不小于 0.5m 的梁等防烟隔断将一个防火分区划分为几个更小的区域，称为防烟分区。

防排烟的方式有自然排烟、机械排烟和加压送风系统。

9）人防通风系统

人防地下室通风设计，必须严格按照《人民防空地下室设计规范》（GB 50038—2005）进行，满足战时与平时使用功能所必需的空气环境与工作条件。人防地下室通风设计，战时应按防护单元设置独立的系统，平时宜结合防火分区设置系统，防空地下室的采暖通风与空调系统应分别与上部建筑的采暖通风和空调系统分开设置。

10.1.2 空调工程

空气调节是通风的高级形式，任务是采用人为的方法，创造和保持一定的温度、湿度、气流速度及一定的室内空气洁净度，满足生产工艺和人体的舒适要求。

（1）空调系统的组成

空调系统包括送风系统和回风系统。在风机的动力作用下，室外空气进入新风口，与回风管中回风混合，经空气处理设备处理达到要求后，由风管输送并分配到各送风口，由送风口送入室内。回风口将室内空气吸入并进入回风管（回风管上也可设置风机），一部分回风经排风管和排风口排到室外，另一部分回风经回风管与新风混合。

空调系统基本由空气处理、空气输配、冷热源三部分组成，此外还有自控系统等。

1）空气处理部分

包括能对空气进行热湿处理和净化处理的各种设备，如过滤器、表面式冷却器、喷水室、加热器、加湿器等。

2）空气输配部分

包括通风机（送、回、排风机）、风道系统、各种阀门、各种附属装置（如消声器等），以及为使空调区域内气流分布合理、均匀而设置的各种送风口、回风口和空气进出空调系统的新风口、排风口。

3）冷热源部分

包括制冷系统和供热系统。

（2）空调系统的分类

1）按空气处理设备的设置情况分类

① 集中式系统。空气处理设备（过滤器、加热器、冷却器、加湿器等）及通风机集中设置在空调机房内，空气经处理后，由风道送入各房间。按送入每个房间的送风管的数目可分为单风管系统和双风管系统。

② 半集中式系统。其是集中处理部分或全部风量，然后送往各房间（或各区），在各房间（或各区）再进行处理的系统，如风机盘管加新风系统。

③ 分散式系统（也称局部系统）。其为将整体组装的空调机组（包括空气处理设备、通风机和制冷设备）直接放在空调房间内的系统。

2）按送风量是否变化分类

① 定风量系统。送风量不随室内热湿负荷变化而变化，送入各房间的风量保持一定。

② 变风量系统。送风量随室内热湿负荷变化而变化。

3）按承担室内负荷的输送介质分类

① 全空气系统。房间的全部负荷均由集中处理后的空气承担，如定风量或变风量的单风管中式系统、双风管系统、全空气诱导系统等。

② 空气-水系统。空调房间的负荷由集中处理的空气负担一部分，其他负荷由水作为介质送入空调房间对空气进行再处理（加热或冷却等），如带盘管的诱导系统、风机盘管机组加新风系统等。

③ 全水系统。房间负荷全部由集中供应的冷、热水负担，如风机盘管系统、辐射板系统等。

④ 冷剂系统。以制冷剂为介质，直接用于对室内空气进行冷却、去湿或加热。制冷系统的蒸发器或冷凝器直接从空调房间吸收（或放出）热量。

4）按空调系统的用途不同分类

① 舒适性空调。舒适性空调是为室内人员创造舒适性环境的空调系统，主要用于商业建筑、居住建筑、公共建筑以及交通工具等。

② 工艺性空调。工艺性空调（工业空调）是为工业生产或科学研究提供特定室内环境的空调系统，如洁净空调、恒温恒湿空调等。

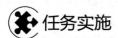

使用思维导图对通风与空调工程基础知识进行整理。

10.2 通风与空调工程施工图识读

（1）通风与空调工程有哪些系统形式？各种形式的系统都由哪些部分组成？
（2）通风与空调工程都由哪些图纸组成？在图纸中提取哪些算量关键信息？
（3）完成专用宿舍楼通风与空调工程图纸的识读任务。

通风与空调工程在实际应用中涉及行业领域广、专业交叉多，包括工业通风、通风空调、冷热源及防排烟等系统，每个系统都有各自的组成部分，例如防排烟系统由排烟口、排烟管道及附件、排烟风机等组成，并与消防联动系统进行关联；空调系统按承担室内负荷介质划分有，全水系统、全空气系统、空气-水系统、冷剂系统等多种形式，多联机空调系统就属于冷剂系统。空调通风的风系统划分有新风、回风、排风、送风等多种形式。在识读图纸和统计工程量时，要注意划分子分部工程和计量范围。

10.2.1 通风与空调工程施工图的组成与识图方法

通风与空调工程施工图由文字部分和图示部分组成。文字部分包括设计施工说明、图纸目录、图例及设备材料表等，图示部分主要包括平面图、剖面图、系统图和详图。在识图时需要根据要读取的信息结合各部分图综合来看。

（1）图纸设计说明、目录、设备图例表

通风空调工程施工图设计说明表明：风管采用材质、规格、防腐和保温要求，通风机等设备采用类型、规格，风管上阀件类型、数量、要求，风管安装要求，通风机等设备基础要求等。图纸目录包括设计人员绘制部分和所选用的标准图部分。

（2）平面图

通风空调工程平面布置图主要表明：通风管道平面位置、规格、尺寸，管道上风口位置、数量，风口类型，回风道和送风道位置，空调机、通风机等设备布置位置、类型，消声器、温度计等安装位置等。

（3）剖面图

剖面图表明：通风管道安装位置、规格、安装标高，风口安装位置、标高、类型、数量、规格，空调机、通风机等设备安装位置、标高及与通风管道的连接，送风道、回风道位置等。

（4）系统图

系统图表明：通风支管安装标高、走向、管道规格、支管数量，通风立管规格、出屋面高度，风机规格、型号、安装方式等。

（5）详图

详图包括风口大样图，其表明通风机减震台座平面、风口尺寸、安装尺寸、边框材质、固定方式、固定材料、调节板位置、调节间距等。通风机减震台座平面图表明台座材料类型、规格、布置尺寸、规格（或尺寸）、施工安装要求方式等。

10.2.2 专用宿舍楼通风空调工程图纸识读

（1）设计施工说明

该项目采用多联机，室外机设置于屋顶上。凝结水管采用内外热镀锌钢管，凝结水就近排入卫生间，标高按梁下设置。冷媒管采用铜管，风管采用镀锌钢板制作，风管保温材料采用B级橡塑，厚度10mm。风管与机组之间采用软管连接。管道支架考虑除锈后刷防锈漆两道。

（2）系统图

该项目系统图（图10.2.1）表达多级联设备及管道连接关系。从系统图中，可读取室外机组型号、数量，室内机组型号、数量，各管段管道规格等信息。

室内机型号HVR-28ZF，每个房间设置1台，室外机型号HVR-1235W，设置在屋面，共3组，管路材质使用紫铜管，分支处用专用分歧管接出。

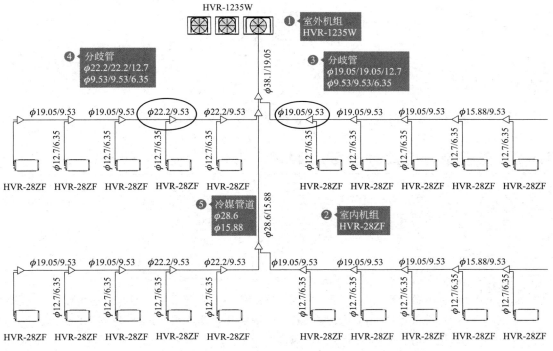

图10.2.1 空调系统原理图

（3）平面图

该项目平面图纸有风管平面图、空调管路平面图（图10.2.2）。

系统采用冷剂系统加独立新风系统。新风机组采用贯流风机，不具备新风热湿处理能力，每层设置一个，安装位置为公共卫生间处，新风管道采用矩形薄钢板风管，宿舍风机盘管出风口设置短风管，回风风口采用单层活动百叶风口，出风风口采用双层活动百叶风口，材质为铝合金（自定义），新风风口采用防雨铝合金百叶风口，各类风口尺寸可以从平面图中读取。风管及风口安装高度，结合建筑施工时合理确定（自定义）。

从空调管道平面图中能够读取制冷剂管道和凝结水管道的走向及管道规格，但管道安装高度需结合梁高或吊顶层高度进行合理自定义确定。

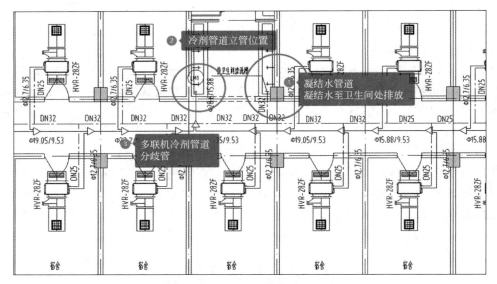

图 10.2.2　空调冷媒管道平面图

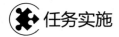

识读专用宿舍楼通风空调工程图纸，使用思维导图进行归纳。

10.3　工程量计算规则及手工算量

（1）理解通风空调工程定额中有关通风管道、管道部件等工程量计算规则，制作思维导图。
（2）手工计算专用宿舍楼通风空调工程工程量。

统计工程量时，需考虑三个方面。一是划分计量范围，初步确定工程量计算内容，依据定额计量规则，选用正确或合适的定额子目，根据工程实际考虑是否进行费用或定额系数调整等问题（如高层建筑增加费、操作高度施工增加费等）。二是结合工程特点，分列计算项目，便于关联项目工程量统计和计算（如有不同防腐要求或绝热要求的同材质、同规格的管道等），考虑技术措施，预设工作内容，避免工程量统计漏项漏量。三是针对图样中不明确的内容，可依据标准图纸、验收规范等进行合理设置，工程量统计时可做注明。

通风与空调工程施工图预算使用到的定额内容分布在第七册"通风空调工程"，本节主要介绍第七册"通风空调工程"定额中有关通风空调设备及部件、通风管道、管道部件制作安装等相关内容。

10.3.1 "通风空调工程"册说明

"通风空调工程"（以下简称本册定额）适用于通风空调设备及部件制作安装，通风管道制作安装，通风管道部件制作安装工程。本册定额不包括下列内容：

（1）通风设备、除尘设备为专供通风工程配套的各种风机及除尘设备。其他工业用风机（如热力设备用风机）及除尘设备安装执行第一册"机械设备安装工程"、第二册"热力设备安装工程"相应项目。

（2）空调系统中管道配管执行第十册"给排水、采暖、燃气工程"相应项目，制冷机机房、锅炉房管道配管执行第八册"工业管道工程"相应项目。

（3）管道及支架的除锈、油漆，管道的防腐蚀、绝热等内容，执行第十二册"刷油、防腐蚀、绝热工程"中相应项目。

① 薄钢板风管刷油按其工程量执行相应项目，仅外（或内）面刷油定额乘以系数1.20，内外均刷油定额乘以系数1.10（其法兰加固框、吊托支架已包括在此系数内）。

② 薄钢板部件刷油按其工程量执行金属结构刷油项目，定额乘以系数1.15。

③ 未包括在风管工程量内而单独列项的各种支架（不锈钢吊托支架除外）的刷油按其工程量执行相应项目。

④ 薄钢板风管、部件以及单独列项的支架，其除锈不分锈蚀程度，均按其第一遍刷油的工程量，执行第十二册"刷油、防腐蚀、绝热工程"中除轻锈的项目。

（4）安装在支架上的木衬垫或非金属垫料，发生时按实计入成品材料价格。

操作高度增加费可按系数分别计取：本册定额操作物高度是按距离楼地面6m考虑的；超过6m时，超过部分工程量按定额人工费乘以系数1.2计取。

定额中制作和安装的人工、材料、机械比例见表10.3.1。

表10.3.1 制作和安装的人工、材料、机械比例

序号	项目名称	制作/%			安装/%		
		人工	材料	机械	人工	材料	机械
1	空调部件及设备支架制作安装	86	98	95	14	2	5
2	镀锌薄钢板法兰通风管道制作安装	60	95	95	40	5	5
3	镀锌薄钢板共板法兰通风管道制作安装	40	95	95	60	5	5
4	薄钢板法兰通风管道制作安装	60	95	95	40	5	5
5	净化通风管道及部件制作安装	40	85	95	60	15	5
6	不锈钢板通风管道及部件制作安装	72	95	95	28	5	5
7	铝板通风管道及部件制作安装	68	95	95	32	5	5
8	塑料通风管道及部件制作安装	85	95	95	15	5	5
9	复合型风管制作安装	60		99	40	100	1
10	风帽制作安装	75	80	99	25	20	1
11	罩类制作安装	78	98	95	22	2	5

10.3.2 通风空调设备及部件制作安装

（1）有关说明

① 通风空调设备及部件制作安装内容包括空气加热器（冷却器）、除尘设备、空调器、多联体空调机室外机、风机盘管、空气幕、VAV变风量末端装置、分段组装式空调器、钢板密闭门、钢板挡水板、滤水器、溢水盘的制作、安装；金属壳体制作、安装；过滤器、框架制作、安装；净化工作台、风淋室、通风机安装；设备支架制作、安装。

② 诱导器安装执行风机盘管安装子目。

③ VRV系统的室内机按安装方式执行风机盘管子目，应扣除膨胀螺栓。

④ 空气幕的支架制作安装执行设备支架子目。

⑤ 通风空调设备的电气接线执行第四册"电气设备安装工程"相应项目。

（2）计算规则

① 整体式空调机组、空调器安装（一拖一分体空调以室内机、室外机之和）按设计图示数量计算，以"台"为计量单位。

② 组合式空调机组安装依据设计风量，按设计图示数量计算，以"台"为计量单位。

③ 多联体空调机室外机安装依据制冷量，按设计图示数量计算，以"台"为计量单位。

④ 风机盘管安装按设计图示数量计算，以"台"为计量单位。

⑤ 通风机安装依据不同形式、规格按设计图示数量计算，以"台"为计量单位。风机箱安装按设计图示数量计算，以"台"为计量单位。

⑥ 设备支架制作安装按设计图示尺寸以质量计算，以"kg"为计量单位。

10.3.3 通风管道制作、安装

（1）有关说明

1）通风管道制作、安装内容包括镀锌薄钢板法兰通风管道制作、安装，镀锌薄钢板共板法兰通风管道制作、安装，薄钢板法兰通风管道制作、安装，镀锌薄钢板矩形净化通风管道制作、安装，不锈钢板风管制作、安装，铝板风管制作、安装，塑料通风管道制作、安装，玻璃钢风管安装，复合型风管制作、安装，柔性软风管安装、弯头导流叶片、软管接口、风管检查孔、温度、风量测定孔制作安装及其他。

2）下列费用可按系数分别计取：

① 薄钢板风管整个通风系统设计采用渐缩管均匀送风者，圆形风管按平均直径、矩形风管按平均周长参照相应规格子目，其人工乘以系数2.5。

② 如制作空气幕送风管时，按矩形风管平均周长执行相应风管规格子目，其人工乘以系数3，其余不变。

3）镀锌薄钢板风管子目中的板材是按镀锌薄钢板编制的，如设计要求不用镀锌薄钢板时，板材可以换算，其他不变。

4）薄钢板通风管道、净化通风管道、玻璃钢通风管道、复合型风管制作安装子目中，包括弯头、三通、变径管、天圆地方等管件及法兰、加固框和吊托支架的制作安装，但不包括过跨风管落地支架，落地支架制作安装执行第七册第一章"设备支架制作安装"子目。

5）薄钢板风管子目中的板材，如设计要求厚度不同时可以换算，人工、机械消耗量不变。

6) 软管接头如使用人造革而不使用帆布时可以换算。

7) 柔性软风管适用于由金属、涂塑化纤织物、聚酯、聚乙烯、聚氯乙烯薄膜、铝箔等材料制成的软风管。

(2) 计算规则

① 薄钢板风管、净化风管、不锈钢风管、铝板风管、塑料风管、玻璃钢风管、复合型风管按设计图示规格以展开面积计算，以"m^2"为计量单位，不扣除检查孔、测定孔、送风口、吸风口等所占面积。风管展开面积不计算风管、管口重叠部分面积。其中玻璃钢风管、复合型风管计算按设计图示外径尺寸以展开面积计算。

② 薄钢板风管、净化风管、不锈钢风管、铝板风管、塑料风管、玻璃钢风管、复合型风管长度计算时均以设计图示中心线长度（主管与支管以其中心线交点划分），包括弯头、变径管、天圆地方等管件的长度，不包括部件所占长度。

③ 柔性软风管安装按设计图示中心线长度计算，以"m"为计量单位；柔性软风管阀门安装按设计图示数量计算，以"个"为计量单位。

④ 弯头导流叶片制作安装按设计图示叶片的面积计算，以"m^2"为计量单位。

⑤ 软管（帆布）接口制作安装按设计图示尺寸，以展开面积计算，以"m^2"为计量单位。

⑥ 风管检查孔制作安装按设计图示尺寸质量计算，以"kg"为计量单位。

⑦ 温度、风量测定孔制作安装依据其型号，按设计图示数量计算，以"个"为计量单位。

10.3.4 风管道部件制作、安装

(1) 有关说明

1) 风管道部件制作、安装内容包括各种碳钢调节阀安装，柔性软风管阀门安装，碳钢风口安装，不锈钢板风口安装，法兰及吊托支架制作、安装，塑料散流器安装，塑料空气分布器安装，铝制孔板口安装，碳钢风帽制作、安装，塑料风帽、伸缩节制作、安装，铝板风帽、法兰的制作、安装，玻璃钢风帽安装，罩类制作、安装，塑料风罩制作、安装，消声器安装，消声静压箱安装，静压箱制作、安装，人防排气阀门安装，人防手动密闭阀门安装，人防其他部件制作、安装。

2) 下列费用按系数分别计取

① 电动密闭阀安装执行对开多叶调节阀子目，人工乘以系数 1.05。

② 手（电）动密闭阀安装子目包括一副法兰，两副法兰螺栓及橡胶石棉垫圈。如为一侧接管时，人工乘以系数 0.6，材料、机械乘以系数 0.5，不包括吊托支架制作与安装，如发生按第七册第一章"设备支架制作安装"子目另行计算。

③ 碳钢百叶风口安装子目适用于带调节板活动百叶风口、单层百叶风口、双层百叶风口、三层百叶风口、连动百叶风口、135 型单层百叶风口、135 型双层百叶风口、135 型带导流叶片百叶风口、活动金属百叶风口。风口的宽与长之比≤0.125 为条缝形风口，执行百叶风口子目，人工乘以系数 1.1。

3) 有关说明

① 密闭式对开多叶调节阀与对开多叶调节阀执行同一子目。

② 蝶阀安装子目适用于圆形保温蝶阀，方、矩形保温蝶阀，圆形蝶阀，方、矩形蝶阀。

风管止回阀安装子目适用于圆形风管止回阀,方形风管止回阀。

③ 铝合金或其他材料制作的调节阀安装应执行第三章相应子目。

④ 碳钢散流器安装子目适用于圆形直片散流器、方形直片散流器、流线形散流器。

⑤ 碳钢送吸风口安装子目适用于单面送吸风口、双面送吸风口。

⑥ 铝合金风口安装应执行碳钢风口子目,人工乘以系数0.9。

⑦ 管式消声器安装适用于各类管式消声器。

⑧ 静压箱吊托支架执行设备支架子目。

(2) 计算规则

1) 碳钢调节阀安装依据其类型、直径(圆形)或周长(方形),按设计图示数量计算,以"个"为计量单位。

2) 柔性软风管阀门安装按设计图示数量计算,以"个"为计量单位。

3) 碳钢各种风口、散流器的安装依据类型、规格尺寸按设计图示数量计算,以"个"为计量单位。

4) 钢百叶窗及活动金属百叶风口安装依据规格尺寸按设计图示数量计算,以"个"为计量单位。

5) 碳钢风帽的制作安装均按其质量以"kg"为计量单位;非标准风帽制作安装按成品质量以"kg"为计量单位。风帽为成品安装时制作不再计算。

6) 罩类的制作安装均按其质量以"kg"为计量单位;非标准罩类制作安装按成品质量以"kg"为计量单位。罩类为成品安装时制作不再计算。

7) 消声弯头安装按设计图示数量计算,以"个"为计量单位。

8) 消声静压箱安装按设计图示数量计算,以"个"为计量单位。

9) 静压箱制作安装按设计图示尺寸以展开面积计算,以"m^2"为计量单位。

 任务实施

(1) 梳理通风空调工程算量规则,制作思维导图。

(2) 计算专用宿舍楼通风与空调工程工程量。

10.4 通风与空调工程清单编制

 任务导入

(1) 了解通风与空调工程列项计算包含的内容。

(2) 根据工程量计算规范,编制案例工程工程量清单。

任务分析

编制工程量清单时,需明确图示计量范围和内容,依据规则按规格、材质、部位等条件列项,规范项目名称,明确清单单位,完善项目特征描述,完整、正确计算工程量,整理合并清单项目。

10.4.1 通风与空调工程量计算列项

列项项目包括通风及空调设备（通风机、排烟机、风机盘管、多联机）、冷媒（冷冻水、其他制冷剂）管道及冷凝水管道、多联机的分歧管、设备及风道吊支架、管道保温及保护、套管和风管水管上的阀门等附件（排气阀、闸阀）风量及温度测试点、通风空调系统调试等。

10.4.2 清单编制相关规定

通风空调工程依据《通用安装工程工程量计算规范》编制清单时，通风空调设备及部件、通风管道、管道部件、通风工程检测调试等执行规范附录 G.1、G.2、G.3、G.4 等有关规定编码列项，如表 10.4.1～表 10.4.4 所示。

表 10.4.1 通风及空调设备及部件制作安装（编码：030701）（部分）

项目编码	项目名称	项目特征	计量单位	工程量计算规则	工作内容
030701001	空气加热器（冷却器）	1. 名称 2. 型号 3. 规格 4. 质量 5. 安装形式 6. 支架形式、材质	台	按设计图示数量计算	1. 本体安装、调试 2. 设备支架制作、安装 3. 补刷（喷）油漆
030701002	除尘设备				
030701003	空调器	1. 名称 2. 型号 3. 规格 4. 安装形式 5. 质量 6. 隔振垫（器）、支架形式、材质	台（组）		1. 本体安装或组装、调试 2. 设备支架制作、安装 3. 补刷（喷）油漆
030701004	风机盘管	1. 名称 2. 型号 3. 规格 4. 安装形式 5. 减振器、支架形式、材质 6. 试压要求	台		1. 本体安装、调试 2. 支架制作、安装 3. 试压 4. 补刷（喷）油漆

注：通风空调设备安装的地脚螺栓按设备自带考虑。

表 10.4.2 通风管道制作安装（编码：030702）（部分）

项目编码	项目名称	项目特征	计量单位	工程量计算规则	工作内容
030702001	碳钢通风管道	1. 名称 2. 材质 3. 形状 4. 规格 5. 板材厚度 6. 管件、法兰等附件及支架设计要求 7. 接口形式	m²	按设计图示内径尺寸以展开面积计算	1. 风管、管件、法兰、零件、支吊架制作、安装 2. 过跨风管落地支架制作、安装
030702002	净化通风管道				

续表

项目编码	项目名称	项目特征	计量单位	工程量计算规则	工作内容
030702008	柔性软风管	1. 名称 2. 材质 3. 规格 4. 风管接头、支架形式、材质	1. m 2. 节	1. 以"米"计量,按设计图示中心线以长度计算 2. 以"节"计量,按设计图示数量计算	1. 风管安装 2. 风管接头安装 3. 支吊架制作、安装
030702010	风管检查孔	1. 名称 2. 材质 3. 规格	1. kg 2. 个	1. 以"千克"计量,按风管检查孔质量计算 2. 以"个"计量,按设计图示数量计算	1. 制作 2. 安装
030702011	温度、风量测定孔	1. 名称 2. 材质 3. 规格 4. 设计要求	个	按设计图示数量计算	1. 制作 2. 安装

注:1. 风管展开面积,不扣除检查孔、测定孔、送风口、吸风口等所占面积;风管长度一律以设计图示中心线长度为准(主管与支管以其中心线交点划分),包括弯头、三通、变径管、天圆地方等管件的长度,但不包括部件所占的长度。风管展开面积不包括风管、管口重叠部分面积。风管渐缩管:圆形风管按平均直径;矩形风管按平均周长。

2. 穿墙套管按展开面积计算,计入通风管道工程量中。

3. 通风管道的法兰垫料或封口材料,按图纸要求应在项目特征中描述。

4. 净化通风管的空气洁净度按 100000 级标准编制,净化通风管使用的型钢材料如要求镀锌时,工作内容应注明支架镀锌。

5. 弯头导流叶片数量,按设计图纸或规范要求计算。

6. 风管检查孔、温度测定孔、风量测定孔数量,按设计图纸或规范要求计算。

表 10.4.3　通风管道部件制作安装(编码:030703)(部分)

项目编码	项目名称	项目特征	计量单位	工程量计算规则	工作内容
030703001	碳钢阀门	1. 名称 2. 型号 3. 规格 4. 质量 5. 类型 6. 支架形式、材质	个	按设计图示数量计算	1. 阀体制作 2. 阀体安装 3. 支架制作、安装
030703002	柔性软风管阀门	1. 名称 2. 规格 3. 材质 4. 类型	个	按设计图示数量计算	阀体安装
030703007	碳钢风口、散流器、百叶窗	1. 名称 2. 型号 3. 规格 4. 质量 5. 类型 6. 形式	个	按设计图示数量计算	1. 风口制作、安装 2. 散流器制作、安装 3. 百叶窗安装

续表

项目编码	项目名称	项目特征	计量单位	工程量计算规则	工作内容
030703019	柔性接口	1. 名称 2. 规格 3. 材质 4. 类型 5. 形式	m²	按设计图示尺寸以展开面积计算	1. 柔性接口制作 2. 柔性接口安装
030703021	静压箱	1. 名称 2. 规格 3. 形式 4. 材质 5. 支架形式、材质	1. 个 2. m²	1. 以个计量，按设计图示数量计算 2. 以平方米计量，按设计图示尺寸以展开面积计算	1. 静压箱制作、安装 2. 支架制作、安装

注：1. 碳钢阀门包括：空气加热器上通阀、空气加热器旁通阀、圆形瓣式启动阀、风管蝶阀、风管止回阀、密闭式斜插板阀、矩形风管三通调节阀、对开多叶调节阀、风管防火阀、各型风罩调节阀等。

2. 塑料阀门包括：塑料蝶阀、塑料插板阀、各型风罩塑料调节阀。

3. 碳钢风口、散流器、百叶窗包括：百叶风口、矩形送风口、矩形空气分布器、风管插板风口、旋转吹风口、圆形散流器、方形散流器、流线型散流器、送吸风口、活动箅式风口、网式风口、钢百叶窗等。

4. 柔性接口包括：金属、非金属软接口及伸缩节。

5. 消声器包括：片式消声器、矿棉管式消声器、聚酯泡沫管式消声器、卡普隆纤维管式消声器、弧形声流式消声器、阻抗复合式消声器、微穿孔板消声器、消声弯头。

6. 通风部件如图纸要求制作安装或用成品部件只安装不制作，这类特征在项目特征中应明确描述。

7. 静压箱的面积计算：按设计图示尺寸以展开面积计算，不扣除开口的面积。

表 10.4.4 通风工程检测、调试（编码：030704）

项目编码	项目名称	项目特征	计量单位	工程量计算规则	工作内容
030704001	通风工程检测、调试	风管工程量	系统	按通风系统计算	1. 通风管道风量测定 2. 风压测定 3. 温度测定 4. 各系统风口、阀门调整
030704002	风管漏光试验、漏风试验	漏光试验、漏风试验、设计要求	m²	按设计图纸或规范要求以展开面积计算	通风管道漏光试验、漏风试验

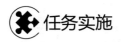任务实施

编制专用宿舍楼通风与空调工程量清单。

10.5 通风与空调工程 BIM 计量与计价

（1）完成专用宿舍楼通风与空调工程 BIM 计量。
（2）使用 GCCP 编制工程量清单，编制招标控制价。

任务分析 在掌握图纸分析、算量分析以及 BIM 造价软件应用的基础上，独立或分组进行专用宿舍楼通风空调工程算量建模操作，完善清单编制，主材价格借助广材助手或市场询价，编制工程造价文件。

10.5.1 图纸、算量分析

（1）图纸分析

使用 GQI 算量软件建模前，首先要从图纸中读取下列与算量有关的信息。

① 楼层数、层高；

② 确定空调形式（多联机）；

③ 空调室外机位置；

④ 室内机位置；

⑤ 风管材质、规格、安装高度；

⑥ 风口材质、规格、安装位置；

⑦ 冷剂管道布置及走向；

⑧ 空调检测、调试等技术措施。

（2）算量分析

采用 GQI 经典模式，对工程进行建模取量。

① 点式构件识别，包括空调室外机、空调室内机（风机盘管）、风口等。计取空调设备工程量时，为简化工作量，可不设置设备安装高度，或将设备安装高度设置在梁下。

② 新建风管构件，识别或绘制新风系统，为简化工作量，可不设置管道高度，或将管道高度设置通室内空调设备高度。风口安装高度可进行自定义设置，为简化工作量，可设置与风管底部高度一致。

③ GQI 中，由于在空调专业中，暂时无法选择铜质管道材质，需对冷剂管道进行自定义设置。

④ 绘制或识别冷剂管道，凝结水管道。管道标高可设置为梁底，与风管布置发生模型碰撞时忽略或调整管道标高均可。

⑤ 对风管支架、支架除锈刷油、空调风系统调试等可利用概算方法或表格输入进行工程量统计。

⑥ 对风管穿墙、楼板套管封堵、冷剂管道及凝结水管道保温和支架问题综合考虑后进行合理计算。

10.5.2 GQI 算量软件操作

① 新建单位工程，设置楼层。

② 导入图纸，对图纸定位，手动分割。

③ 识别空调设备，进行设备提量，如图 10.5.1 所示。

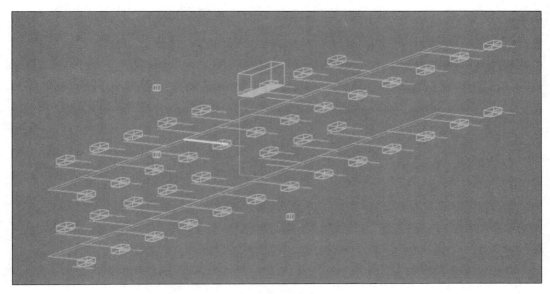

图 10.5.1　设备提量

④ 绘制、识别风管、风口，如图 10.5.2 所示。

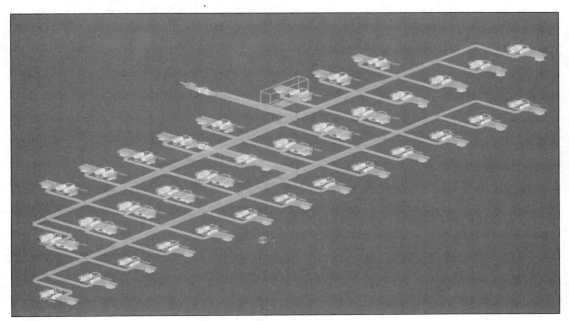

图 10.5.2　风管识别

⑤ 绘制、识别冷剂管道、凝结水管道，如图 10.5.3 所示。
⑥ 计算汇总，编制清单，如图 10.5.4 所示。
⑦ 核对工程量，导出清单报表，如图 10.5.5 所示。

10.5.3　GCCP 计价软件操作

① 新建单位工程预算文件。

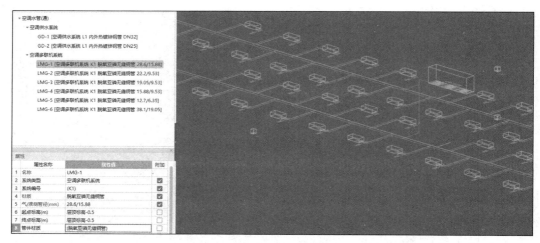

图 10.5.3 冷剂管道识别

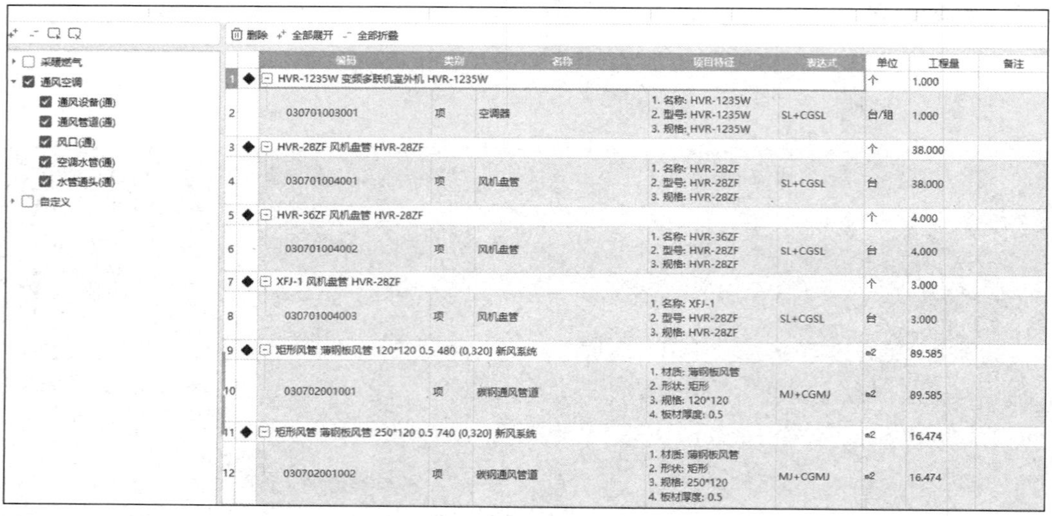

图 10.5.4 汇总计算

图 10.5.5 报表输出

② 导入清单，如图 10.5.6 所示。

图 10.5.6　导入外部清单

③ 依据经批准和会审的施工图设计文件、施工组织设计文件和施工方案、《河南省通用安装工程预算定额》（2016 版）、最新材料市场信息价等，编制分部分项工程费用，如图 10.5.7 所示。

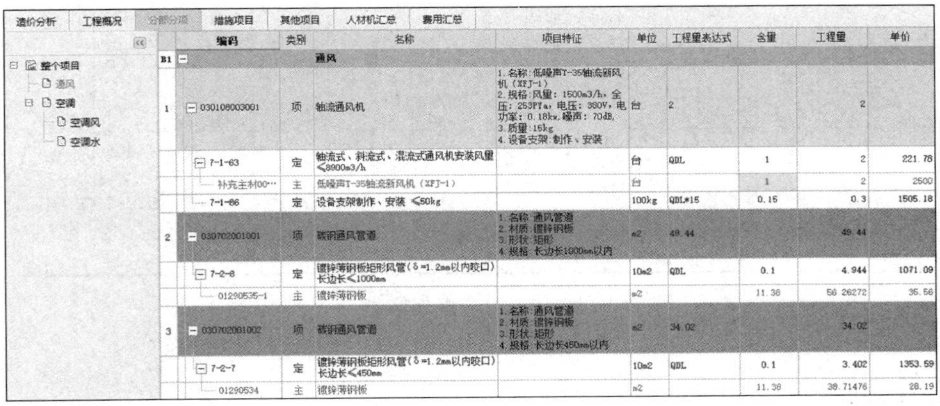

图 10.5.7　分部分项工程费用编制

④ 依据调差办法和增值税调整政策，完成采暖工程预算书的编制并输出报表，如图 10.5.8、图 10.5.9 所示。

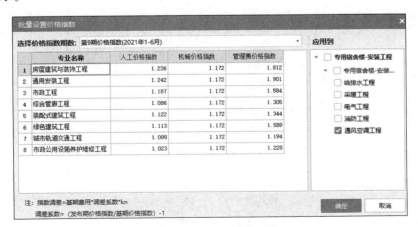

图 10.5.8　价格指数调整

分部分项工程和单价措施项目清单与计价表

工程名称：通风空调工程　　　　　标段：专用宿舍楼-安装工程　　　　　第 1 页共 5 页

序号	项目编码	项目名称	项目特征描述	计量单位	工程量	金额（元）		
						综合单价	合价	其中
								暂估价
		通风					39625.73	
1	030108003001	轴流通风机	1. 名称：低噪声 T-35 轴流新风机（XFJ-1） 2. 规格：风量：1500m³/h，全压：253PYa，电压 380V，电功率：0.18kw，噪声：70dB 3. 质量：15kg 4. 设备支架：制作、安装	台	2	2836.96	5673.92	
2	030702001001	碳钢通风管道	1. 名称：通风管道 2. 材质：镀锌钢板 3. 形状：矩形 4. 规格：长边长 1000mm 以内	m²	49.44	123.74	6117.71	
3	030702001002	碳钢通风管道	1. 名称：通风管道 2. 材质：镀锌钢板 3. 形状：矩形 4. 规格：长边长 450mm 以内	m²	34.02	135.7	4616.51	
4	030702001003	碳钢通风管道	1. 名称：通风管道 2. 材质：镀锌钢板 3. 形状：矩形 4. 规格：长边长 320mm 以内	m²	108.58	162.87	17684.42	

图 10.5.9　报表输出

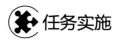
任务实施

完成专用宿舍楼通风与空调工程 BIM 算量和造价文件编制。

参 考 文 献

[1] GB 50856—2013. 通用安装工程工程量计算规范.
[2] GB 50500—2013. 建设工程工程量清单计价规范.
[3] 朱溢镕，吕春兰，樊磊. BIM算量一图一练 安装工程. 北京：化学工业出版社，2017.